백점 과학과 내 교과서 비교하기

KB059951

단원		1. 식물의 생활	2. 물의 상태 변화
주제명		❶ 들이나 산에 사는 식물, 식물의 잎 분류 ❷ 강이나 연못에 사는 식물 ❸ 특수한 환경에 사는 식물, 식물의 활용	❶ 물의 세 가지 상태, 물이 얼 때와 얼음이 녹을 때의 변화 ❷ 물이 증발할 때의 변화 ❸ 물이 끓을 때의 변화 ❹ 수증기의 응결, 물의 상태 변화 이용
백점 쪽수	개념북	5 ~ 28	29 ~ 56
	평가북	2 ~ 13	14 ~ 25
교과서별 쪽수	동아출판	8 ~ 29	30 ~ 53
	금성출판사	8 ~ 31	32 ~ 51
	김영사	8 ~ 29	30 ~ 53
	비상교과서	10 ~ 33	34 ~ 55
	아이스크림미디어	8 ~ 31	32 ~ 55
	지학사	8 ~ 31	32 ~ 53
	천재교과서	12 ~ 33	34 ~ 57

활용 방법

❶ 오늘 공부할 단원과 내용을 찾습니다.

❷ 내가 배우는 교과서의 출판사명에서 공부할 내용에 해당하는 쪽수를 찾습니다.

❸ 찾은 쪽수와 해당하는 백점 과학은 몇 쪽인지 확인합니다.

3. 그림자와 거울	4. 화산과 지진	5. 물의 여행
❶ 그림자가 생기는 조건, 투명한 물체와 불투명한 물체의 그림자 ❷ 물체 모양과 그림자 모양 ❸ 그림자의 크기 변화 ❹ 거울의 성질과 이용	❶ 화산, 화산 활동으로 나오는 물질 ❷ 화강암과 현무암, 화산 활동이 미치는 영향 ❸ 지진, 지진 발생 시 대처 방법	❶ 물의 순환 ❷ 물이 중요한 까닭, 물 부족 현상을 해결하기 위한 방법
57 ~ 84	85 ~ 108	109 ~ 128
26 ~ 37	38 ~ 49	50 ~ 56
54 ~ 77	78 ~ 101	102 ~ 119
52 ~ 73	74 ~ 97	98 ~ 115
54 ~ 77	78 ~ 101	102 ~ 119
56 ~ 79	80 ~ 105	106 ~ 123
56 ~ 81	82 ~ 107	108 ~ 125
54 ~ 75	76 ~ 97	98 ~ 115
58 ~ 81	82 ~ 107	108 ~ 125

백점

BOOK 1 개념북

과학 **4·2**

구성과 특징

BOOK ❶ 개념북

검정 교과서를 통합한 개념 학습

2022년부터 초등 3~4학년 과학 교과서가 국정 교과서에서 **7종 검정 교과서**로 바뀌었습니다.

'백점 과학'은 **검정 교과서의 개념과 탐구를 통합적으로 학습**할 수 있도록 구성하였습니다. 단원별 검정 교과서 학습 내용을 확인하고 **개념 학습, 문제 학습, 마무리 학습**으로 이어지는 3단계 학습을 통해 검정 교과서의 통합 개념을 익혀 보세요.

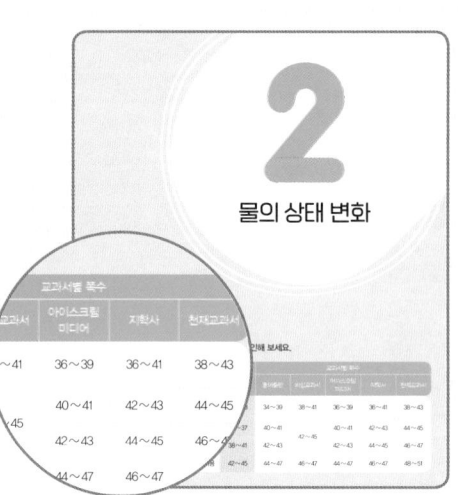

2

물의 상태 변화

---

1 개념 학습

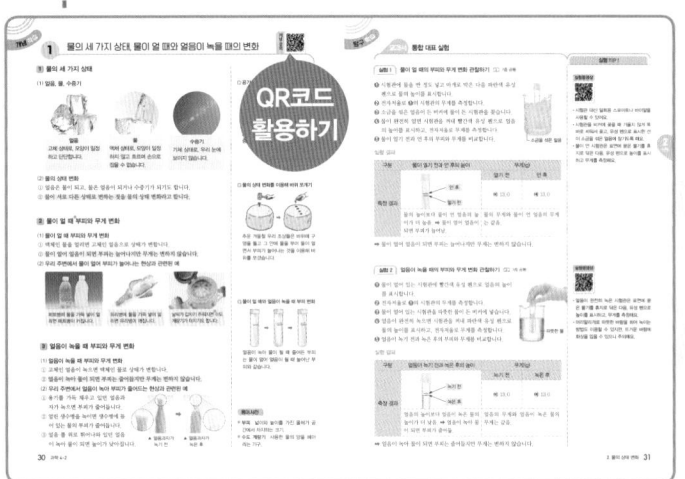

검정 교과서의 내용을 통합한 **핵심 개념**을 익힐 수 있습니다.

교과서 통합 대표 실험을 통해 검정 교과서별 중요 실험을 확인할 수 있습니다.

QR을 통해 개념 이해를 돕는 **개념 강의**, 한눈에 보는 **실험 동영상**이 제공됩니다.

---

2 문제 학습

기본 개념 문제로 개념을 파악합니다.

교과서 공통 핵심 문제로 여러 출판사의 공통 개념을 익힐 수 있습니다.

교과서별 문제를 풀면서 다양한 교과서의 개념을 학습할 수 있습니다.

3 마무리 학습

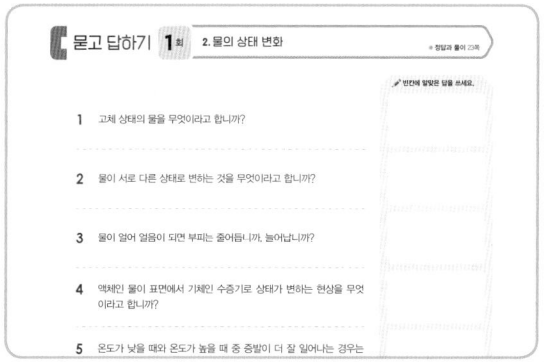

- **교과서 통합 핵심 개념**에서
  단원의 개념을 한눈에 정리할 수 있습니다.

- **단원 평가**와 **수행 평가**를 통해
  단원을 최종 마무리할 수 있습니다.

BOOK ② 평가북

학교 시험에 딱 맞춘 평가 대비

묻고 답하기

묻고 답하기를 통해 핵심 개념을 다시 익힐 수 있습니다.

단원 평가 [기출] [실전] / 수행 평가

단원 평가와 수행 평가를 통해 학교 시험에 대비할 수 있습니다.

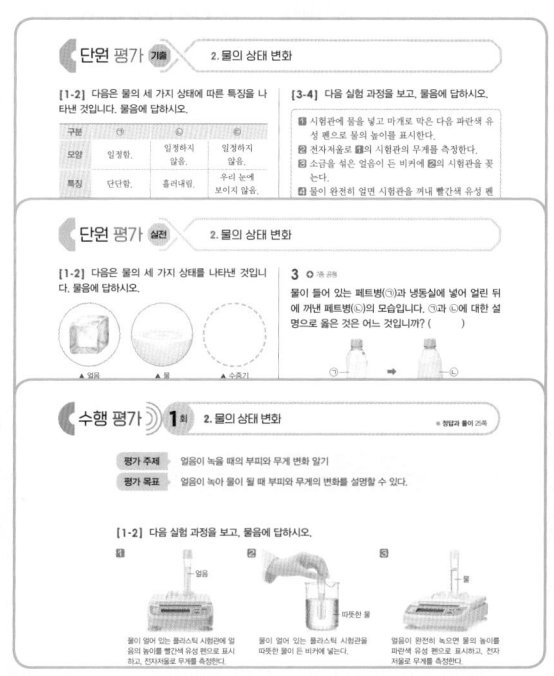

차례

1

식물의 생활

▶ 학습 내용과 교과서별 해당 쪽수를 확인해 보세요.

학습 내용	백점 쪽수	교과서별 쪽수				
		동아출판	비상교과서	아이스크림 미디어	지학사	천재교과서
1 들이나 산에 사는 식물, 식물의 잎 분류	6～9	12～15	14～19	12～17	12～15	16～19
2 강이나 연못에 사는 식물	10～13	16～19	20～23	18～19	16～19	20～23
3 특수한 환경에 사는 식물, 식물의 활용	14～17	20～23	24～25	20～23	20～25	24～27

1 들이나 산에 사는 식물, 식물의 잎 분류

개념 강의

1 들이나 산에 사는 식물 → 풀과 나무로 구분할 수 있어요.

(1) 들이나 산에 사는 식물의 종류와 특징

구분	이름	특징
풀	토끼풀	• 땅을 뒤덮을 정도로 키가 작음. • 줄기가 땅 위를 기듯이 자람. • 잎은 보통 세 장씩 달리고, 흰색 꽃이 둥근 모양으로 핌.
	해바라기	• 어른의 키와 비슷한 정도로 자람. • 잎은 심장 모양으로, 가장자리가 톱니 모양임. • 노란색 꽃이 늦여름에 핌.
	강아지풀	• 줄기와 뿌리가 가늘고, 키가 작음. • 잎은 길쭉한 모양이며, 잎맥이 세로로 나란히 나 있음. • 열매는 이삭 모양이고, 털이 있음.
	쑥	• 키는 1 m 정도까지 자라며, 줄기에 털이 있음. • 잎은 부드럽고, 잎 가장자리는 갈라져 있음.
나무	감나무	• 키가 10~20 m까지 자라며, 줄기는 흑갈색임. • 잎은 끝이 뾰족한 타원형임. • 봄에 꽃이 피며 가을에 열매 맺음.
	잣나무	• 키가 30 m까지도 자라며, 줄기는 흑갈색이고 자라면서 굵어짐. • 잎은 다섯 개씩 모여서 달리며 바늘 모양임.
	단풍나무	• 키는 보통 10 m쯤 자람. • 잎은 손바닥 모양이며 여러 갈래로 갈라져 있고 가장자리는 톱니 모양임. → 가을이 되면 잎이 붉게 물들어요.
	소나무	• 키가 20~25 m 정도임. • 잎은 바늘 모양이며, 한곳에 두 개씩 뭉쳐남. • 겨울에도 잎이 초록색임.

(2) 들이나 산에 사는 식물의 공통적인 특징

① 잎, 줄기, 뿌리가 있습니다.

② 줄기에는 잎, 꽃, 열매가 달립니다.

③ 대부분 땅속으로 뿌리를 내리며 땅 위로 줄기와 잎이 자랍니다.

⊞ 한해살이풀과 여러해살이풀

풀은 한해살이 또는 여러해살이이고, 나무는 모두 여러해살이입니다. 해바라기, 강아지풀, 명아주 등은 한해살이풀이고, 토끼풀, 쑥, 민들레, 비비추 등은 여러해살이풀입니다.

⊞ 잎의 생김새

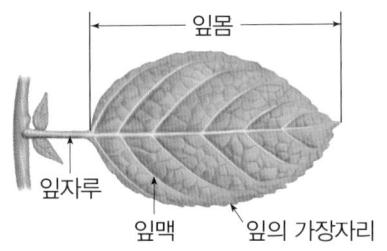

⊞ 키가 작은 나무

일반적으로 나무는 소나무, 은행나무 등과 같이 키가 크지만, 사철나무, 무궁화, 개나리 등과 같이 키가 작은 나무도 있습니다.

용어 사전

• **톱니** 톱 따위의 가장자리에 있는 뾰족뾰족한 이.

• **잎맥** 잎에서 선처럼 보이는 것.

• **이삭** 벼, 보리 따위 곡식에서, 꽃이 피고 꽃대의 끝에 열매가 더부룩하게 많이 열리는 부분.

2 풀과 나무의 공통점과 차이점

구분	풀	나무
공통점	• 뿌리, 줄기, 잎이 있음. ——▶ 잎은 초록색이에요. • 필요한 양분을 스스로 만듦.	
차이점	• 나무보다 키가 작음. • 나무보다 줄기가 가늚. • 대부분 한해살이 식물임.	• 풀보다 키가 큼. • 풀보다 줄기가 굵음. • 모두 여러해살이 식물임.

3 여러 가지 식물의 잎 관찰하기

식물		잎의 특징
떡갈나무		• 넓적하며 가장자리가 물결 모양이고, 끝부분이 둥긂. • 만졌을 때 느낌은 까끌까끌함.
해바라기		• 넓적하며 가장자리가 톱니 모양이고, 끝부분은 뾰족함. • 전체 모양은 심장 모양이고, 잔털이 나 있으며, 만졌을 때 느낌은 까끌까끌함.
강아지풀		• 길쭉한 모양이며 끝부분은 뾰족하고 잎맥이 나란함. • 가장자리 모양이 매끄럽고 만졌을 때 느낌은 까끌까끌함.
감나무		• 넓적하며 가장자리 모양이 매끄럽고 끝부분은 뾰족함. • 앞면은 짙은 초록색이고 뒷면은 연두색임. • 만져 보면 두껍고 빳빳하며 매끈매끈함.
잣나무		• 길쭉한 바늘 모양임. • 한곳에 잎이 다섯 개가 뭉쳐남. • 만졌을 때 느낌은 매끈매끈함.

4 잎의 특징에 따라 식물 분류하기

(1) **잎을 분류하는 기준**: 식물 종류에 따라 잎의 특징이 다르기 때문에 잎의 생김새, 잎을 만졌을 때의 느낌 등의 기준으로 식물을 분류할 수 있습니다.

(2) **분류 기준에 따라 식물의 잎 분류하기** 예

전체 모양		만졌을 때의 느낌	
넓적하다.	길쭉하다.	까끌까끌하다.	매끈매끈하다.
 떡갈나무 해바라기 감나무	 강아지풀 잣나무	떡갈나무 해바라기 강아지풀	 감나무 잣나무

➕ **봉숭아는 풀, 무궁화는 나무로 구별할 수 있는 까닭**

▲ 봉숭아　　　　▲ 무궁화

봉숭아의 줄기는 초록색입니다. 반면 무궁화는 줄기가 단단하고 갈색입니다. 또 봉숭아는 한해살이이지만, 무궁화는 여러해살이입니다. 그러므로 봉숭아는 풀이고 무궁화는 나무입니다.

➕ **한곳에 나는 잎의 개수를 기준으로 분류하기**

한곳에 나는 잎의 개수가 여러 개인 것

장미　　　토끼풀　　강낭콩

한곳에 나는 잎의 개수가 한 개인 것

시금치　　　감자　　단풍나무

장미, 토끼풀, 강낭콩은 잎이 한곳에 여러 개가 나지만, 시금치, 감자, 단풍나무는 한 개씩 납니다.

➕ **분류 기준으로 알맞지 않은 것**

'잎의 크기가 큰가?', '잎의 모양이 예쁜가?' 등은 사람에 따라 분류 결과가 달라지므로 알맞지 않은 분류 기준입니다.

용어 사전

● **양분** 식물의 영양이 되는 성분.

1 들이나 산에 사는 식물, 식물의 잎 분류

기본 개념 문제

1

들이나 산에 사는 식물은 토끼풀, 강아지풀 등과 같은 (   )와/과 감나무, 떡갈나무 등과 같은 (   )(으)로 구분할 수 있습니다.

2

들이나 산에 사는 식물은 대부분 땅속으로 (   )을/를 내리며 땅 위로 줄기와 잎이 자랍니다.

3

풀과 나무 중 줄기가 가늘고 키가 작은 것은 (   )입니다.

4

풀은 한해살이와 여러해살이가 있고, 나무는 모두 (   )입니다.

5

봉숭아와 무궁화 중 나무는 (   )입니다.

6 동아, 김영사, 비상, 아이스크림, 지학사, 천재

다음 식물을 풀과 나무로 구분하여 쓰시오.

(1) 해바라기
(   )

(2) 단풍나무
(   )

(3) 쑥
(   )

(4) 소나무
(   )

7 동아, 김영사, 비상, 지학사, 천재

오른쪽 토끼풀에 대한 설명으로 옳은 것에 ○표 하시오.

(1) 들이나 산에 사는 나무이다.

(   )

(2) 잎은 보통 세 장씩 달리고, 흰색 꽃이 핀다.

(   )

(3) 키가 10~20 m까지 자라며, 줄기가 크고 흑갈색이다.

(   )

8 동아, 김영사, 비상, 아이스크림, 지학사, 천재

들이나 산에 사는 식물의 공통적인 특징이 <u>아닌</u> 것을 골라 기호를 쓰시오.

> ㉠ 잎, 줄기, 뿌리가 있다.
> ㉡ 모두 여러해살이 식물이다.
> ㉢ 대부분 땅속으로 뿌리를 내리며 땅 위로 줄기와 잎이 자란다.

(   )

● 정답과 풀이 1쪽

9 동아, 김영사, 비상, 아이스크림, 지학사, 천재

풀과 나무에 대한 설명으로 알맞은 것끼리 선으로 이으시오.

(1) 풀 •

(2) 나무 •

• ㉠ 키가 큰 편이고, 줄기가 비교적 굵다.

• ㉡ 키가 작은 편이고, 줄기가 비교적 가늘다.

10 ● 7종 공통

다음 감나무와 토끼풀의 잎을 비교한 설명으로 옳은 것은 어느 것입니까? (   )

▲ 감나무

▲ 토끼풀

① 둘 다 잎 가장자리가 갈라졌다.
② 토끼풀 잎은 감나무 잎보다 크고 두껍다.
③ 감나무 잎은 끝부분이 둥글고, 토끼풀 잎은 끝부분이 뾰족하다.
④ 감나무 잎은 한 개씩 나지만, 토끼풀 잎은 한곳에 세 개가 함께 난다.
⑤ 감나무 잎은 가장자리가 톱니 모양이지만, 토끼풀 잎은 가장자리가 매끈하다.

11 ● 7종 공통

식물의 잎을 분류하는 기준으로 알맞지 <u>않은</u> 것은 어느 것입니까? (   )

① 잎이 갈라진 것과 갈라지지 않은 것
② 잎이 아름다운 것과 아름답지 않은 것
③ 촉감이 까끌까끌한 것과 매끈매끈한 것
④ 잎의 전체 모양이 넓적한 것과 길쭉한 것
⑤ 한곳에 나는 잎의 개수가 한 개인 것과 여러 개인 것

[12-13] 다음 여러 가지 식물의 잎을 보고, 물음에 답하시오.

▲ 감나무   ▲ 잣나무   ▲ 강아지풀
▲ 해바라기   ▲ 떡갈나무   ▲ 토끼풀

12 ● 7종 공통

위에서 잎의 전체 모양이 길쭉한 것을 두 가지 골라 식물의 이름을 쓰시오.

(   )

13 ● 7종 공통

위에서 한곳에 나는 잎의 개수가 여러 개인 것을 두 가지 골라 식물의 이름을 쓰시오.

(   )

14 서술형 ● 7종 공통

다음은 식물의 잎을 잎의 가장자리 모양을 기준으로 분류한 결과입니다. 빈칸에 들어갈 잎의 특징은 무엇인지 각각 쓰시오.

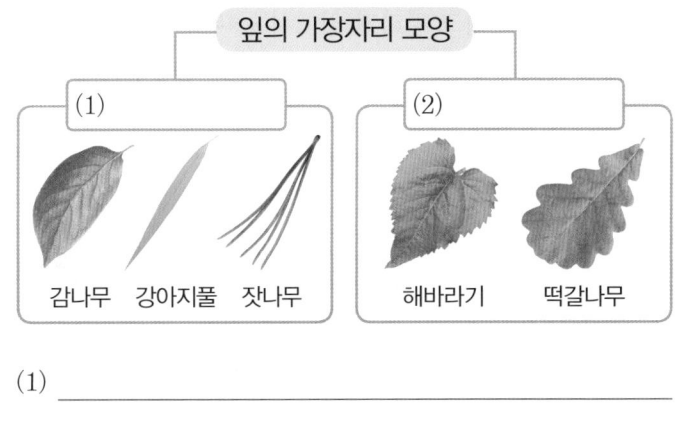

잎의 가장자리 모양

(1)
감나무 강아지풀 잣나무

(2)
해바라기 떡갈나무

(1) _____

(2) _____

2 강이나 연못에 사는 식물

1 강이나 연못에 사는 식물의 특징과 종류

물속에 잠겨서 사는 식물	물에 떠서 사는 식물
줄기와 잎이 좁고 긴 모양이며, 줄기와 잎이 물의 흐름에 따라 잘 휘어짐. ⓔ 물수세미, 나사말, 검정말, 물질경이, 붕어마름	수염처럼 생긴 뿌리가 물속으로 뻗어 있고, 공기주머니가 있거나 스펀지와 비슷한 구조로 되어 있어 쉽게 물에 뜸. ⓔ 개구리밥, 물상추, 부레옥잠, 생이가래
잎이 물에 떠 있는 식물	잎이 물 위로 높이 자라는 식물
잎과 꽃이 물 위에 떠 있고, 뿌리는 물속의 땅에 있음. ⓔ 수련, 가래, 마름, 순채, 자라풀	뿌리는 물속이나 물가의 땅에 있으며, 대부분 키가 크고 줄기가 단단함. ⓔ 연꽃, 부들, 창포, 갈대, 줄, 수양버들

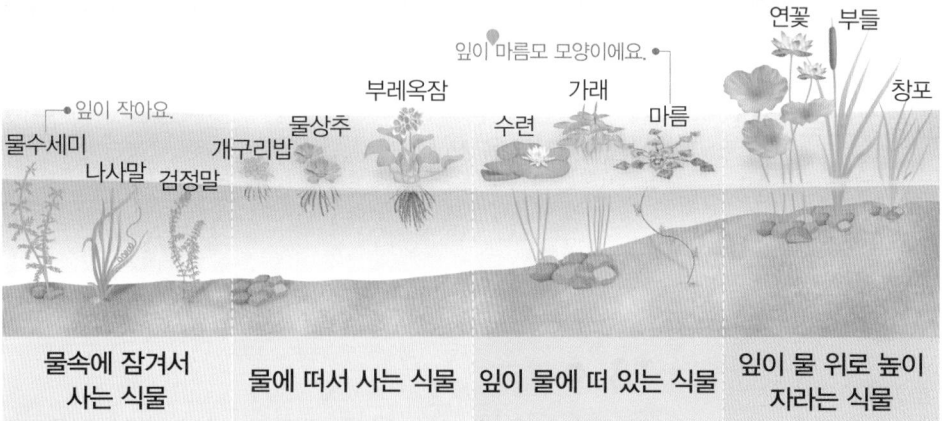

2 강이나 연못에 사는 식물의 적응

(1) 적응
① 식물의 생김새와 생활 방식은 그 식물이 사는 곳의 환경에 따라 다릅니다.
② 생물이 오랜 기간에 걸쳐 주변 환경에 적합하게 변화되어 가는 것을 적응이라고 합니다.

(2) 강이나 연못에 사는 식물의 적응
① 나사말은 줄기가 부드럽고 잎이 가늘어서 흐르는 물에 줄기와 잎이 잘 구부러져 쉽게 꺾이지 않습니다.
② 개구리밥은 잎이 넓어서 물에 떠서 살기에 적합합니다.
③ 수련의 잎은 넓고 갈라져 있어서 물 위에 떠 있기 좋습니다.
④ 부레옥잠은 잎자루 속의 많은 구멍에 공기가 가득 차 있어 물에 떠서 살기에 좋습니다.
⑤ 물에서 사는 식물은 대부분 잎이나 줄기, 뿌리에 공기가 드나드는 통로가 발달해 있습니다.

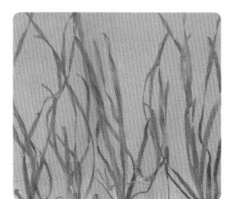
▲ 나사말

▲ 개구리밥

▲ 수련

▲ 부레옥잠

➕ 강이나 연못에 사는 식물(수생 식물)
• 침수식물: 물속에 잠겨서 사는 식물
• 부유식물: 물에 떠서 사는 식물
• 부엽식물: 잎이 물에 떠 있는 식물
• 정수식물: 잎이 물 위로 높이 자라는 식물

➕ 수련과 연꽃

▲ 수련

▲ 연꽃

수련과 연꽃은 비슷하게 생겨 구별하기 어렵습니다. 수련과 연꽃은 잎의 모양이 다른데, 수련은 한쪽이 트여 있는 원형의 잎이 물 위에 납작하게 펼쳐지듯 떠 있고, 연꽃은 뒤집힌 우산 모양의 잎이 물 위로 솟아 있습니다.

➕ 들이나 산에 사는 식물과 강이나 연못에 사는 식물의 공통점과 차이점
• 공통점: 뿌리, 줄기, 잎이 있습니다.
• 차이점: 들이나 산에 사는 식물은 대부분 뿌리가 땅속에 있지만, 강이나 연못에 사는 식물은 대부분 뿌리가 물속이나 물속의 땅에 있습니다.

용어 사전
🔹 마름모 네 변의 길이가 같은 사각형.

실험 부레옥잠과 검정말의 특징 알아보기

활동 1 부레옥잠 관찰하기 📖 7종 공통

❶ 부레옥잠의 잎몸과 잎자루를 관찰해 봅니다.

❷ 부레옥잠의 잎자루를 칼로 잘라 돋보기로 속을 관찰해 봅니다.

❸ 자른 잎자루를 물속에 넣고 손가락으로 지그시 눌러 봅니다.

❹ 부레옥잠이 물에 뜰 수 있는 까닭을 이야기해 봅니다.

실험 결과

부레옥잠의 잎몸과 잎자루	
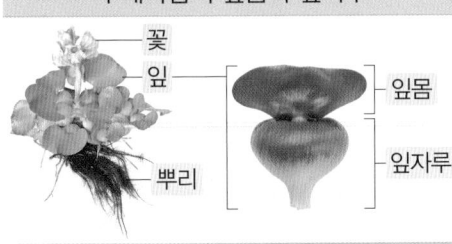	• 잎몸은 동그란 모양이며 광택이 있고, 만지면 매끈매끈함. • 잎자루는 연두색이고, 가운데가 볼록하게 부풀어 있음. • 잎자루를 살짝 눌러 보면 폭신폭신하고, 손으로 들어 보면 크기에 비해 가벼움.
부레옥잠의 잎자루를 자른 단면	
 가로　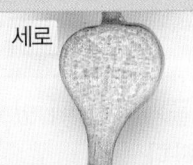 세로	• 잎자루 속에 수많은 공기주머니가 있음. • 스펀지처럼 생겼음.
자른 잎자루를 물속에서 눌러 보기	
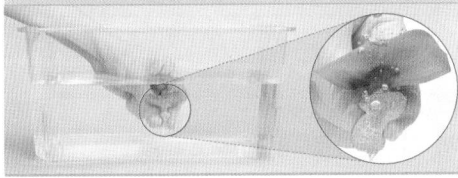	• 공기 방울이 생기면서 위로 올라가고, 세게 누르면 더 많은 공기 방울이 생김. • 누른 손을 떼면 잎자루가 다시 부풀어 오르고, 물 위로 떠오름.

➡ 부레옥잠이 물에 뜰 수 있는 까닭: 잎자루에 있는 공기주머니의 공기 때문에 물에 떠서 살 수 있습니다.

활동 2 검정말 관찰하기 📖 동아출판, 비상교과서

❶ 검정말의 잎과 줄기를 관찰해 봅니다.

❷ 검정말을 물속에 넣고 흔들어 봅니다.

❸ 검정말의 생김새가 물속에 살기에 알맞은 점을 이야기해 봅니다.

실험 결과

잎과 줄기
• 잎은 한 군데에 여러 개가 돌려 납니다.
• 잎은 좁고 뾰족한 모양이며, 얇고 부드럽습니다.
• 줄기는 가늘고 부드러우며 원통 모양입니다.

물속에 넣고 흔들기
• 잎과 줄기가 흔드는 대로 쉽게 휘어집니다.
• 물의 흐름에 따라 부드럽게 움직입니다.

➡ 검정말의 생김새가 물속에 살기에 알맞은 점: 줄기와 잎이 가늘고 부드러워서 물속에서 힘을 덜 받기 때문에 쉽게 꺾이지 않습니다.

실험동영상

1
단원

• 칼을 사용할 때에는 코팅 장갑을 끼고 주의해서 다루어야 해요.

• 부레옥잠의 잎자루를 자른 면에 잉크를 묻혀 흰 종이에 찍어 보면 잎자루 속의 모습을 쉽게 나타낼 수 있어요.

• 잎자루를 가로로 자른 것보다는 세로로 자른 것을 누를 때 더 많은 공기 방울을 관찰할 수 있어요.

검정말을 물 밖으로 꺼내면 줄기가 늘어지는 모습을 관찰할 수 있어요.

2 강이나 연못에 사는 식물

기본 개념 **문제**

1

개구리밥은 수염처럼 생긴 (   )이/가 물 속으로 뻗어 있고, 잎은 물 위에 떠 있습니다.

2

수련은 잎과 꽃이 물 위에 떠 있고, (   )은/는 물속의 땅에 있습니다.

3

생물이 오랜 기간에 걸쳐 주변 환경에 적합하게 변화되어 가는 것을 (   )(이)라고 합니다.

4

부레옥잠은 (   )에 공기주머니가 있어서 물에 떠서 삽니다.

5

부레옥잠의 잎자루를 잘라 수조의 물속에 넣고 손가락으로 눌러 보면 (   )이/가 생기면서 위로 올라갑니다.

6 ➕ 7종 공통

강이나 연못에 사는 식물에 대한 설명으로 옳은 것에 모두 ○표 하시오.

(1) 연꽃은 잎이 물에 떠 있다. (   )
(2) 부레옥잠은 물에 떠서 산다. (   )
(3) 나사말은 물속에 잠겨서 산다. (   )
(4) 수련은 잎이 물 위로 높이 자란다. (   )

7 ➕ 7종 공통

다음은 어떤 식물에 대한 설명인지 보기 에서 골라 기호를 쓰시오.

뿌리는 물속이나 물가의 땅에 있으며, 대부분 키가 크고 줄기가 단단하다.

보기 •
㉠ 물에 떠서 사는 식물
㉡ 잎이 물에 떠 있는 식물
㉢ 물속에 잠겨서 사는 식물
㉣ 잎이 물 위로 높이 자라는 식물

(   )

8 ➕ 7종 공통

물속에 잠겨서 사는 식물의 공통점으로 옳은 것은 어느 것입니까? (   )

① 잎이 넓고 둥글다.
② 잎과 꽃은 물 위에 떠 있다.
③ 키가 크고 잎과 줄기가 단단하다.
④ 줄기가 물의 흐름에 따라 잘 휘어진다.
⑤ 대부분이 잎으로 이루어져 있고 수염처럼 생긴 뿌리가 있다.

[9-11] 다음은 강이나 연못에 사는 식물들의 모습입니다. 물음에 답하시오.

(가) ▲ 부들   (나) ▲ 갈대   (다) ▲ 물수세미

(라) ▲ 개구리밥   (마) ▲ 마름   (바) ▲ 물상추

9 ➕ 7종 공통

위 (가)~(바)를 잎의 위치에 따라 크게 두 무리로 분류하여 기호를 쓰시오.

잎이 물속에 있는 식물	잎이 물 위에 있는 식물
(1)	(2)

10 ➕ 7종 공통

생김새나 생활 방식이 위 (다)와 비슷한 식물을 골라 ○표 하시오.

가래, 연꽃, 나사말, 부레옥잠

11 ➕ 7종 공통

위 (가)~(바)의 특징을 <u>잘못</u> 말한 사람의 이름을 쓰시오.

• 서율: (가)와 (나)는 잎이 물 위로 높이 자라.
• 지민: (다)는 줄기가 부드러워서 잘 휘어져.
• 태영: (라)는 수염처럼 생긴 뿌리가 물속으로 뻗어 있어.
• 우혁: (마)와 (바)는 잎과 꽃이 물 위에 떠 있고, 뿌리는 물속의 땅에 있어.

( )

12 서술형 ➕ 7종 공통

오른쪽 부레옥잠의 볼록하게 부풀어 있는 ㉠ 부분의 이름을 쓰고, ㉠ 부분이 있어 좋은 점을 부레옥잠이 사는 곳과 관련지어 쓰시오.

(1) ㉠ 부분의 이름: ( )

(2) ㉠ 부분이 있어 좋은 점

_____

_____

13 천재

위 12번의 ㉠ 부분을 오른쪽과 같이 가로로 자른 다음, 자른 면에 잉크를 묻혀 종이에 찍었을 때의 모습으로 옳은 것에 ○표 하시오.

(1) 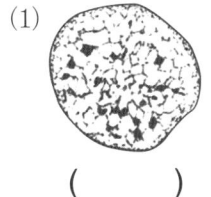   (2) 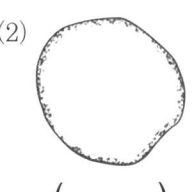   (3)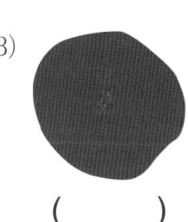

( )   ( )   ( )

14 ➕ 7종 공통

검정말이 물이 많은 환경에 적응한 특징은 무엇입니까? ( )

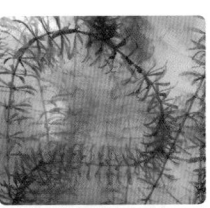

① 잎이 크고, 두껍다.
② 줄기가 굵고 튼튼하다.
③ 줄기가 가늘고 부드럽다.
④ 잎자루에 공기주머니가 있다.
⑤ 키가 크고 잎과 줄기가 단단하다.

3 특수한 환경에 사는 식물, 식물의 활용

1 사막에 사는 식물

(1) **사막의 환경**: 햇빛이 강하며, 비가 적게 오고 건조하여 물이 적은 환경입니다.

(2) **사막에 사는 식물**

① 바오바브나무와 선인장은 굵은 줄기에 물을 저장하고, 용설란은 두꺼운 잎에 물을 저장합니다.

② 바오바브나무는 잎이 작고, 선인장은 잎이 가시 모양이어서 물이 밖으로 빠져나가는 것을 막습니다.

기둥선인장 / 금호선인장 / 용설란 / 바오바브나무

(3) **선인장의 특징**

① 선인장 관찰하기

선인장의 생김새	선인장의 줄기를 가로로 자른 모습
• 줄기는 굵고 통통하며, 초록색임. • 가시 모양의 잎이 있음.	화장지 • 자른 면이 미끄럽고 축축함. • 자른 면에 마른 화장지를 대면 물이 묻어 나옴.

② 선인장이 사막에서 살 수 있는 까닭

• 굵은 줄기에 물을 저장하여 사막에서 살 수 있습니다.

• 잎이 가시 모양이라서 물을 필요로 하는 동물의 공격과 물이 밖으로 빠져나가는 것을 막을 수 있습니다.

2 극지방에 사는 식물

> 극지방은 남극과 북극 지역을 말해요.

(1) **극지방의 환경**: 온도가 매우 낮고, 바람이 많이 부는 환경입니다.

(2) **극지방에 사는 식물**

① 키가 작아서 낮은 기온과 차고 강한 바람을 견딜 수 있습니다.

② 깊은 땅속은 일 년 내내 얼어 있기 때문에 땅속 깊이 뿌리를 내리지 않습니다.

③ 극지방에는 북극이끼장구채, 북극버들, 북극다람쥐꼬리, 남극좀새풀, 남극구슬이끼, 남극개미자리 등이 삽니다.

북극이끼장구채 / 북극버들 / 남극좀새풀 / 남극구슬이끼

사막에 사는 식물

▲ 메스키트나무 　▲ 회전초

• 메스키트나무는 뿌리가 땅속 깊이까지 뻗어서 지하수를 흡수해 저장합니다.

• 회전초는 굴러다니면서 씨를 뿌리다가 비가 오면 크게 번식합니다.

높은 산에 사는 식물

▲ 설악산 꼭대기에 사는 눈잣나무

높은 산 위는 바람이 강하게 불기 때문에 키가 작은 식물이 바람을 견디는 데 유리합니다. 설악산 꼭대기에 사는 눈잣나무는 바람이 강한 환경에 적응하여 산 아래에 사는 잣나무만큼 크게 자라지 않습니다.

용어 사진

◆ **건조** 습기나 물기가 말라서 없어짐 또는 없앰.

◆ **극지방** 남극과 북극을 중심으로 한 그 주변 지역.

3 바닷가에 사는 식물

(1) **바닷가의 환경**: 소금 성분이 많고, 바람이 강하며 햇빛이 강합니다.

(2) **바닷가에 사는 식물**

① 대체로 키가 작고, 줄기가 기어가듯이 자라 강한 바람을 견딜 수 있습니다.

② 잎이 두꺼워서 물을 저장할 수 있어 소금 성분이 많은 환경에서도 견딜 수 있습니다.

▲ 갯방풍

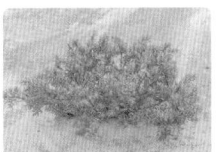
▲ 해홍나물

▲ 퉁퉁마디

▲ 순비기나무
└─● 잎이 바늘 모양이어서 바람의 영향을 적게 받아요.

4 식물의 특징을 모방해 생활에 활용한 예

도꼬마리 열매의 특징을 활용한
찍찍이 테이프

천에 붙으면 잘 떨어지지 않는 도꼬마리 열매의 특징을 활용하여 찍찍이 테이프를 만들었음.

단풍나무 열매의 특징을 활용한
회전하는 드론

바람을 타고 빙글빙글 돌며 떨어지는 단풍나무 열매의 특징을 활용하여 바람을 타고 회전하며 떨어지는 드론을 만들었음.

연잎의 특징을 활용한
물이 스며들지 않는 옷감

물에 젖지 않는 연잎의 특징을 활용하여 물이 스며들지 않는 방수 옷을 만들었음.

해바라기 꽃의 특징을 활용한
태양열 발전소

태양열 발전소의 거울을 해바라기꽃의 모양을 따라 설치하여 더 많은 빛을 모을 수 있음.

장미 가시의 특징을 활용한
가시철조망

사람이나 동물이 접근하기 어려운 장미 가시의 생김새를 활용하여 가시철조망을 만들었음.

회전초의 특징을 활용한
행성 탐사 로봇

사막을 굴러다니는 회전초의 모습을 본떠 동그란 행성 탐사 로봇을 만들었음.

1단원

➕ **덥고 비가 많이 오는 곳에 사는 식물**

일 년 내내 잎이 푸르고, 잎이 길고 끝이 뾰족한 모양이 많습니다. 잘 휘어져서 빗방울을 쉽게 흘려보내며, 햇빛이 강하고 비가 많이 와서 매우 크게 자라는 나무가 많습니다. 큰 나무 아래에 햇빛을 받을 수 있는 위치에 따라 다양한 식물이 여러 층을 이루며 살아갑니다.

예 야자나무, 바나나, 몬스테라, 고사리

➕ **도꼬마리 열매와 찍찍이 테이프의 특징**

▲ 도꼬마리 열매　　▲ 찍찍이 테이프

도꼬마리 열매의 가시를 확대해서 보면 갈고리처럼 끝이 굽어져 있습니다. 찍찍이 테이프의 거친 부분을 확대해서 보면 갈고리 모양의 플라스틱을 볼 수 있습니다.

➕ **단풍나무 열매의 특징을 모방해 활용한 다른 예**

▲ 선풍기 날개　　▲ 헬리콥터 날개

단풍나무 열매가 바람을 타고 빙글빙글 돌면서 멀리 날아가는 특징을 모방한 선풍기 날개, 헬리콥터 날개 등이 있습니다.

용어 사전

● **모방** 다른 것을 본뜨거나 본받음.
● **드론** 전파를 이용하여 원격 조종되는 무인 비행 물체.

3 특수한 환경에 사는 식물, 식물의 활용

기본 개념 문제

1

사막에 사는 바오바브나무는 굵은 (   )에 물을 저장합니다.

2

선인장은 (   )이/가 가시 모양이라서 물이 밖으로 빠져나가는 것을 막습니다.

3

갯방풍, 해홍나물, 퉁퉁마디, 순비기나무 등은 (   )에 사는 식물입니다.

4

극지방이나 높은 산, 바닷가에 사는 식물은 (   )이/가 많이 부는 환경에 적응하였습니다.

5

사막에 사는 식물 중 굴러다니면서 씨를 뿌리는 (   )의 모습을 본떠 동그란 행성 탐사 로봇을 만들었습니다.

6 동아, 금성, 김영사, 아이스크림, 천재

사막에 대한 설명으로 옳은 것은 어느 것입니까?

(   )

① 비가 많이 온다.
② 눈이 많이 온다.
③ 건조하여 물이 적다.
④ 낮에도 온도가 매우 낮다.
⑤ 대부분이 물로 이루어져 있고, 물속에 소금 성분이 많다.

[7-8] 다음을 보고, 물음에 답하시오.

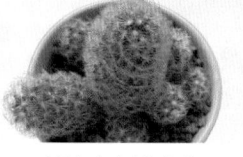

(가) 선인장의 생김새   (나) 선인장의 줄기를 자른 모습

7 동아, 금성, 김영사, 아이스크림, 천재

위 (가)와 같이 선인장의 잎이 가시 모양이기 때문에 좋은 점을 옳게 말한 사람의 이름을 모두 쓰시오.

- 선우: 동물의 공격을 막을 수 있어.
- 나영: 가벼워서 물에 떠서 살 수 있어.
- 동민: 무거워서 바람에 날아가지 않을 수 있어.
- 미희: 잎을 통해 물이 빠져나가는 것을 막을 수 있어.

(   )

8 서술형 동아, 천재

위 (나)와 같이 선인장의 줄기를 잘라 자른 면에 화장지를 대면 어떤 변화가 나타나는지 쓰시오.

_____

_____

9 금성, 아이스크림, 천재

온도가 매우 낮고, 바람이 많이 부는 환경에 적응하여 사는 식물을 두 가지 고르시오. (   )

① 용설란
② 북극버들
③ 기둥선인장
④ 남극개미자리
⑤ 메스키트나무

10 금성

다음과 같이 덥고 비가 많이 오는 곳에 사는 식물에 대한 설명으로 옳지 <u>않은</u> 것을 보기 에서 골라 기호를 쓰시오.

야자나무

몬스테라

> 보기
> ㉠ 일 년 내내 잎이 푸르다.
> ㉡ 잎이 잘 휘어져서 빗방울을 잘 흘려보낸다.
> ㉢ 강한 바람을 견디기 위해 대부분 키가 작다.

(   )

11 동아, 지학사

바닷가에 사는 식물을 골라 기호를 쓰시오.

▲ 회전초

▲ 북극이끼장구채

▲ 남극구슬이끼

▲ 해홍나물

(   )

[12-13] 다음 식물 열매의 모습을 보고, 물음에 답하시오.

(가)

도꼬마리 열매

(나)
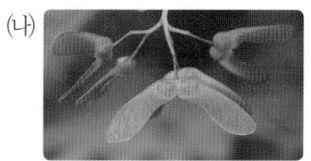
단풍나무 열매

12 동아, 금성, 김영사, 비상, 아이스크림, 천재

위 (가)와 (나) 중 가시 끝이 갈고리처럼 굽어져 있어 동물의 털이나 사람의 옷에 잘 붙는 특징을 활용하여 찍찍이 테이프를 만든 식물은 어느 것인지 기호를 쓰시오.

(   )

13 동아, 금성, 아이스크림, 천재

다음은 위 (가)와 (나) 중 어느 식물의 특징을 모방해 활용한 예인지 기호를 쓰시오.

회전하는 드론   헬리콥터 날개   선풍기 날개

(   )

14 ➕ 7종 공통

식물의 특징을 모방해 활용하는 예와 모방한 식물을 선으로 이으시오.

(1) 물이 스며들지 않는 옷감   ·   · ㉠ 장미 가시

(2) 철조망   ·   · ㉡ 연잎

★ 잎의 생김새

잎몸
잎자루
잎맥
잎의 가장자리

1 식물의 생활

1. 들이나 산에 사는 식물

(1) 들이나 산에 사는 식물의 종류

풀			나무		
토끼풀	해바라기	강아지풀	감나무	잣나무	단풍나무

(2) 풀과 나무의 공통점과 차이점

구분	풀	나무
공통점	• 뿌리, 줄기, 잎이 구분됨. • 필요한 양분을 스스로 만듦.	
차이점	• 나무보다 키가 작음. • 나무보다 줄기가 가늚. • 대부분 한해살이 식물임.	• 풀보다 키가 큼. • 풀보다 줄기가 굵음. • 모두 ❶[ ]살이 식물임.

2. 강이나 연못에 사는 식물

(1) 강이나 연못에 사는 식물의 특징과 종류

물속에 잠겨서 사는 식물	물에 떠서 사는 식물
줄기와 잎이 좁고 긴 모양이며, 줄기와 잎이 물의 흐름에 따라 잘 휘어짐. ⑩ 물수세미, 나사말, 검정말, 물질경이, 붕어마름	수염처럼 생긴 뿌리가 물속으로 뻗어 있고, 공기주머니가 있거나 스펀지와 비슷한 구조로 되어 있어 쉽게 물에 뜸. ⑩ 개구리밥, 물상추, 부레옥잠
잎이 물에 떠 있는 식물	잎이 물 위로 높이 자라는 식물
잎과 꽃이 물 위에 떠 있고, 뿌리는 물속의 땅에 있음. ⑩ 수련, 가래, 마름, 순채, 자라풀	뿌리는 물속이나 물가의 땅에 있으며, 대부분 키가 크고 줄기가 단단함. ⑩ 연꽃, 부들, 창포, 갈대, 줄

(2) 적응

① 식물의 생김새와 생활 방식은 그 식물이 사는 곳의 환경에 따라 다릅니다.

② 생물이 오랜 기간에 걸쳐 주변 환경에 알맞은 생김새와 생활 방식을 갖게 되어 가는 것을 ❷[   ]이라고 합니다.

③ 부레옥잠과 검정말의 적응

★ 물속에 잠겨서 사는 식물

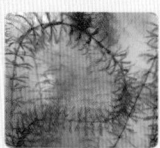

물수세미   검정말

★ 물에 떠서 사는 식물

개구리밥   부레옥잠

★ 잎이 물에 떠 있는 식물

수련   마름

★ 잎이 물 위로 높이 자라는 식물

부들   갈대

부레옥잠	❸[ ]에 있는 공기주머니의 공기 때문에 물에 떠서 살 수 있음.	
검정말	줄기와 잎이 가늘고 부드러워서 물속에서 힘을 덜 받기 때문에 쉽게 꺾이지 않음.	

3. 특수한 환경에 사는 식물

(1) 사막에 사는 식물

① 사막의 환경: 햇빛이 강하며, 비가 적게 오고 건조하여 물이 적습니다.

② 사막에 사는 식물의 특징과 종류

특징	• 바오바브나무와 선인장은 굵은 ❹　　　에 물을 저장하고, 용설란은 두꺼운 잎에 물을 저장함. • 선인장은 ❺　　　이 가시 모양이라서 물을 필요로 하는 동물의 공격과 물이 밖으로 빠져나가는 것을 막을 수 있음.
종류	바오바브나무, 선인장, 용설란, 메스키트나무, 회전초 등

(2) 극지방에 사는 식물

① 극지방의 환경: 온도가 매우 낮고, 바람이 많이 붑니다.

② 극지방에 사는 식물의 특징과 종류

특징	• 키가 작아서 낮은 기온과 차고 강한 바람을 견딜 수 있음. • 깊은 땅속은 일 년 내내 얼어 있기 때문에 땅속 깊이 뿌리를 내리지 않음.
종류	북극이끼장구채, 북극버들, 북극다람쥐꼬리, 남극좀새풀, 남극구슬이끼, 남극개미자리 등

(3) 바닷가에 사는 식물

① 바닷가의 환경: 소금 성분이 많고, 바람이 강하며 햇빛이 강합니다.

② 바닷가에 사는 식물의 특징과 종류

특징	• 키가 작고, 줄기가 기어가듯이 자라 강한 바람을 견딜 수 있음. • 잎이 두꺼워서 물을 저장할 수 있어 소금 성분이 많은 환경에서도 살 수 있음.
종류	갯방풍, 해홍나물, 퉁퉁마디, 순비기나무 등

4. 식물의 특징을 모방해 생활에 활용한 예

도꼬마리 열매의 특징을 활용한
찍찍이 테이프

단풍나무 열매의 특징을 활용한
회전하는 드론

연잎의 특징을 활용한
❻　　　이 스며들지 않는 옷감

장미 가시의 특징을 활용한
가시철조망

★ 사막에 사는 식물

바오바브나무

선인장

용설란

회전초

★ 극지방에 사는 식물

북극이끼장구채

북극버들

남극좀새풀

남극구슬이끼

★ 바닷가에 사는 식물

갯방풍

해홍나물

퉁퉁마디

순비기나무

1. 식물의 생활

[1-2] 다음은 들이나 산에 사는 식물의 모습입니다. 물음에 답하시오.

▲ 감나무   ▲ 쑥   ▲ 단풍나무

▲ 토끼풀   ▲ 잣나무   ▲ 민들레

1 동아, 김영사, 비상, 아이스크림, 지학사, 천재

다음은 위 식물 중 한 가지를 골라 식물의 생김새와 특징을 조사하여 만든 식물 안내판입니다. 어느 식물을 조사하여 만들었는지 식물의 이름을 쓰시오.

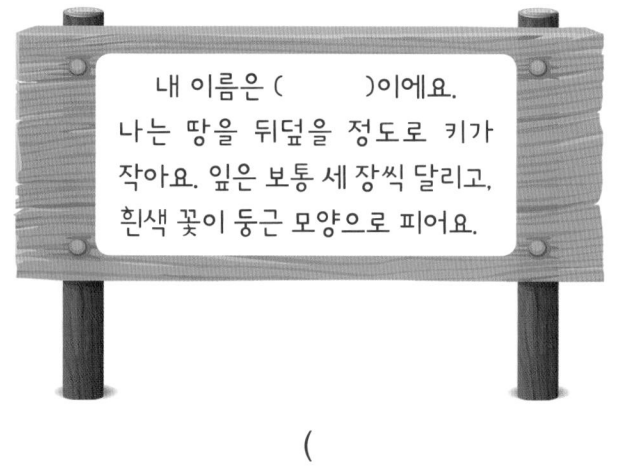

내 이름은 (   )이에요.
나는 땅을 뒤덮을 정도로 키가 작아요. 잎은 보통 세 장씩 달리고, 흰색 꽃이 둥근 모양으로 피어요.

(   )

2 동아, 김영사, 비상, 아이스크림, 지학사, 천재

위 식물을 풀과 나무로 분류하여 이름을 쓰시오.

풀	나무
(1)	(2)

3 동아, 김영사, 비상, 아이스크림, 지학사, 천재

들이나 산에 사는 식물의 특징을 <u>잘못</u> 설명한 것은 어느 것입니까? (   )

① 열매를 맺지 않는다.
② 땅에 뿌리를 내리고 산다.
③ 나무는 모두 여러해살이이다.
④ 필요한 양분을 스스로 만든다.
⑤ 풀은 나무보다 키가 작고, 줄기가 가늘다.

4 ➕ 7종 공통

식물의 잎을 분류할 때 분류 기준으로 적합하지 <u>않은</u> 것은 어느 것입니까? (   )

① 잎의 생김새가 예쁜가?
② 잎맥의 모양이 나란한가?
③ 잎의 표면이 매끄러운가?
④ 잎의 끝 모양이 뾰족한가?
⑤ 잎의 가장자리가 톱니 모양인가?

5 ➕ 7종 공통

다음과 같이 두 무리로 식물의 잎을 분류한 기준은 어느 것인지 골라 기호를 쓰시오.

   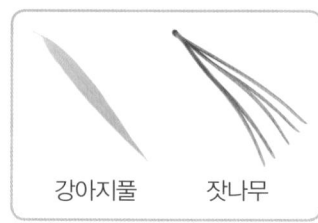

해바라기   감나무   강아지풀   잣나무

ㄱ 잎의 색깔이 밝은 것과 어두운 것
ㄴ 잎의 전체 모양이 넓적한 것과 긴쭉한 것
ㄷ 한곳에 나는 잎의 개수가 여러 개인 것과 한 개인 것

(   )

[6-7] 다음은 강이나 연못에 사는 식물입니다. 물음에 답하시오.

(가)
마름

(나)
개구리밥

(다)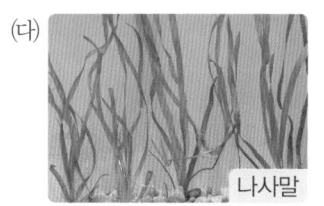
나사말

(라)
부들

6 ➕ 7종 공통

위 (가)~(라) 식물에 대한 설명으로 옳은 것을 두 가지 고르시오. ( )

① (가)는 잎이 물에 잠겨서 산다.
② (나)는 키가 크고 줄기가 단단하다.
③ (다)는 줄기와 잎이 좁고 긴 모양이다.
④ (다)는 공기주머니가 있어 쉽게 물에 뜬다.
⑤ (라)는 잎이 물 위로 높게 자란다.

7 서술형 ➕ 7종 공통

위 식물 중 물속에 잠겨서 사는 식물을 골라 기호를 쓰고, 그 식물이 물속에 잠겨서 살기에 적합한 점을 한 가지 쓰시오.

_____

_____

8 ➕ 7종 공통

다음 ( ) 안에 들어갈 알맞은 말을 각각 쓰시오.

> 식물의 생김새와 생활 방식은 그 식물이 사는 곳의 (㉠)에 따라 다르다. 생물이 오랜 기간에 걸쳐 주변 (㉠)에 적합하게 변화되어 가는 것을 (㉡)(이)라고 한다.

㉠ ( ), ㉡ ( )

9 서술형 동아, 김영사, 비상, 아이스크림, 지학사, 천재

다음과 같이 세로로 자른 부레옥잠의 잎자루를 물이 담긴 수조에 넣고 잎자루를 눌렀습니다. 이때 어떤 현상이 나타나는지 쓰시오.

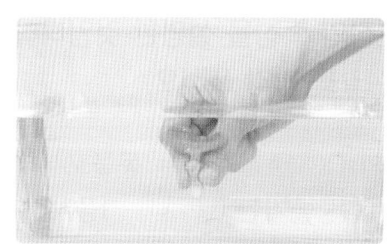

_____

_____

10 동아, 김영사, 비상, 아이스크림, 지학사, 천재

위 9번 답을 통해 알 수 있는 사실을 옳게 말한 사람의 이름을 쓰시오.

> • 희수: 부레옥잠의 잎자루 속에 공기가 들어 있어.
> • 서빈: 부레옥잠의 잎자루 속은 물로 가득 차 있어.
> • 지후: 부레옥잠의 잎자루 속에 양분이 많이 들어 있어.

( )

11 동아, 금성, 김영사, 아이스크림, 지학사, 천재

사막에 사는 식물을 두 가지 골라 기호를 쓰시오.

㉠ ▲ 야자나무

㉡ ▲ 바오바브나무

㉢ ▲ 용설란

㉣ ▲ 갯방풍

(   )

12 동아, 금성, 김영사, 아이스크림, 지학사, 천재

다음은 선인장의 특징을 설명한 것입니다. 빈칸에 들어갈 알맞은 말을 각각 쓰시오.

> 가시 모양의 (㉠)은/는 동물로부터 선인장을 보호하고, 굵은 줄기는 (㉡)을/를 저장하기에 좋다.

㉠ (   ), ㉡ (   )

13 서술형 금성, 아이스크림, 천재

다음 식물들이 추운 극지방에서 살기에 적합한 특징을 한 가지 쓰시오.

▲ 북극이끼장구채

▲ 남극구슬이끼

_____

_____

14 동아, 금성, 아이스크림, 천재

다음과 같은 식물의 특징을 활용하여 만든 물체를 한 가지 쓰시오.

> 단풍나무 열매는 떨어지면서 바람을 타고 빙글빙글 회전하는 특징이 있다.

(   )

15 동아, 금성, 김영사, 비상, 아이스크림, 천재

식물과 그 특징을 활용하여 모방한 예를 선으로 이으시오.

(1)

도꼬마리 열매

㉠

찍찍이 테이프

(2)

해바라기 꽃

㉡

행성 탐사 로봇

(3)

회전초

㉢
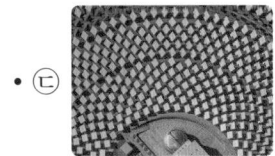
태양열 발전소

1 동아, 김영사, 비상, 아이스크림, 지학사, 천재

들이나 산에 사는 식물을 조사한 내용을 <u>잘못</u> 말한 사람의 이름을 쓰시오.

난 해바라기를 조사했어. 해바라기는 한해살이 풀이고, 잎의 가장자리가 톱니 모양이야. 꽃잎은 노란색이야.
재현

난 개나리를 조사했어. 개나리는 나무보다 키가 작은 풀이야. 봄에 노란색 꽃이 피어.
유진

난 단풍나무를 조사했어. 단풍나무는 잎이 손바닥 모양이고 여러 갈래로 갈라져 있어. 가을이 되면 잎이 붉게 물들어.
민석

( )

2 서술형 동아, 김영사, 비상, 아이스크림, 지학사, 천재

다음은 각각 풀과 나무에 해당하는 강아지풀과 단풍나무의 모습입니다. 풀과 나무의 공통점을 두 식물이 양분을 얻는 방법과 관련지어 쓰시오.

▲ 강아지풀

▲ 단풍나무

_____

_____

3 동아, 김영사, 비상, 아이스크림, 지학사, 천재

다음은 풀과 나무에 대한 설명입니다. ( ) 안에 들어갈 알맞은 말을 각각 쓰시오.

(㉠)은/는 대부분 한해살이 식물이며, 키가 작고 줄기가 가늘다. (㉡)은/는 모두 여러해살이 식물이며, 키가 크고 줄기가 굵다.

㉠ ( ), ㉡ ( )

4 ➕ 7종 공통

다음 ( ) 안에 들어갈 분류 기준으로 알맞은 것은 어느 것입니까? ( )

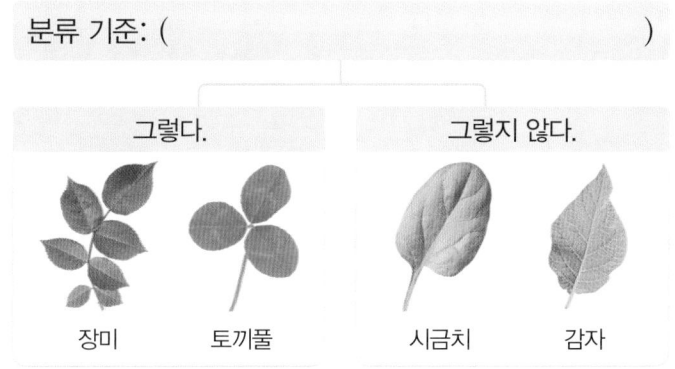

분류 기준: ( )

그렇다.	그렇지 않다.
장미 토끼풀	시금치 감자

① 잎의 무게가 무거운가?
② 잎의 끝 모양이 뾰족한가?
③ 잎맥의 모양이 그물 모양인가?
④ 잎의 전체 모양이 가늘고 길쭉한가?
⑤ 한곳에 나는 잎의 개수가 여러 개인가?

5 금성, 아이스크림, 지학사, 천재

오른쪽 잎의 생김새를 보고 ㉠과 ㉡ 부분의 이름을 각각 쓰시오.

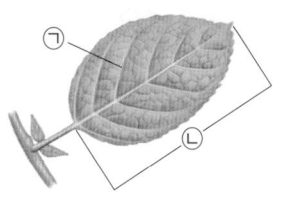

㉠ ( ), ㉡ ( )

6 동아, 금성, 김영사, 아이스크림, 지학사, 천재

강이나 연못에 사는 식물이 <u>아닌</u> 것은 어느 것입니까? (　　　)

①
연꽃

②
물상추

③
물수세미

④
용설란

7 ➕ 7종 공통

다음은 강이나 연못에 사는 식물의 모습입니다. 식물이 사는 방식에 맞게 각각 식물의 이름을 쓰시오.

창포

검정말

마름

개구리밥

(1) 물에 떠서 사는 식물: (　　　　　　　)
(2) 잎이 물에 떠 있는 식물: (　　　　　　　)
(3) 물속에 잠겨서 사는 식물: (　　　　　　　)
(4) 잎이 물 위로 높이 자라는 식물: (　　　　　)

8 서술형 ➕ 7종 공통

부들이나 갈대와 같이 잎이 물 위로 높이 자라는 식물의 특징을 생김새와 관련지어 한 가지 쓰시오.

▲ 부들

▲ 갈대

_____

_____

9 ➕ 7종 공통

부레옥잠이 물에 떠서 살 수 있는 까닭은 무엇입니까? (　　　　)

① 꽃이 피지 않기 때문이다.
② 잎이 매우 작고 얇기 때문이다.
③ 뿌리가 땅속 깊이 뻗기 때문이다.
④ 잎자루에 공기주머니가 있기 때문이다.
⑤ 줄기가 단단하고 높이 자라기 때문이다.

10 ➕ 7종 공통

수련에 대한 설명에는 '수련', 연꽃에 대한 설명에는 '연꽃'이라고 쓰시오.

▲ 수련

▲ 연꽃

(1) 잎이 물 위로 높이 자란다. (　　　　　　　)
(2) 잎과 꽃이 물 위에 떠 있다. (　　　　　　　)

11 서술형 동아, 김영사, 지학사, 천재

다음과 같이 선인장의 줄기를 잘라 자른 면에 화장지를 대었더니 화장지에 물이 묻었습니다. 이것을 통해 알 수 있는 선인장이 사막에 살기에 알맞게 적응한 점을 쓰시오.

 →

_____

_____

12 금성, 아이스크림, 천재

다음과 같은 특징을 가진 식물을 찾아 ○표 하시오.

극지방은 온도가 매우 낮고, 바람이 많이 분다. 극지방에 사는 식물들은 대부분 키가 작아서 낮은 기온과 강한 바람을 견딜 수 있다.

(1) 바오바브나무 ( )

(2) 갈대 ( )

(3) 남극좀새풀 ( )

(4) 야자나무 ( )

13 동아, 금성, 김영사, 아이스크림, 지학사, 천재

다음 보기 중 특수한 환경에 사는 식물의 특징으로 옳지 않은 것을 골라 기호를 쓰시오.

보기 ●
㉠ 물이 적은 사막에 사는 바오바브나무는 굵은 줄기에 물을 많이 저장한다.
㉡ 바람이 많이 부는 바닷가에 사는 갯방풍은 키가 작고 줄기가 기듯이 자란다.
㉢ 사막에 사는 선인장은 잎이 가시 모양이라 물이 빠르게 몸 밖으로 빠져나간다.

( )

14 동아, 금성, 김영사, 아이스크림, 지학사, 천재

다음 (가)와 (나) 식물의 특징을 모방해 활용한 예를 보기 에서 각각 골라 기호를 쓰시오.

(가)
▲ 도꼬마리 열매

(나)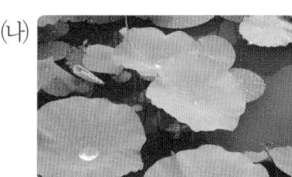
▲ 연잎

보기 ●
㉠ 찍찍이 테이프
㉡ 회전하는 드론
㉢ 헬리콥터 날개
㉣ 물이 스며들지 않는 옷감

(가) ( ), (나) ( )

15 ➕ 7종 공통

식물의 특징을 모방해 활용하는 것에 대한 설명으로 옳지 않은 것에 ×표 하시오.

(1) 식물의 생김새나 생활 방식을 모방할 수 있다.

( )

(2) 한 번 모방한 특징은 다른 물체에 활용할 수 없다.

( )

평가 주제 들이나 산에 사는 식물 분류하기

평가 목표 들이나 산에 사는 식물의 특징에 따라 식물을 분류할 수 있다.

[1-2] 다음은 들이나 산에 사는 식물과 잎의 모습입니다. 물음에 답하시오.

(가) ▲ 토끼풀 (나) ▲ 단풍나무 (다) ▲ 강아지풀
(라) ▲ 국화 (마) ▲ 잣나무 (바) ▲ 떡갈나무

1 위 식물을 풀과 나무로 분류하여 기호를 쓰고, 풀과 나무의 차이점을 식물의 한살이와 관련지어 쓰시오.

(1) 풀과 나무로 분류하기

풀	나무

(2) 풀과 나무의 차이점: _____

_____

> **도움** 한 해 안에 한살이를 마치는 식물을 한해살이 식물이라고 하고, 여러 해 동안 살면서 한살이를 되풀이하는 식물을 여러해살이 식물이라고 합니다.

2 위 식물의 잎을 다음 분류 기준에 맞게 분류하여 기호를 쓰시오.

한곳에 나는 잎이 한 개인가?

그렇다.	그렇지 않다.
(1)	(2)

> **도움** 잎의 생김새를 관찰하고 한곳에 나는 잎이 한 개인지, 여러 개인지를 살펴봅니다.

 문제 강의

● 정답과 풀이 4쪽

1 단원

평가 주제 식물이 환경에 적응한 점 알기

평가 목표 식물의 생김새와 생활 방식이 환경과 관련되어 있음을 설명할 수 있다.

[1-2] 다음은 강이나 연못에 사는 식물의 종류입니다. 물음에 답하시오.

보기
> 마름, 부들, 연꽃, 물상추, 검정말, 개구리밥, 물수세미, 부레옥잠

1 보기 의 식물 중 물속에 잠겨서 사는 식물을 모두 고르고, 물속에 잠겨서 살기에 적합하도록 적응한 점을 한 가지 쓰시오.

(1) 물속에 잠겨서 사는 식물: (   )

(2) 적응한 점: _____

_____

> 도움 물속에 잠겨서 사는 식물은 어떤 특징이 있는지 생각해 봅니다.

2 오른쪽 식물의 이름을 보기 에서 찾아 쓰고, 이 식물이 물에 떠서 살기에 알맞은 점을 한 가지 쓰시오.

(1) 식물의 이름: (   )

(2) 물에 떠서 살기에 알맞은 점: _____

_____

> 도움 물에 떠서 사는 식물은 어떤 특징이 있는지 생각해 봅니다.

3 오른쪽 식물들이 물이 부족한 사막의 환경에 적응한 점은 무엇인지 쓰시오.

_____

_____

선인장   용설란

바오바브나무

> 도움 선인장과 바오바브나무는 줄기가 두껍고, 용설란은 잎이 두껍습니다.

다른 그림을 찾아보세요.

● 정답 4쪽

다른 곳이 15군데 있어요.

2

물의 상태 변화

▶ 학습 내용과 교과서별 해당 쪽수를 확인해 보세요.

학습 내용	백점 쪽수	교과서별 쪽수				
		동아출판	비상교과서	아이스크림 미디어	지학사	천재교과서
1 물의 세 가지 상태, 물이 얼 때와 얼음이 녹을 때의 변화	30~33	34~39	38~41	36~39	36~41	38~43
2 물이 증발할 때의 변화	34~37	40~41	42~45	40~41	42~43	44~45
3 물이 끓을 때의 변화	38~41	42~43		42~43	44~45	46~47
4 수증기의 응결, 물의 상태 변화 이용	42~45	44~47	46~47	44~47	46~47	48~51

1 물의 세 가지 상태, 물이 얼 때와 얼음이 녹을 때의 변화

1 물의 세 가지 상태

(1) 얼음, 물, 수증기

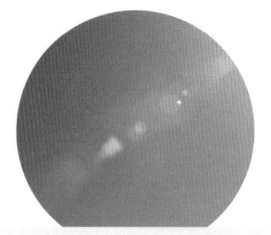

얼음
고체 상태로, 모양이 일정하고 단단합니다.

물
액체 상태로, 모양이 일정하지 않고 흐르며 손으로 잡을 수 없습니다.

수증기
기체 상태로, 우리 눈에 보이지 않습니다.

(2) 물의 상태 변화

① 얼음은 물이 되고, 물은 얼음이 되거나 수증기가 되기도 합니다.

② 물이 서로 다른 상태로 변하는 것을 물의 상태 변화라고 합니다.

2 물이 얼 때 부피와 무게 변화

(1) 물이 얼 때 부피와 무게 변화

① 액체인 물을 얼리면 고체인 얼음으로 상태가 변합니다.

② 물이 얼어 얼음이 되면 부피는 늘어나지만 무게는 변하지 않습니다.

(2) 우리 주변에서 물이 얼어 부피가 늘어나는 현상과 관련된 예

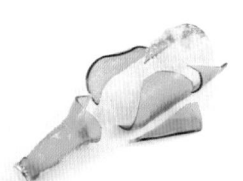

페트병에 물을 가득 넣어 얼리면 페트병이 커집니다.

유리병에 물을 가득 넣어 얼리면 유리병이 깨집니다.

날씨가 갑자기 추워지면 수도 계량기가 터지기도 합니다.

3 얼음이 녹을 때 부피와 무게 변화

(1) 얼음이 녹을 때 부피와 무게 변화

① 고체인 얼음이 녹으면 액체인 물로 상태가 변합니다.

② 얼음이 녹아 물이 되면 부피는 줄어들지만 무게는 변하지 않습니다.

(2) 우리 주변에서 얼음이 녹아 부피가 줄어드는 현상과 관련된 예

① 용기를 가득 채우고 있던 얼음과자가 녹으면 부피가 줄어듭니다.

② 얼린 생수병을 녹이면 생수병에 들어 있는 물의 부피가 줄어듭니다.

③ 얼음 틀 위로 튀어나와 있던 얼음이 녹아 물이 되면 높이가 낮아집니다.

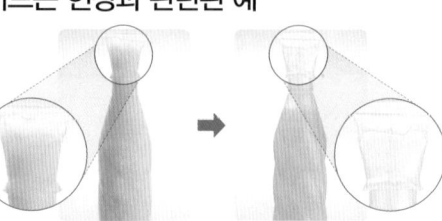

▲ 얼음과자가 녹기 전

▲ 얼음과자가 녹은 후

공기 중에 놓아둔 얼음의 상태 변화

얼음

고체인 얼음이 녹아 액체인 물이 되고, 물은 기체인 수증기로 변해 공기 중으로 날아갑니다.

물의 상태 변화를 이용해 바위 쪼개기

추운 겨울철 우리 조상들은 바위에 구멍을 뚫고 그 안에 물을 부어 물이 얼면서 부피가 늘어나는 것을 이용해 바위를 쪼갰습니다.

물이 얼 때와 얼음이 녹을 때 부피 변화

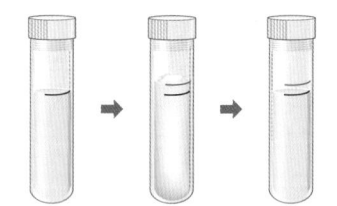

얼음이 녹아 물이 될 때 줄어든 부피는 물이 얼어 얼음이 될 때 늘어난 부피와 같습니다.

용어 사전

• **부피** 넓이와 높이를 가진 물체가 공간에서 차지하는 크기.

• **수도 계량기** 사용한 물의 양을 헤아리는 기구.

실험TIP !

실험 1 물이 얼 때의 부피와 무게 변화 관찰하기 📖 7종 공통

❶ 시험관에 물을 반 정도 넣고 마개로 막은 다음 파란색 유성 펜으로 물의 높이를 표시합니다.

❷ 전자저울로 ❶의 시험관의 무게를 측정합니다.

❸ 소금을 섞은 얼음이 든 비커에 물이 든 시험관을 꽂습니다.

❹ 물이 완전히 얼면 시험관을 꺼내 빨간색 유성 펜으로 얼음의 높이를 표시하고, 전자저울로 무게를 측정합니다.

❺ 물이 얼기 전과 언 후의 부피와 무게를 비교합니다.

└ 소금을 섞은 얼음

실험 결과

구분	물이 얼기 전과 언 후의 높이	무게(g)	
		얼기 전	언 후
측정 결과	 언 후 ← ← 얼기 전	예 13.0	예 13.0
	물의 높이보다 물이 언 얼음의 높이가 더 높음. ➡ 물이 얼어 얼음이 되면 부피가 늘어남.	물의 무게와 물이 언 얼음의 무게는 같음.	

➡ 물이 얼어 얼음이 되면 부피는 늘어나지만 무게는 변하지 않습니다.

실험동영상

- 시험관 대신 일회용 스포이트나 바이알을 사용할 수 있어요.
- 시험관을 비커에 꽂을 때 기울지 않게 똑바로 세워서 꽂고, 유성 펜으로 표시한 선이 소금을 섞은 얼음에 잠기도록 해요.
- 물이 언 시험관은 표면에 묻은 물기를 휴지로 닦은 다음, 유성 펜으로 높이를 표시하고 무게를 측정해요.

실험 2 얼음이 녹을 때의 부피와 무게 변화 관찰하기 📖 7종 공통

❶ 물이 얼어 있는 시험관에 빨간색 유성 펜으로 얼음의 높이를 표시합니다.

❷ 전자저울로 ❶의 시험관의 무게를 측정합니다.

❸ 물이 얼어 있는 시험관을 따뜻한 물이 든 비커에 넣습니다.

❹ 얼음이 완전히 녹으면 시험관을 꺼내 파란색 유성 펜으로 물의 높이를 표시하고, 전자저울로 무게를 측정합니다.

❺ 얼음이 녹기 전과 녹은 후의 부피와 무게를 비교합니다.

└ 따뜻한 물

실험 결과

구분	얼음이 녹기 전과 녹은 후의 높이	무게(g)	
		녹기 전	녹은 후
측정 결과	 녹기 전 ← ← 녹은 후	예 13.0	예 13.0
	얼음의 높이보다 얼음이 녹은 물의 높이가 더 낮음. ➡ 얼음이 녹아 물이 되면 부피가 줄어듦.	얼음의 무게와 얼음이 녹은 물의 무게는 같음.	

➡ 얼음이 녹아 물이 되면 부피는 줄어들지만 무게는 변하지 않습니다.

실험동영상

- 얼음이 완전히 녹은 시험관은 표면에 묻은 물기를 휴지로 닦은 다음, 유성 펜으로 높이를 표시하고, 무게를 측정해요.
- 머리말리개로 따뜻한 바람을 쐬어 녹이는 방법도 이용할 수 있지만, 뜨거운 바람에 화상을 입을 수 있으니 주의해요.

1 물의 세 가지 상태, 물이 얼 때와 얼음이 녹을 때의 변화

기본 개념 문제

1

물은 고체, (　　　　　), 기체의 세 가지 상태로 있습니다.

2

물의 세 가지 상태 중 기체인 (　　　　　)은/는 우리 눈에 보이지 않습니다.

3

얼음이 물이 되고, 물이 수증기가 되는 것처럼 물이 서로 다른 상태로 변하는 것을 물의 (　　　　　) (이)라고 합니다.

4

유리병에 물을 가득 넣어 얼리면 유리병이 깨지는 까닭은 물이 얼어 얼음이 되면 (　　　　　)이/가 늘어나기 때문입니다.

5

30.0 g의 물을 얼린 얼음의 무게는 (　　　　　) g 입니다.

[6-7] 다음은 페트리 접시에 담긴 얼음과 물입니다. 물음에 답하시오.

(가)　　　　　　　　　(나)

　　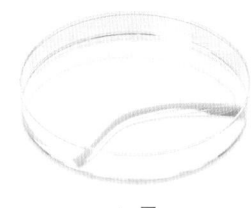

▲ 얼음　　　　　　　　▲ 물

6 ➕ 7종 공통

위 (가)와 (나) 중 다음과 같은 특징이 있는 것을 골라 기호를 쓰시오.

> • 손으로 잡을 수 있다.
> • 모양이 일정하고, 단단하다.

(　　　　　　　　)

7 ➕ 7종 공통

위 (가)와 (나) 중 오른쪽 눈과 같은 상태는 어느 것인지 골라 기호를 쓰시오.

(　　　　　　　　)

8 ➕ 7종 공통

물의 세 가지 상태에 따라 알맞게 선으로 이으시오.

(1)　얼음　　•　　　　　•　㉠　기체 상태

(2)　물　　　•　　　　　•　㉡　고체 상태

(3)　수증기　•　　　　　•　㉢　액체 상태

9 동아, 금성, 김영사, 비상, 아이스크림, 천재

페트병에 물을 가득 넣어 얼리면 페트병이 커지는 까닭으로 옳은 것은 어느 것입니까? (　　　　)

물이 얼기 전　➡　물이 언 후

① 물의 부피가 늘어났기 때문이다.
② 물의 무게가 늘어났기 때문이다.
③ 물의 부피가 줄어들었기 때문이다.
④ 물의 무게가 줄어들었기 때문이다.
⑤ 페트병의 무게가 늘어났기 때문이다.

10 ➕ 7종 공통

(　　　) 안에 들어갈 알맞은 말을 보기 에서 찾아 쓰시오.

보기 ●

　　줄어든다, 늘어난다, 변화가 없다

물이 얼어 얼음이 되면 무게는 (　　　　　　).

(　　　　　　　　　)

11 동아, 비상, 지학사, 천재

추운 겨울날 수도 계량기가 터지는 현상에 대한 설명으로 옳지 <u>않은</u> 것을 골라 기호를 쓰시오.

추운 날씨에 얼어 터진 수도 계량기

⊙ 물이 얼어 부피가 늘어났기 때문에 나타나는 현상이다.
ⓛ 물이 수증기로 상태가 변했기 때문에 나타나는 현상이다.
ⓒ 유리병에 물을 가득 넣어 얼리면 유리병이 깨지는 현상과 같은 원리이다.

(　　　　　　　　　)

[12-13] 다음과 같이 물이 얼어 있는 시험관에 빨간색 유성 펜으로 얼음의 높이를 표시하였습니다. 물음에 답하시오.

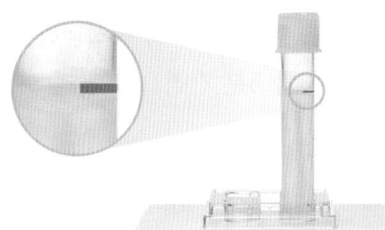

12 ➕ 7종 공통

위 실험에서 얼음이 완전히 녹은 후 물의 높이에 대한 설명으로 옳은 것에 ○표 하시오.

(1) 얼음이 완전히 녹으면 시험관 속 물의 높이가 낮아진다.　　　　　　　　　　　(　　　)

(2) 얼음이 완전히 녹으면 시험관 속 물의 높이가 높아진다.　　　　　　　　　　　(　　　)

13 ➕ 7종 공통

위 실험에서 물이 얼어 있는 시험관의 무게를 측정하였더니 15.0 g이었을 때, 시험관 안의 얼음이 완전히 녹은 후의 무게는 얼마인지 쓰시오.

(　　　　　　　　) g

14 서술형　동아, 김영사, 비상, 아이스크림, 지학사, 천재

오른쪽과 같이 냉동실에 넣어 둔 튜브형 얼음과자가 녹으면 튜브 안에 빈 공간이 생기는 까닭은 무엇인지 쓰시오.

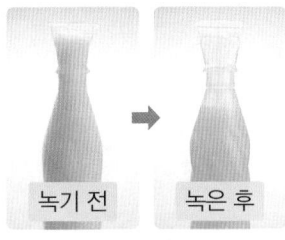

녹기 전　녹은 후

_____

_____

2 물이 증발할 때의 변화

개념 강의

1 물의 증발

(1) 물에 젖은 화장지의 변화

① 화장지 한 칸을 떼어 내어 메모꽂이나 막대에 걸어 놓고 분무기로 물을 한두 번 뿌려 적십니다. → 물휴지를 걸어 놓아도 돼요.

② 물에 젖은 화장지를 5분 간격으로 만져 보고 관찰해 봅니다.

조금 떨어져서 물을 뿌려요.

처음	5분 뒤	10분 뒤	15분 뒤
물기가 가득하여 축축함.	물기가 남아 있지만 덜 축축함.	물기가 거의 없음.	바짝 말랐음.

③ 물에 젖은 화장지가 마르는 까닭: 물이 수증기로 변해 공기 중으로 날아갔기 때문입니다.

(2) 증발: 액체인 물이 표면에서 기체인 수증기로 상태가 변하는 현상을 증발이라고 합니다.

(3) 증발이 잘 일어나는 조건 → 물휴지가 빨리 마르는 조건과 증발이 잘 일어나는 조건은 같아요.

① 공기 중에 있는 수증기의 양이 적을수록(건조할수록) 증발이 잘 일어납니다.

② 온도가 높을수록 증발이 잘 일어납니다.

③ 바람이 많이 불수록 증발이 잘 일어납니다.

④ 공기와의 접촉면이 넓을수록 증발이 잘 일어납니다.

2 우리 주변에서 물이 증발하는 예

젖은 빨래를 햇볕에 넣어 말립니다.

오징어나 생선을 햇볕에 넣어 말립니다.

머리를 감은 뒤 젖은 머리를 말립니다.

감을 말려 곶감을 만듭니다.

어항 속의 물이 시간이 지나면 점점 줄어듭니다.

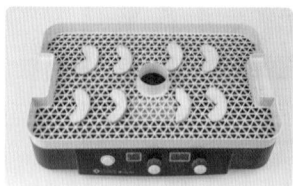
과일을 건조기에 넣어 말린 과일을 만듭니다.

고추를 햇볕에 말립니다.

● 염전에서 소금을 얻습니다.

비가 내려 운동장에 고인 물이 시간이 지나면 사라집니다.

포도와 건포도

▲ 포도　　　▲ 건포도

포도와 건포도는 색깔이 다르고, 건포도는 포도보다 크기가 작습니다. 건포도는 표면에 물기가 거의 없습니다. 이렇게 차이가 있는 까닭은 포도를 말려 건포도를 만들 때 포도 속의 물이 증발하기 때문입니다.

더 빨리 마르는 물휴지

• 펼쳐 놓은 물휴지가 접어 놓은 물휴지보다 빨리 마릅니다.
• 햇볕에 놓아둔 물휴지가 그늘에 놓아둔 물휴지보다 빨리 마릅니다.

용어 사전

● **염전** 소금을 만들기 위하여 바닷물을 끌어 들여 논처럼 만든 곳.

실험 1 젖은 종이가 마르는 까닭 알아보기 📖 동아출판

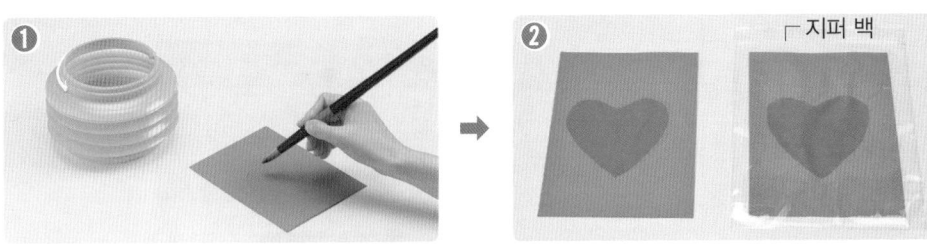

❶ 붓에 물을 묻혀 두 장의 색 도화지에 같은 그림을 그립니다.

❷ ❶의 색 도화지 중 하나는 그대로 놓고, 다른 하나는 지퍼 백 안에 넣고 입구를 잠가 놓아둡니다.

❸ 시간이 지나면서 두 장의 색 도화지에 나타나는 현상을 관찰합니다.

실험 결과

구분	지퍼 백 밖에 둔 색 도화지		지퍼 백 안에 둔 색 도화지	
나타나는 현상		물이 모두 사라져 보이지 않음.		물기가 남아 있고, 지퍼 백 안쪽에 작은 물방울이 맺혀 있음.
까닭		• 물이 종이 표면에서 수증기가 되어 증발하였기 때문임. • 증발한 수증기는 공기 중으로 날아갔기 때문임.		• 물이 종이 표면에서 일부만 수증기가 되어 증발하였기 때문임. • 지퍼 백 안의 작은 물방울은 수증기가 공기 중으로 날아가지 못하고 지퍼 백 안쪽에 물방울로 맺혀 있는 것임.

실험 2 비커에 담긴 물의 변화 관찰하기 📖 동아출판, 비상교과서, 지학사, 천재교과서

❶ 비커에 물을 반 정도 넣고 검은색 유성 펜으로 물의 높이를 표시합니다.

❷ 비커에 담긴 물의 변화를 하루에 한 번씩 삼 일 동안 관찰하며, 관찰할 때마다 물의 높이를 표시합니다.

❸ 비커에 담긴 물에 어떤 변화가 있었는지 생각해 봅니다.

❹ ❸과 같은 변화가 일어난 까닭은 무엇인지 생각해 봅니다.

실험 결과

물의 높이	비커에 담긴 물의 변화
처음 물의 높이 1일 뒤 물의 높이 2일 뒤 물의 높이	• 물이 점점 줄어들어 물의 높이가 낮아짐. • 물속과 물의 표면에 변화가 없음.

➡ 비커에 담긴 물의 높이가 낮아진 까닭: 물이 수증기로 변해 공기 중으로 날아갔기 때문입니다.

실험 TIP !

실험동영상

• 도화지의 크기, 사용하는 물의 양, 붓의 크기, 두는 장소, 관찰 시간은 같게 하고, 지퍼 백의 유무만 다르게 해요.

• 바람이 잘 통하고 햇빛이 잘 드는 곳에 두면 좋아요.

2 단원

실험⁺ 소금물로 글씨를 쓰고 나타나는 현상 관찰하기 📖 김영사

따뜻한 물에 소금을 최대한 많이 녹입니다. 붓을 이용해 소금물로 검은색 도화지에 글씨를 쓰고 말립니다.

실험 결과

물이 증발하여 소금만 남아 검은색 도화지에 흰색 글씨가 나타납니다.

2 물이 증발할 때의 변화

기본 개념 문제

1

시간이 지나면 물휴지가 마르는 까닭은 물이
(   )(으)로 변해 공기 중으로 날아갔기
때문입니다.

2

액체인 물이 표면에서 기체인 수증기로 상태가 변
하는 현상을 (   )(이)라고 합니다.

3

포도를 말려서 만든 건포도는 포도보다 크기가
(   ).

4

햇볕에 놓아둔 물휴지와 그늘에 놓아둔 물휴지 중
더 빨리 마르는 것은 (   )
입니다.

5

오징어나 생선을 널어 말리거나 염전에서 소금을
얻는 것은 물의 (   ) 현상을 이용한 예입
니다.

[6-7] 다음과 같이 스탠드에 물휴지를 걸어 놓고
변화를 관찰하였습니다. 물음에 답하시오.

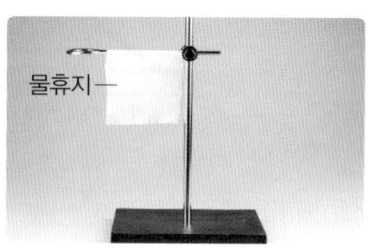

물휴지 —

6 아이스크림, 천재

위 물휴지를 관찰한 결과로 옳은 것을 골라 기호를
쓰시오.

> ㉠ 처음에는 물휴지가 바짝 말라 있다.
> ㉡ 10분 뒤에 물휴지를 만져 보면 처음보다 덜 축
> 축하다.
> ㉢ 시간이 지나도 물휴지의 축축한 정도는 변하지
> 않는다.

(   )

7 아이스크림, 천재

위 **6**번 답과 같은 결과가 나타난 까닭은 무엇인지
(   ) 안에 들어갈 알맞은 말을 쓰시오.

> 물휴지에 있던 물이 (   )(으)로 변해 공기
> 중으로 흩어졌기 때문이다.

(   )

8 아이스크림

다음 중 가장 빨리 마르는 물휴지는 어느 것인지 골
라 ○표 하시오.

⑴ 접어서 그늘에 놓아둔 물휴지   (   )
⑵ 펼쳐서 그늘에 놓아둔 물휴지   (   )
⑶ 접어서 햇볕에 놓아둔 물휴지   (   )
⑷ 펼쳐서 햇볕에 놓아둔 물휴지   (   )

[9-10] 다음과 같이 비커에 물을 넣고 물의 높이를 검은색 유성 펜으로 표시한 후 며칠 동안 변화를 관찰하였습니다. 물음에 답하시오.

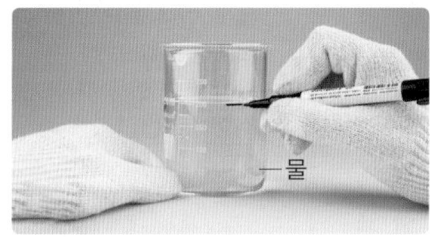

9 동아, 비상, 아이스크림, 지학사, 천재

며칠 뒤 관찰했을 때 비커의 물의 높이로 알맞은 것은 어느 것인지 골라 기호를 쓰시오.

ㄱ　　　　ㄴ　　　　ㄷ

(　　　　　　　　)

10 ➕ 7종 공통

위 **9**번 답과 같은 결과가 나타난 까닭은 비커 안의 물이 수증기로 변해 공기 중으로 날아갔기 때문입니다. 이처럼 물이 표면에서 수증기로 상태가 변하는 현상을 무엇이라고 하는지 쓰시오.

(　　　　　　　　)

11 ➕ 7종 공통

다음 글에서 위 **10**번 답의 현상을 나타낸 문장을 찾아 기호를 쓰시오.

> ㉠ 겨울철 처마 끝에 고드름이 생겼다. ㉡ 햇볕을 받은 고드름이 녹아서 물이 되었다. ㉢ 땅에 떨어진 물이 말라 수증기가 되었다.

(　　　　　　　　)

12 ➕ 7종 공통

물의 상태 변화의 종류가 나머지와 다른 하나는 어느 것입니까? (　　　　)

①
▲ 빨래 말리기

②
▲ 젖은 머리카락 말리기

③
▲ 고추 말리기

④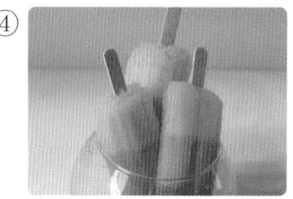
▲ 얼음과자 만들기

13 ➕ 7종 공통

증발 현상이 일어날 때 물의 상태 변화를 나타낸 것은 어느 것입니까? (　　　　)

① 물 → 얼음　　　　② 얼음 → 물
③ 물 → 수증기　　　④ 수증기 → 물
⑤ 얼음 → 수증기

14 서술형　지학사

염전에서 소금을 얻는 방법을 물의 상태 변화와 관련 지어 쓰시오.

_____

_____

3 물이 끓을 때의 변화

개념 강의

1 물의 끓음

(1) 물을 가열하면서 일어나는 변화

① 물이 끓기 전과 끓을 때 물의 표면과 물속에서 나타나는 현상

물이 끓기 전	물이 끓을 때
 처음에는 변화가 거의 없다가 시간이 지나면서 물속에서 매우 작은 기포가 조금씩 생김.	 • 크고 작은 기포가 계속 많이 생김. • 물속에서 기포가 올라와 터지면서 물 표면이 울퉁불퉁해짐.

② 물이 끓은 후 물의 높이 변화: 물이 끓은 후 물의 높이가 물이 끓기 전보다 낮아졌습니다.

③ 물이 끓은 후 물의 높이가 낮아진 까닭: 물이 수증기로 변해 공기 중으로 날아갔기 때문입니다.

(2) 끓음: 물의 표면뿐만 아니라 물속에서도 액체인 물이 기체인 수증기로 상태가 변하는 현상을 끓음이라고 합니다.

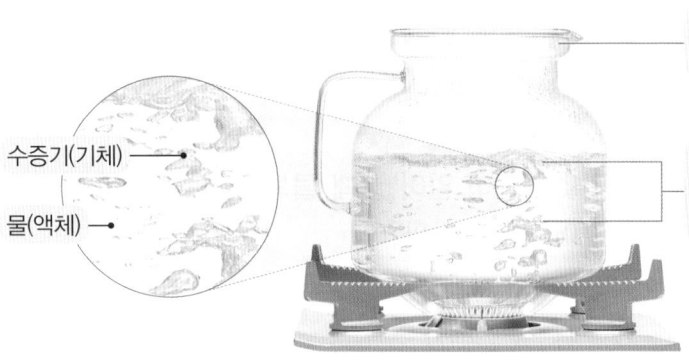

수증기는 공기 중으로 날아갑니다.

수증기(기체)

물(액체)

물의 표면과 물속에서 물이 수증기로 상태가 변합니다.

▲ 물이 끓는 모습

2 증발과 끓음의 공통점과 차이점

구분	증발	끓음
공통점	액체인 물이 기체인 수증기로 상태가 변함.	
차이점	• 물의 표면에서 물이 수증기로 변함. • 물의 양이 매우 천천히 줄어듦.	• 물의 표면과 물속에서 물이 수증기로 변함. • 증발할 때보다 물의 양이 빠르게 줄어듦.

3 우리 주변에서 볼 수 있는 끓음과 관련된 예

찌개를 끓입니다.

달걀을 삶습니다.

채소를 데칠 때 물을 끓입니다.

➕ 물을 가열할 때 물속에서 생기는 기포

• 물이 끓기 전에 생기는 기포: 물속에 녹아 있던 적은 양의 공기가 기포의 형태로 빠져나가는 것
• 물이 끓고 있을 때 생기는 기포: 물이 수증기로 변한 것

➕ 물을 끓일 때 보이는 하얀 김의 상태

김(액체)

수증기 (기체)

물이 끓으면 기체 상태인 수증기로 상태가 변하는데, 수증기는 우리 눈에 보이지 않습니다. 물이 끓을 때 보이는 하얀 김은 수증기가 공기 중에서 냉각되어 액체 상태의 작은 물방울로 변한 것입니다. 즉, 우리 눈에 보이는 김은 수증기가 아닌 작은 물방울입니다.

용어 사전

◆ **기포** 액체나 고체 속에 기체가 들어가 거품처럼 둥그렇게 부풀어 있는 것.
◆ **냉각** 식어서 차게 되는 것.

실험 1 **물을 가열하면 나타나는 변화 관찰하기** 7종 공통

❶ 비커에 물을 반 정도 넣고 유성 펜으로 물의 높이를 표시합니다.

❷ 물을 가열하면서 물이 끓기 전과 물이 끓을 때에 나타나는 변화를 관찰합니다.

❸ 핫플레이트를 끄고 물이 끓기 전과 끓고 난 후 물의 높이를 비교합니다.

❹ ❸과 같은 변화가 일어난 까닭을 생각해 봅니다.

실험동영상

• 물의 높이를 표시할 때에는 눈높이에서 정확하게 표시해요.
• 물이 끓기 전과 끓을 때 물속에서 일어나는 변화를 집중하여 관찰해요.
• 가열 도구에 따라 차이가 나지만 대략 4~5분 이상 물을 끓여야 물의 높이가 줄어든 것을 관찰하기 좋아요.

실험 결과

① 물이 끓기 전과 물이 끓을 때 나타나는 변화

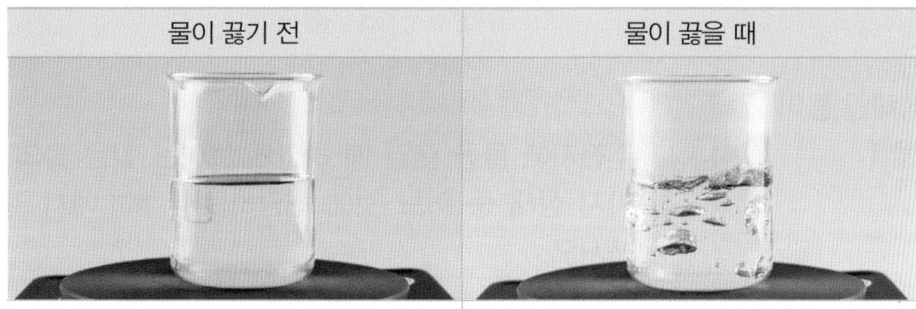

물이 끓기 전	물이 끓을 때
• 비커에 담긴 물은 표면에서 천천히 증발하므로 거의 변화가 없는 것처럼 보임. • 처음에는 거의 변화가 없다가 시간이 지나면서 작은 기포가 조금씩 생김.	• 물속에서 기포가 많이 생기고, 보글보글 소리가 남. • 기포가 물 표면으로 올라와 터지면서 물 표면이 출렁거림. • 물의 높이가 빠르게 낮아짐.

② 물이 끓기 전과 끓고 난 후 물의 높이 변화

• 물이 끓고 난 후 물의 높이는 끓기 전보다 낮아집니다.
• 물이 끓고 난 후 물의 높이가 낮아진 까닭은 물이 수증기로 변해 공기 중으로 날아갔기 때문입니다.

실험 2 **물이 증발할 때와 끓을 때 물의 양 변화 비교하기** 아이스크림미디어, 천재교과서

❶ 크기가 같은 비커 두 개에 같은 양의 물을 넣고 유성 펜으로 물의 높이를 표시합니다.

❷ 비커 하나는 그대로 놓아두고, 다른 하나는 가열 장치에 올려 가열합니다.

❸ 일정한 시간이 지난 뒤, 그대로 놓아둔 물과 가열해 끓인 물의 높이를 비교합니다.

❹ ❸과 같은 결과가 나타난 까닭을 생각해 봅니다.

물의 증발과 끓음의 차이를 알아보기 위해서는 물의 양, 비커의 크기 등 처음의 조건을 같게 해야 해요.

실험 결과

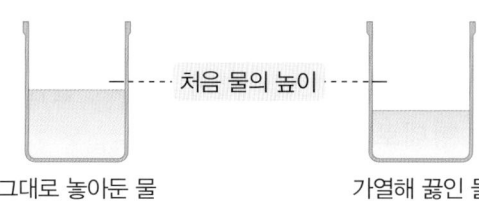

처음 물의 높이

그대로 놓아둔 물 　　　　가열해 끓인 물

• 물의 높이 변화가 큰 것: 가열해 끓인 물
• 물의 높이 변화가 큰 까닭: 물속과 물의 표면에서 물이 빠르게 수증기로 변해 공기 중으로 날아가기 때문임.

3 물이 끓을 때의 변화

기본 개념 문제

1

물이 끓을 때 물속에서 크고 작은 (   ) 이/가 생겨 위로 올라와 터지면서 물 표면이 울퉁 불퉁해집니다.

2

물 표면뿐만 아니라 물속에서도 액체인 물이 기체 인 수증기로 상태가 변하는 현상을 (   ) (이)라고 합니다.

3

증발과 끓음은 물이 (   )(으)로 상태가 변하는 현상입니다.

4

증발과 끓음 중 물의 양이 더 빠르게 줄어드는 현 상은 (   )입니다.

5

물이 끓고 난 후 물의 높이가 낮아진 까닭은 물이 수증기로 변해 (   ) 중으로 날아갔기 때 문입니다.

6 아이스크림, 천재

달걀을 삶기 위해 냄비에 물을 넣고 가열하면서 변화를 관찰한 내용으로 옳지 <u>않은</u> 것을 골라 기호를 쓰시오.

> ㉠ 처음에는 물 표면에 변화가 거의 없다.
> ㉡ 시간이 지나면서 물 표면이 울퉁불퉁해진다.
> ㉢ 계속 가열하면 다시 물 표면이 잔잔해진다.

(   )

7 아이스크림, 천재

주전자에 물을 끓일 때 하얗게 보이는 김은 물의 세 가지 상태 중 어느 것에 해당하는지 보기 에서 골라 쓰시오.

김

> **보기**
> 고체(얼음), 액체(물), 기체(수증기)

(   )

8 동아, 아이스크림, 천재

물을 가열할 때 생기는 기포에 대한 설명으로 옳은 것은 어느 것입니까? (   )

① 물속에서 생긴 기포는 물에 다시 녹아 사라진다.
② 물이 끓기 전에 생기는 기포는 물이 수증기로 변 한 것이다.
③ 물속에서 생긴 기포가 위로 올라와 터지면서 공기 중으로 날아간다.
④ 물이 끓을 때 생기는 기포는 고체 상태의 얼음이 방울 모양의 형태로 보이는 것이다.
⑤ 물이 끓을 때 생기는 기포는 물속에 녹아 있던 적 은 양의 공기가 기포의 형태로 빠져나가는 것이다.

[9-11] 다음 실험 과정을 보고, 물음에 답하시오.

> 크기가 같은 비커 두 개에 같은 양의 물을 넣고 유성 펜으로 물의 높이를 표시한다. (가) 비커는 그대로 놓아두고, (나) 비커는 가열 장치에 올려 가열한다.

 (가)  (나)

9 아이스크림, 천재

위 (가)와 (나) 중 시간이 지나면 큰 기포가 생기고, 보글보글 소리가 나는 것은 어느 것인지 기호를 쓰시오.

( )

10 ➕ 7종 공통

다음은 위 실험을 통해 관찰한 결과입니다. ( ) 안에 들어갈 알맞은 말을 쓰시오.

> 물을 끓이면 물속에서부터 기포가 올라오면서 터지는데, 이 기포는 물이 ( )(으)로 변한 것이다.

( )

11 아이스크림, 천재

일정한 시간이 지난 뒤 (가)와 (나) 비커를 관찰했을 때 비커의 물의 높이로 알맞은 것을 골라 각각 기호를 쓰시오.

(1) ―처음 물의 높이   (2) ―처음 물의 높이

( ) ( )

12 ➕ 7종 공통

우리 주변에서 볼 수 있는 끓음과 관련된 예가 아닌 것은 어느 것입니까? ( )

①
▲ 보리차 끓이기

②
▲ 찌개 끓이기

③
▲ 오징어 말리기

④
▲ 국수 삶기

13 ➕ 7종 공통

증발과 끓음을 비교했을 때 공통적으로 일어나는 물의 상태 변화를 나타낸 것은 어느 것입니까? ( )

① 얼음 → 물
② 물 → 얼음
③ 수증기 → 물
④ 물 → 수증기
⑤ 얼음 → 수증기

14 서술형 ➕ 7종 공통

증발과 끓음의 차이점을 말한 두 친구 중 잘못 말한 친구의 이름을 쓰고, 바르게 고쳐 쓰시오.

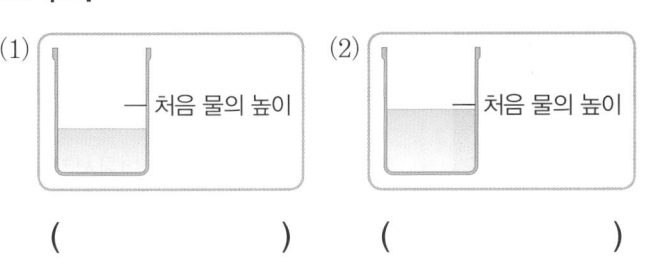

 증발은 물속에서만 상태 변화가 일어나. 수현

 끓음은 물 표면과 물속에서 모두 상태 변화가 일어나. 지민

_____

_____

4 수증기의 응결, 물의 상태 변화 이용

 개념 강의

1 차가운 물체에 물방울이 맺히는 까닭

(1) 차가운 물체 표면에서 일어나는 변화

① 냉장고에서 차가운 음료수 캔을 꺼내 놓았을 때

• 컵 표면이 뿌옇게 흐려지고, 물방울이 맺힙니다.
• 물방울이 커져 아래로 흘러내립니다.

② 캔 표면에 물방울이 생긴 까닭: 공기 중의 수증기가 차가운 캔 표면에 닿아 액체인 물로 상태가 변해 물방울로 맺힌 것입니다.

(2) 응결: 기체인 수증기가 액체인 물로 상태가 변하는 현상을 응결이라고 합니다.

2 우리 주변에서 볼 수 있는 응결과 관련된 예

맑은 날 아침 거미줄이나 풀잎에 물방울이 맺힙니다.
└ '이슬'이라고 해요.

냄비에 국을 끓이면 냄비 뚜껑 안쪽에 물방울이 맺힙니다.

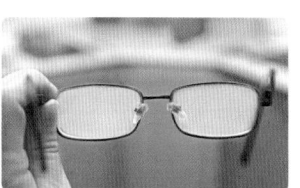

겨울철 밖에서 따뜻한 실내로 들어오면 안경알이 뿌옇게 됩니다.

욕실의 차가운 거울 표면에 물방울이 맺힙니다.

추운 겨울 유리창 안쪽에 물방울이 맺힙니다.

이른 아침 호수 위에 안개가 낍니다.

3 우리 생활에서 물의 상태 변화를 이용하는 예

얼음   물 → 수증기

물이 얼음으로 변하는 예		물이 수증기로 변하는 예	

  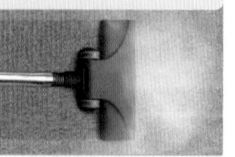

얼음 스케이트장을 만들 때 | 스키장에서 인공 눈을 만들 때 | 스팀다리미로 옷을 다릴 때 | 스팀 청소기로 바닥을 닦을 때

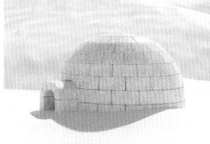 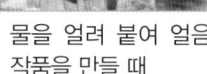  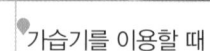

이글루를 만들 때 | 물을 얼려 붙여 얼음 작품을 만들 때 | 음식을 찔 때 | 가습기를 이용할 때

➕ 응결과 관련된 기상 현상

• 이슬은 새벽에 차가워진 나뭇가지나 풀잎 등에 수증기가 응결해 생긴 작은 물방울입니다.

• 안개는 수증기가 지표면 근처에서 응결해 공기 중에 작은 물방울 상태로 떠 있는 현상입니다.

• 구름은 수증기가 높은 하늘에서 응결해 작은 물방울 상태로 떠 있는 현상입니다.

➕ 수증기가 물로 변하는 상태 변화를 이용하는 예

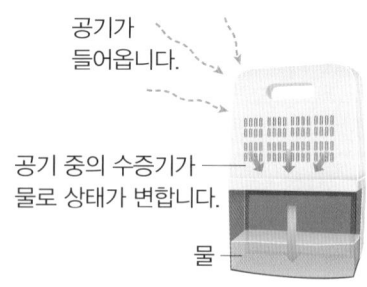

공기가 들어옵니다.

공기 중의 수증기가 물로 상태가 변합니다.

물

제습기는 공기 중의 수증기를 물로 상태를 변화시키는 장치입니다.

용어 사전

• **이글루** 얼음이나 눈덩이로 만든 이누이트의 집.
• **가습기** 물을 수증기로 변화시켜 공기 중으로 내보내 실내의 건조함을 줄여 주는 장치.

실험 1 **차가운 컵 표면의 변화 관찰하기** 동아출판, 금성출판사, 김영사, 천재교과서

❶ 플라스틱 컵에 주스와 얼음을 넣고 뚜껑을 덮습니다.

❷ ❶의 컵을 페트리 접시에 올려놓고 전자저울로 무게를 측정합니다.

❸ 시간이 지나면서 플라스틱 컵 표면에서 일어나는 변화를 관찰합니다.

❹ 시간이 지난 뒤에 페트리 접시에 올려진 컵의 무게를 측정하고 처음 측정한 무게와 비교합니다.

❺ ❹와 같은 결과가 나타난 까닭을 생각해 봅니다.

실험 결과

플라스틱 컵 표면의 변화	• 플라스틱 컵 표면에 물방울이 맺힘. • 시간이 지나면서 페트리 접시에 물이 고임. • 플라스틱 컵 표면에 아주 작은 물방울이 맺히기 시작하여 점점 커지다가 페트리 접시로 떨어짐.	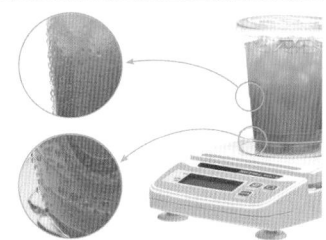

무게의 변화	처음 무게(g)	나중 무게(g)
	예 389.0	예 391.0

➡ 주스와 얼음을 넣은 플라스틱 컵의 무게가 늘어난 까닭: 주스와 얼음을 넣은 플라스틱 컵은 차갑기 때문에 공기 중의 수증기가 차가운 컵 표면에 닿아 물방울로 맺힙니다. 따라서 맺힌 물방울의 무게만큼 무게가 늘어납니다.

• 플라스틱 컵 표면을 닦아내고, 표면에 물방울이 맺히기 전에 처음 무게를 측정해요.

• 주스와 얼음을 넣은 플라스틱 컵의 처음 무게와 나중 무게의 차이를 비교할 수 있도록 어느 정도 시간 간격을 두고 무게를 측정해요.

• 응결 실험을 할 때 0.1 g 단위까지 측정할 수 있는 전자저울을 사용해야 무게 변화를 확인할 수 있을 정도로 무게가 조금 늘어나요.

실험 2 **차가운 컵 표면에 생긴 물질이 무엇인지 확인하기** 비상교과서, 아이스크림미디어

❶ 금속 컵에 차가운 오렌지주스를 담습니다.

❷ 시간이 지난 뒤 컵 표면을 휴지로 닦아 표면에 생긴 물질의 색깔을 관찰합니다.

❸ 컵 표면에 생긴 물질을 푸른색 염화 코발트 종이에 묻혀 색깔이 변하는지 관찰합니다. 금성출판사

차가운 오렌지주스

금속 컵

실험 결과

휴지로 닦은 물질의 색깔	아무 색깔도 나타나지 않음. → 오렌지주스가 빠져나온 것이 아님을 확인할 수 있음.	 휴지
염화 코발트 종이의 색깔 변화	푸른색 염화 코발트 종이가 붉은색으로 변함. → 컵 표면에 생긴 물질이 물이라는 사실을 알 수 있음.	 푸른색 염화 코발트 종이

푸른색 염화 코발트 종이는 물과 만나면 붉은색으로 변하는 성질이 있어요.

물을 묻힘.

4 수증기의 응결, 물의 상태 변화 이용

기본 개념 문제

1

냉장고에서 차가운 음료수 캔을 꺼내 놓으면 컵 표면에 (   )이/가 맺히고, 점점 커져 아래로 흘러내립니다.

2

기체인 수증기가 액체인 물로 상태가 변하는 현상을 (   )(이)라고 합니다.

3

수증기가 높은 하늘에서 응결해 작은 물방울 상태로 떠 있는 기상 현상은 (   )입니다.

4

스키장에서 인공 눈을 만드는 것은 물이 (   )(으)로 상태가 변하는 현상을 이용하는 경우입니다.

5

(   )은/는 실내가 건조할 때 사용하는 장치로, 물을 수증기로 변화시켜 공기 중으로 내보내 건조함을 줄여줍니다.

6 ✚ 7종 공통

다음 ㉠과 ㉡에 들어갈 알맞은 말을 각각 쓰시오.

> 주스와 얼음이 들어 있는 플라스틱 컵 표면에 맺힌 물방울은 공기 중의 (㉠   )이/가 차가운 컵 표면에 닿아 물로 상태가 변한 것이다. 이러한 현상을 (㉡   )(이)라고 한다.

㉠ (   ), ㉡ (   )

7 비상, 아이스크림, 천재

위 6번의 플라스틱 컵 표면을 휴지로 닦았을 때의 결과를 옳게 말한 사람의 이름을 쓰시오.

> • 연수: 젖은 휴지의 색깔을 살펴보면 아무 색깔도 나타나지 않아.
> • 주완: 주스가 새어 나온 것이기 때문에 휴지로 닦으면 주스 색깔이 나타나.
> • 다인: 휴지에 얼음이 묻어 나오는 것으로 보아 얼음이 컵 표면으로 새어 나온 거야.

(   )

8 동아, 금성, 김영사, 천재

냉장고에서 꺼낸 음료수 캔의 무게를 측정하였더니 146.0 g이었습니다. 10분 뒤 캔의 무게를 다시 측정하였을 때 결과에 맞게 ○ 안에 >, =, <를 써넣으시오.

| 처음 무게 146.0 g | ○ | 10분 뒤 무게 |

9 ➕7종 공통

겨울에 밖에서 따뜻한 실내로 들어오면 안경알이 뿌옇게 됩니다. 이 현상과 관련된 예로 알맞은 것은 어느 것입니까? (   )

① 눈사람이 햇볕에 녹는다.
② 염전에서 소금을 만든다.
③ 어항 속의 물이 줄어든다.
④ 햇볕에 널어 둔 빨래가 마른다.
⑤ 욕실의 차가운 거울 표면에 물방울이 맺힌다.

10 ➕7종 공통

다음과 같은 모습을 볼 수 있는 까닭과 관련된 현상을 보기 에서 찾아 쓰시오.

냄비 뚜껑 안쪽에 맺힌 물방울

맑은 날 아침 거미줄에 맺힌 물방울

> **보기** ●
>
> 응결, 증발, 거름, 끓음

(   )

11 동아, 김영사, 지학사, 천재

다음은 응결과 관련된 기상 현상 중 어느 것에 대한 설명인지 기호를 쓰시오.

> 수증기가 지표면 근처에서 응결해 공기 중에 작은 물방울 상태로 떠 있는 기상 현상이다.

ㄱ
▲ 이슬

ㄴ
▲ 안개

ㄷ
▲ 구름

(   )

12 동아, 금성, 김영사, 아이스크림, 천재

물이 수증기로 상태가 변하는 현상을 이용하는 예를 골라 ○표 하시오.

(1)
스팀다리미로 옷을 다릴 때
(   )

(2)
얼음 스케이트장을 만들 때
(   )

13 동아, 금성, 김영사, 아이스크림, 천재

물의 상태 변화를 이용한 예를 잘못 설명한 것은 어느 것입니까? (   )

① 물을 얼려 얼음과자를 만든다.
② 건조한 날씨에 수증기를 물로 바꾸어 주는 가습기를 이용한다.
③ 물을 끓이면 물이 수증기로 변하는 것을 이용해 음식을 찐다.
④ 물이 수증기로 증발하는 성질을 이용해 과일이나 생선을 말려서 오랫동안 보관한다.
⑤ 스팀 청소기는 물을 수증기로 변화시켜 내보내며, 높은 온도의 수증기로 바닥의 때를 닦아 낸다.

14 서술형 동아, 금성, 김영사, 아이스크림, 천재

다음은 우리 생활에서 물의 상태 변화를 이용하는 예입니다. 공통적으로 물의 어떤 상태 변화를 이용한 것인지 쓰시오.

▲ 이글루 만들기

▲ 얼음 작품 만들기

▲ 팥빙수 만들기

② 물의 상태 변화

1. 물의 세 가지 상태

(1) 얼음, 물, 수증기

얼음	물	❶
• 고체 상태임. • 모양이 일정하며, 차갑고 단단함.	• 액체 상태임. • 모양이 일정하지 않고 흐르며 손으로 잡을 수 없음.	• 기체 상태임. • 우리 눈에 보이지 않지만, 공기 중에 있음.

(2) **물의 상태 변화**: 물이 서로 다른 상태로 변하는 것을 물의 상태 변화라고 합니다.

2. 물이 얼 때와 얼음이 녹을 때의 변화

(1) 물이 얼 때와 얼음이 녹을 때의 부피와 무게 변화

구분	물이 얼 때	얼음이 녹을 때
부피 변화	부피가 늘어남.	부피가 줄어듦.
무게 변화	변화 없음.	❷ .

(2) 우리 주변에서 물이 얼어 부피가 늘어나는 예

 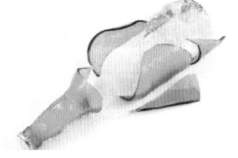 

물을 가득 넣어 얼린 페트병이 커집니다.

물을 가득 넣어 얼린 유리병이 깨집니다.

한겨울에 수도 계량기가 터집니다.

(3) 우리 주변에서 얼음이 녹아 부피가 줄어드는 예

① 용기를 가득 채우고 있던 얼음과자가 녹으면 부피가 줄어듭니다.

② 얼린 생수병을 녹이면 생수병에 들어 있는 물의 부피가 줄어듭니다.

3. 물의 증발

(1) **증발**: 액체인 물이 표면에서 기체인 수증기로 상태가 변하는 현상

(2) **증발이 잘 일어나는 조건**: 공기 중에 있는 수증기의 양이 적을수록(건조할수록), 온도가 높을수록, 바람이 많이 불수록, 공기와의 접촉면이 넓을수록 증발이 잘 일어납니다.

(3) 우리 주변에서 물이 증발하는 예

젖은 빨래를 햇볕에 널어 말립니다.

오징어나 생선을 햇볕에 널어 말립니다.

머리를 감은 뒤 젖은 머리를 말립니다.

★ 물이 얼기 전과 언 후의 높이

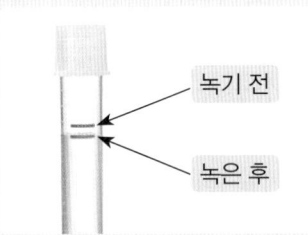

언 후

얼기 전

★ 얼음이 녹기 전과 녹은 후의 높이

녹기 전

녹은 후

★ 비커에 담긴 물의 높이 변화

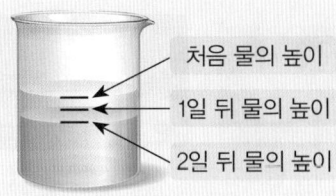

처음 물의 높이

1일 뒤 물의 높이

2일 뒤 물의 높이

비커에 담긴 물이 줄어드는 까닭은 물이 수증기로 변해 공기 중으로 날아갔기 때문입니다.

4. 물의 끓음

(1) 물을 가열할 때의 변화

① 처음에는 표면의 물이 천천히 증발하고, 물을 계속 가열하면 물속에서 기포가 생기는데, 이 기포는 물이 수증기로 변한 것입니다.

② 물이 끓기 전보다 물이 끓은 후 물의 높이가 낮아지는 까닭은 물이 수증기로 상태가 변해 공기 중으로 날아갔기 때문입니다.

(2) ❸ [   ] : 물의 표면뿐만 아니라 물속에서도 액체인 물이 기체인 수증기로 상태가 변하는 현상

(3) 증발과 끓음의 공통점과 차이점

구분	❹ [ ]	끓음
공통점	액체인 물이 기체인 수증기로 상태가 변함.	
차이점	• 물의 표면에서 물이 수증기로 변함. • 물의 양이 매우 천천히 줄어듦.	• 물의 표면과 물속에서 물이 수증기로 변함. • 증발할 때보다 물의 양이 빠르게 줄어듦.

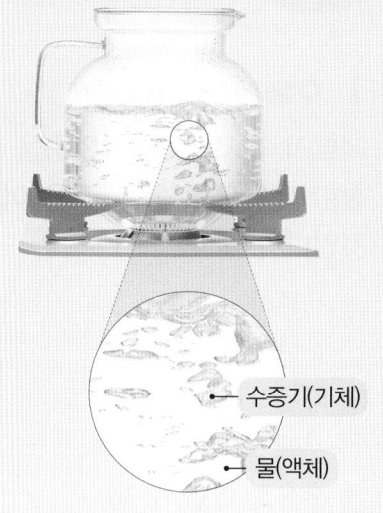

★ 물이 끓는 모습

수증기(기체)

물(액체)

5. 수증기의 응결

(1) 차가운 컵 표면에서 일어나는 변화

① 주스와 얼음이 담긴 차가운 컵 표면에는 시간이 지나면서 물방울이 맺힙니다.

② 차가운 컵 표면에 생긴 물방울은 공기 중에 있던 수증기가 물로 변한 것입니다.

(2) ❺ [   ] : 기체인 수증기가 액체인 물로 상태가 변하는 현상

(3) 우리 주변에서 볼 수 있는 응결과 관련된 예

맑은 날 아침 거미줄이나 풀잎에 물방울이 맺힙니다.

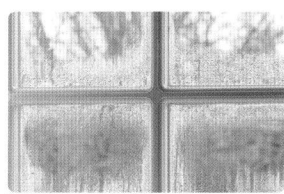

추운 겨울 유리창 안쪽에 물방울이 맺힙니다.

겨울철 밖에서 따뜻한 실내로 들어오면 안경알이 뿌옇게 됩니다.

★ 차가운 컵 표면에서 일어나는 변화

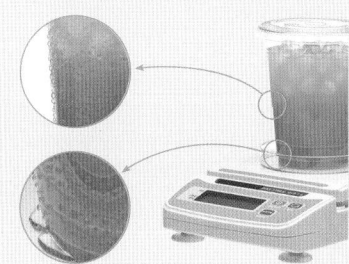

공기 중의 수증기가 차가운 컵 표면에 닿아 물방울로 맺혀 처음보다 무게가 늘어납니다.

6. 우리 생활에서 물의 상태 변화를 이용하는 예

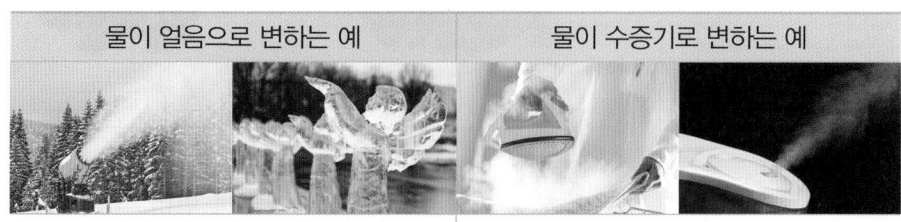

물이 얼음으로 변하는 예	물이 수증기로 변하는 예
• 스키장에서 물을 얼려 인공 눈을 만듦. • 얼음 조각을 할 때 얼음 사이에 물을 뿌려 얼리면서 얼음 작품을 만듦.	• 스팀다리미로 옷의 주름을 폄. • 가습기는 물을 수증기로 변화시켜 공기 중으로 내보냄.

2 단원

1 ✚ 7종 공통

페트리 접시에 담긴 얼음을 관찰한 내용으로 옳은 것은 어느 것입니까? (   )

① 흐른다.
② 단단하다.
③ 따뜻하다.
④ 눈에 보이지 않는다.
⑤ 손으로 잡을 수 없다.

2 ✚ 7종 공통

다음 실험에 대한 설명으로 옳은 것에 ○표 하시오.

[실험 과정]
1️⃣ 시험관에 물을 반 정도 넣고 마개로 막은 다음 파란색 유성 펜으로 물의 높이를 표시한다.
2️⃣ 소금을 섞은 얼음이 든 비커에 1️⃣의 시험관을 꽂는다.
3️⃣ 물이 완전히 얼면 시험관을 꺼내 빨간색 유성 펜으로 얼음의 높이를 표시한다.

(1) 2️⃣에서 소금을 섞은 까닭은 온도를 높이기 위해서이다. (   )
(2) 3️⃣에서 표시한 얼음의 높이는 1️⃣에서 표시한 물의 높이보다 높다. (   )
(3) 1️⃣에서 표시한 물의 높이와 3️⃣에서 표시한 얼음의 높이를 비교하면 물과 얼음의 무게 차이를 알 수 있다. (   )

3 ✚ 7종 공통

물이 담긴 시험관의 무게를 재었더니 30.0 g이었습니다. 이 시험관을 냉동실에 넣어 물을 얼렸을 때의 무게를 옳게 말한 사람의 이름을 쓰시오.

• 아영: 30.0 g보다 줄어들 거야.
• 태섭: 30.0 g보다 늘어날 거야.
• 찬희: 무게는 변하지 않을 거야.

(   )

4 서술형 동아, 아이스크림, 지학사

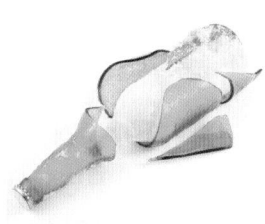

유리병에 물을 가득 넣어 냉동실에 넣어 두면 유리병이 깨집니다. 이러한 현상이 나타나는 까닭을 물의 상태 변화와 관련지어 쓰시오.

_____

_____

5 아이스크림

포도와 건포도의 모습에 대한 설명으로 옳은 것을 찾아 기호를 쓰시오.

▲ 포도

▲ 건포도

㉠ 건포도는 포도보다 크기가 크다.
㉡ 건포도는 표면에 물기가 많이 있다.
㉢ 포도와 건포도의 모습이 다른 까닭은 포도 속의 물을 증발시켜 건포도를 만들었기 때문이다.

(   )

6 서술형 비상, 아이스크림, 지학사, 천재

비커에 물을 넣은 후 물의 높이를 표시하였습니다. 물음에 답하시오.

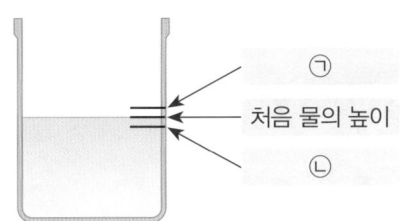

(1) 위 비커를 3일 동안 햇빛이 잘 비치는 곳에 그대로 놓아두었을 때 물의 높이로 알맞은 것은 어느 것인지 기호를 쓰시오.

( )

(2) 위 (1)과 같이 답한 까닭은 무엇인지 쓰시오.

_____

_____

_____

7 아이스크림, 천재

일반적으로 빨래가 잘 마르는 조건을 옳게 비교한 것에 모두 ○표 하시오.

(1) 추운 겨울보다 더운 여름에 잘 마른다. ( )

(2) 맑은 날보다 비가 오는 날에 잘 마른다. ( )

(3) 바람이 부는 날보다 바람이 불지 않는 날에 잘 마른다. ( )

(4) 빨래를 뭉쳐 놓았을 때보다 펼쳐 놓았을 때 잘 마른다. ( )

8 동아, 김영사, 아이스크림, 지학사

물의 증발과 관련된 예는 어느 것입니까? ( )

① 얼음과자가 녹았다.

② 비가 내려 신발이 젖었다.

③ 겨울에 호수의 물이 얼었다.

④ 라면을 먹으려고 물을 끓였다.

⑤ 머리를 감은 뒤 젖은 머리를 머리 말리개로 말렸다.

9 ✚ 7종 공통

오른쪽과 같이 물이 끓을 때 물속에서 생기는 기포는 무엇입니까? ( )

① 얼음　　　　② 소금

③ 먼지　　　　④ 수증기

⑤ 알코올

10 ✚ 7종 공통

물의 표면뿐만 아니라 물속에서도 물이 수증기로 상태가 변하는 현상과 관련된 예는 어느 것입니까?

( )

①
▲ 감 말리기

②
▲ 달걀 삶기

③
▲ 고추 말리기

④
▲ 염전에서 소금 만들기

2 단원

11 ✚ 7종 공통

증발과 끓음에 대한 설명으로 빈칸에 들어갈 알맞은 말을 각각 쓰시오.

> 증발과 끓음은 모두 물이 (㉠)(으)로 상태가 변하는 공통점이 있다. 하지만 (㉡)은/는 물의 양이 매우 천천히 줄어들고, (㉢)은/는 물의 양이 빠르게 줄어든다는 차이점이 있다.

㉠ (   ), ㉡ (   ), ㉢ (   )

[12-13] 오른쪽과 같이 플라스틱 컵에 주스와 얼음을 넣고 뚜껑을 닫은 후 전자저울로 무게를 측정하였습니다. 물음에 답하시오.

주스+얼음

12 동아, 금성, 김영사, 천재

위 실험에서 처음 무게가 389.0 g이고, 시간이 지난 뒤에 다시 측정한 무게가 391.0 g이었을 때, 이와 관계있는 물의 상태 변화는 어느 것입니까? (   )

① 얼음 → 물
② 물 → 얼음
③ 수증기 → 물
④ 물 → 수증기
⑤ 얼음 → 수증기

13 서술형 ✚ 7종 공통

위 12번 답과 같은 물의 상태 변화를 우리 생활에서 볼 수 있는 예를 한 가지 쓰시오.

_____

_____

14 아이스크림

보기 중 수증기가 물로 변하는 상태 변화를 이용하는 예는 어느 것인지 골라 기호를 쓰시오.

보기

㉠ ▲ 얼음 작품 만들기
㉡ ▲ 제습기 이용하기
㉢ ▲ 스팀다리미 이용하기
㉣ ▲ 팥빙수 만들기

(   )

15 ✚ 7종 공통

우리 생활에서 이용하는 물의 상태 변화의 종류가 같은 것끼리 선으로 이으시오.

(1)

▲ 인공 눈 만들기
•

㉠
•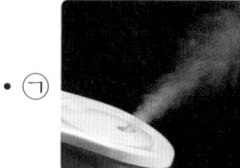
▲ 가습기 이용하기

(2)

▲ 음식 찌기
•

㉡
•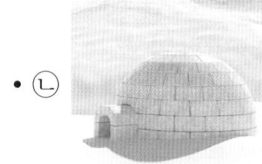
▲ 이글루 만들기

1 ➕ 7종 공통

물의 세 가지 상태를 조사한 내용을 잘못 말한 사람의 이름을 쓰시오.

제니
> 얼음은 차갑고 단단합니다. 얼음이 녹으면 물이 됩니다.

로아
> 물은 일정한 모양이 없어 손에 잡히지 않습니다. 물이 증발하면 수증기가 됩니다.

가빈
> 수증기는 눈으로 볼 수 있지만 손에 잡히지는 않습니다.

(   )

2 서술형　동아, 김영사, 비상, 아이스크림

다음과 같이 공기 중에 놓아둔 얼음은 시간이 지나면 어떤 상태로 변하는지 상태 변화 과정을 차례대로 쓰시오.

▲ 얼음

_____

3 동아, 김영사, 비상, 아이스크림

우리 조상들은 추운 겨울철 바위를 쪼개기 위해 바위에 구멍을 여러 개 뚫고 그 안에 물을 부어 오랫동안 기다리는 방법을 이용했습니다. 이것은 물의 어떤 성질을 이용한 것입니까? (   )

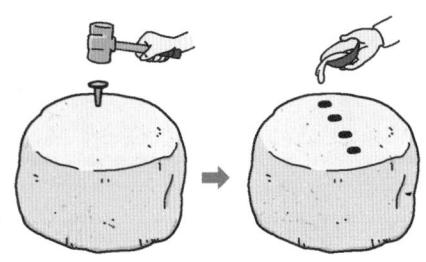

① 물이 얼면 부피가 늘어나는 성질
② 물이 얼면 무게가 늘어나는 성질
③ 얼음이 녹으면 부피가 줄어드는 성질
④ 물이 수증기가 되면 부피가 늘어나는 성질
⑤ 수증기가 물이 되면 부피가 줄어드는 성질

4 ➕ 7종 공통

(   ) 안에 들어갈 알맞은 말을 골라 각각 쓰시오.

> 얼음이 녹아 물이 되면 부피는 ㉠(줄어들고, 늘어나고, 변화가 없고), 무게는 ㉡(줄어든다, 늘어난다, 변화가 없다).

㉠ (   ), ㉡ (   )

5 ➕ 7종 공통

오른쪽과 같이 오징어를 햇볕에 널어 말리는 것과 관련 있는 현상은 어느 것입니까? (   )

① 응결
② 끓음
③ 증발
④ 녹음
⑤ 흡수

6 동아, 금성, 천재

색 도화지에 물로 그림을 그린 후 놓아두었더니 시간이 지나면서 그림이 사라졌습니다. 그 까닭을 옳게 설명한 것은 어느 것인지 골라 기호를 쓰시오.

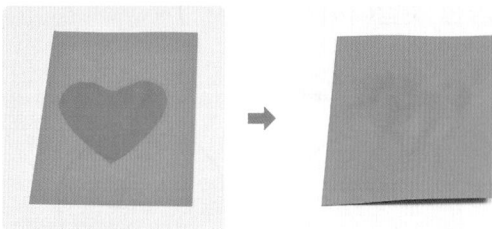

> ㉠ 색 도화지가 물을 모두 흡수했기 때문이다.
> ㉡ 물이 수증기로 변하여 공기 중으로 날아갔기 때문이다.
> ㉢ 물이 색 도화지의 색깔과 같은 색깔로 변했기 때문이다.

(   )

7 ➊ 7종 공통

다음을 증발과 끓음으로 분류하여 기호를 쓰시오.

▲ 빨래 말리기

▲ 라면 끓이기

▲ 젖은 머리카락 말리기

▲ 국 끓이기

증발	끓음
(1)	(2)

8 서술형   동아, 비상, 아이스크림, 지학사, 천재

주전자에 물을 끓이면서 관찰한 결과 중 잘못된 문장을 찾아 기호를 쓰고, 바르게 고쳐 쓰시오.

> ㉠ 물이 끓으면 기체인 물이 액체인 수증기로 변한다. ㉡ 수증기는 눈에 보이지 않지만, 하얗게 보이는 김은 수증기가 냉각되어 액체 상태의 작은 물방울로 변한 것이다. ㉢ 계속 가열하면 주전자 속 물의 양이 줄어든다.

_____

_____

9 ➊ 7종 공통

어항 속 물의 높이는 시간이 지나면서 점점 어떻게 되는지 쓰시오.

(   )

10 ➊ 7종 공통

증발에 대한 설명에는 '증발', 끓음에 대한 설명에는 '끓음'이라고 쓰시오.

(1) 물의 양이 매우 천천히 줄어든다. (   )

(2) 물의 표면과 물속에서 물이 수증기로 상태가 변한다. (   )

(3) 운동을 하고 나서 흘린 땀이 마르는 것과 관련이 있다. (   )

11 동아, 금성, 김영사, 천재

다음과 같이 주스와 얼음이 담긴 컵의 처음 무게를 측정하고, 시간이 지난 뒤 다시 무게를 측정하였습니다. 처음 무게와 나중 무게를 비교하여 ( ) 안에 >, =, <로 나타내시오.

—주스+얼음

▲ 무게 변화 측정

처음 무게 ( ) 나중 무게

12 ➕ 7종 공통

오른쪽과 같이 얼음물이 담긴 컵을 흰 종이 위에 올려놓았을 때, 관찰한 결과로 옳지 <u>않은</u> 것은 어느 것입니까? ( )

① 컵 표면에 물방울이 맺힌다.
② 컵 표면을 휴지로 닦으면 휴지가 젖는다.
③ 컵을 올려놓은 부분의 흰 종이가 젖는다.
④ 컵 표면에 맺힌 물방울이 점점 커져 흘러내린다.
⑤ 컵 표면의 물방울은 컵 안의 물이 새어 나온 것이다.

13 ➕ 7종 공통

다음 보기 를 참고하여 우리 생활에서 이용하는 물의 상태 변화를 각각 쓰시오.

> **보기** ●
>
> 이글루 만들기: 물이 얼음으로 변하는 상태 변화

(1) 음식 찌기: ( )
(2) 팥빙수 만들기: ( )

14 ➕ 7종 공통

눈이 적게 내리면 스키장에서는 인공 눈을 만들어 뿌립니다. 인공 눈을 만들 때 이용한 물의 상태 변화와 관련된 설명으로 옳은 것에 ○표 하시오.

(1) 끓음 현상과 관련이 있다. ( )
(2) 응결 현상과 관련이 있다. ( )
(3) 액체인 물이 고체인 얼음으로 상태가 변하는 현상을 이용한다. ( )
(4) 액체인 물이 표면에서 기체인 수증기로 상태가 변하는 현상을 이용한다. ( )

15 서술형 동아, 금성, 김영사, 아이스크림, 천재

오른쪽은 우리 생활에서 사용하는 가습기입니다. 가습기는 어떻게 실내의 건조함을 줄여주는지 물의 상태 변화와 관련지어 쓰시오.

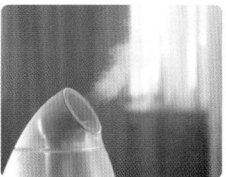

_____

_____

평가 주제	물이 얼 때의 부피 변화 알기
평가 목표	물이 얼어 얼음이 될 때 부피의 변화를 설명할 수 있다.

[1-3] 다음은 물이 얼 때의 변화를 알아보기 위한 실험 과정입니다. 물음에 답하시오.

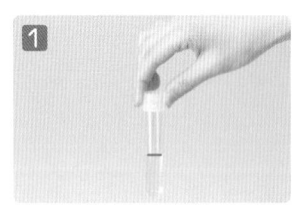
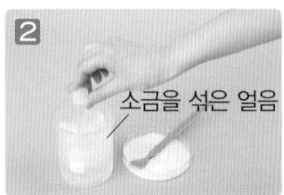

소금을 섞은 얼음

1 시험관에 물을 넣고 파란색 유성 펜으로 물의 높이를 표시한 뒤 전자저울로 무게를 측정한다.

2 소금을 섞은 얼음이 든 비커에 **1**의 시험관을 꽂아 물을 얼린다.

3 물이 완전히 얼면 시험관을 꺼내 빨간색 유성 펜으로 얼음의 높이를 표시하고, 무게를 측정한다.

1 위 실험 과정 **1**에서 측정한 물의 높이와 **3**에서 측정한 얼음의 높이는 어떠한지 비교하여 쓰시오.

_____

_____

도움 페트병에 물을 넣어 얼렸을 때의 모습을 떠올려 봅니다.

2 위 **1**번 답과 같은 결과가 나타난 까닭은 무엇인지 쓰시오.

_____

_____

도움 물이 얼기 전 물의 높이와 완전히 얼고 난 후 얼음의 높이를 비교하여 물이 얼 때의 부피 변화를 알 수 있습니다.

3 위 **2**번 답과 같이 물이 얼 때의 부피 변화와 관련된 생활 속의 예를 두 가지 쓰시오.

_____

_____

도움 물이 얼어 얼음이 되면 무게는 변하지 않지만, 부피는 변합니다.

2. 물의 상태 변화

● 정답과 풀이 8쪽

| 평가 주제 | 물의 증발과 끓음 비교하기 |
| 평가 목표 | 물이 증발할 때와 끓을 때의 공통점과 차이점을 설명할 수 있다. |

[1-3] 다음과 같이 크기가 같은 두 비커에 같은 양의 물을 넣고 물의 높이를 표시한 뒤 하나는 그대로 놓아두고, 다른 하나는 가열하였습니다. 물음에 답하시오.

(가) 　　(나)

1 위 (나)의 물을 가열할 때 물의 표면과 물속에서 관찰할 수 있는 현상을 쓰시오.

_____

_____

도움 물이 끓을 때 생기는 기포는 물이 수증기로 변한 것입니다.

2 위 (가)와 (나)에서 일어나는 물의 상태 변화의 공통점을 쓰시오.

_____

_____

도움 (가)에서는 증발, (나)에서는 끓음 현상이 일어납니다. 증발과 끓음의 공통점을 생각해 봅니다.

3 비가 와서 젖어 있던 운동장이 며칠 뒤 물이 사라져 있는 것을 보았습니다. 위 (가)와 (나) 중 관련 있는 것을 골라 기호를 쓰고, 우리 생활에서 이 현상을 이용하는 예를 한 가지 쓰시오.

 →

_____

_____

도움 우리 생활에서 증발 현상을 이용하는 경우를 생각해 봅니다.

숨은 그림을 찾아보세요.

● 정답 8쪽

3

그림자와 거울

▶ 학습 내용과 교과서별 해당 쪽수를 확인해 보세요.

학습 내용		백점 쪽수	교과서별 쪽수				
			동아출판	비상교과서	아이스크림 미디어	지학사	천재교과서
1	그림자가 생기는 조건, 투명한 물체와 불투명한 물체의 그림자	58~61	58~59, 62~63	60~63	60~63	58~59	62~65
2	물체 모양과 그림자 모양	62~65	60~61		64~65	60~61	66~67
3	그림자의 크기 변화	66~69	64~65	64~65	66~67	62~63	68~69
4	거울의 성질과 이용	70~73	66~71	66~71	68~73	64~69	70~75

1 그림자가 생기는 조건, 투명한 물체와 불투명한 물체의 그림자

개념 강의

1 그림자가 생기는 조건

(1) 여러 가지 그림자

나무 그림자

정글짐 그림자

유리문 그림자

계단에 생긴 내 그림자

① 빛이 닿은 부분은 밝게 보이고, 빛이 닿지 않은 부분은 어둡게 보입니다.

② 빛이 비치는 곳에 물체가 있으면 물체 뒤에는 빛이 닿지 않아 어두운 부분이 생기는데, 이 어두운 부분이 그림자입니다.

(2) 그림자가 생기는 조건

① 그림자가 생기려면 빛과 물체가 있어야 합니다.

② 물체를 바라보는 방향으로 빛을 비추면서 물체의 뒤쪽에 흰 종이와 같은 스크린을 대면 그림자를 볼 수 있습니다.

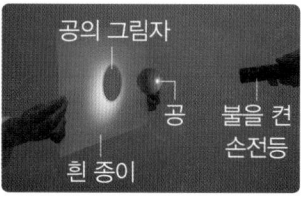
공의 그림자 / 공 / 불을 켠 손전등 / 흰 종이

2 투명한 물체와 불투명한 물체의 그림자

(1) 투명한 물체의 그림자

① 투명한 물체: 투명 플라스틱 컵, 안경알, 유리병, 유리컵, 물, 유리 어항 등

② 빛이 나아가다가 투명한 물체를 만나면 빛이 대부분 통과해 연한 그림자가 생깁니다.

(2) 불투명한 물체의 그림자

① 불투명한 물체: 종이컵, 도자기 컵, 캔, 공책, 그늘막, 나무, 안경테, 창틀 등

② 빛이 나아가다가 불투명한 물체를 만나면 빛이 통과하지 못해 진한 그림자가 생깁니다.

(3) 우리 생활에서 투명한 물체와 불투명한 물체를 이용하는 예

① 투명한 물체를 이용하는 예

유리온실은 빛이 잘 들어와서 식물이 자라는 데 도움을 줍니다.

집이나 학교의 유리창은 빛이 잘 들어와 실내를 밝게 해 줍니다.

건물의 천장을 유리로 만들어 빛이 잘 들어와 실내를 밝게 해 줍니다.

② 불투명한 물체를 이용하는 예

그늘막을 설치하여 햇빛을 피할 수 있도록 그늘을 만듭니다.

인삼은 강한 햇빛을 받으면 잘 자라지 않아 검은색 그늘막으로 햇빛을 가려 줍니다.

햇빛을 가려 실내를 어둡게 하거나 실내가 더워지는 것을 막기 위해 커튼을 칩니다.

⊕ 그림자의 진하기

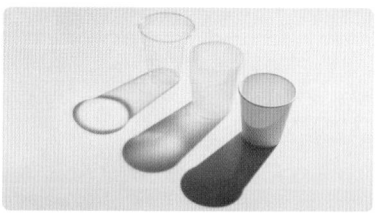

빛이 물체를 통과하는 정도에 따라 그림자의 진하기가 달라집니다.

⊕ 안경의 그림자

안경테 / 안경알

- 안경알 부분은 투명해서 빛이 대부분 통과하므로 그림자가 연하게 생깁니다.
- 안경테 부분은 불투명해서 빛이 통과하지 못하므로 그림자가 진하게 생깁니다.

용어 사전

● 스크린 영화, 그림자 능을 비지게 하기 위한 막.

● 온실 빛, 온도, 습도 등을 조절하여 각종 식물의 재배를 자유롭게 하는 구조물.

실험 1 그림자가 생기는 조건 알아보기 📖 금성출판사, 김영사, 비상교과서, 천재교과서

❶ 흰 종이에 공의 그림자를 만들려면 무엇이 필요할지 생각해 봅니다.

❷ 공을 흰 종이 앞에 놓았을 때 흰 종이에 공의 그림자가 생기는지 관찰합니다.

❸ 손전등 빛을 흰 종이에 바로 비추었을 때 흰 종이에 공의 그림자가 생기는지 관찰합니다.

❹ 공을 흰 종이 앞에 놓은 뒤 불을 켠 손전등을 비추었을 때 흰 종이에 공의 그림자가 생기는지 관찰합니다.

공을 흰 종이 앞에 놓은 뒤 불을 켠 손전등을 다양한 방향으로 비추어 보았을 때 불을 켠 손전등이 물체를 향하는 방향으로 있어야 물체의 그림자가 생겨요.

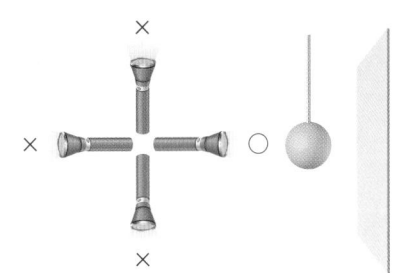

실험 결과

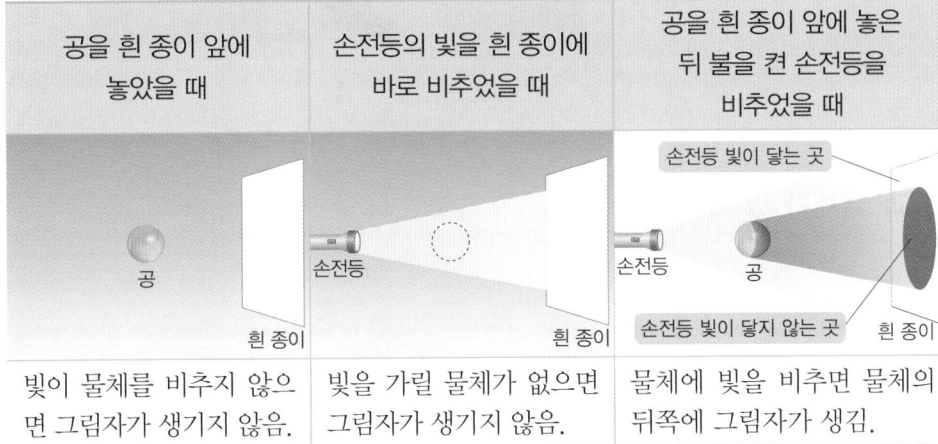

공을 흰 종이 앞에 놓았을 때	손전등의 빛을 흰 종이에 바로 비추었을 때	공을 흰 종이 앞에 놓은 뒤 불을 켠 손전등을 비추었을 때
빛이 물체를 비추지 않으면 그림자가 생기지 않음.	빛을 가릴 물체가 없으면 그림자가 생기지 않음.	물체에 빛을 비추면 물체의 뒤쪽에 그림자가 생김.

➡ 그림자가 생기려면 빛과 물체가 필요하고, 물체를 바라보는 방향으로 빛을 비추어야 합니다.

실험 2 투명한 물체와 불투명한 물체의 그림자 비교하기 📖 김영사, 비상교과서, 천재교과서

❶ 손전등과 스크린 사이에 투명 플라스틱 컵을 놓고 손전등으로 빛을 비추었을 때 스크린에 생기는 그림자를 관찰합니다.

❷ 손전등과 스크린 사이에 종이컵을 놓고 손전등으로 빛을 비추었을 때 스크린에 생기는 그림자를 관찰합니다.

❸ 투명 플라스틱 컵의 그림자와 종이컵의 그림자를 비교합니다.

❹ 투명 플라스틱 컵과 종이컵에서 빛이 통과하는 정도를 비교합니다.

실험동영상

투명 플라스틱 컵 대신 유리컵과 같은 투명한 물체를, 종이컵 대신 도자기 컵과 같은 불투명한 물체를 사용할 수 있어요.

실험 결과

구분	그림자 모양	그림자의 진하기	빛이 통과하는 정도
투명 플라스틱 컵		연한 그림자가 생김.	빛이 대부분 통과함.
종이컵		진한 그림자가 생김.	빛이 통과하지 못함.

실험 ✚ **투명한 플라스틱 판에 불투명한 붙임딱지를 붙여 그림자 관찰하기** 📖 동아출판

고정 집게에 투명한 플라스틱 판을 꽂고, 스크린에 생기는 그림자를 관찰합니다. 투명한 플라스틱 판에 불투명한 붙임딱지를 붙이고, 스크린에 생기는 그림자를 관찰합니다.

실험 결과

투명한 플라스틱 판의 그림자는 연하고, 불투명한 붙임딱지의 그림자는 진합니다.

➡ 투명한 물체는 빛이 대부분 통과해 연한 그림자가 생기고, 불투명한 물체는 빛이 통과하지 못해 진한 그림자가 생깁니다.

1 그림자가 생기는 조건, 투명한 물체와 불투명한 물체의 그림자

기본 개념 문제

1

빛이 나아가다가 물체가 있으면 물체 뒤쪽에 빛이 닿지 않아 어두운 부분이 생기는데, 이것이 (   )입니다.

2

그림자가 생기려면 (   )와/과 물체가 있어야 합니다.

3

유리컵과 종이컵 중 투명한 물체는 (   )입니다.

4

투명한 물체의 그림자가 연한 까닭은 빛이 투명한 물체를 대부분 (   )하기 때문입니다.

5

안경알 부분과 안경테 부분 중 불투명하기 때문에 진한 그림자가 생기는 것은 (   ) 부분입니다.

6 ➕ 7종 공통

운동장에 서 있는 친구의 그림자가 생겼을 때, ㉠과 ㉡ 중에서 빛이 닿지 않는 곳을 골라 기호를 쓰시오.

(   )

7 동아, 금성, 김영사, 비상, 지학사, 천재

다음 중 흰 종이에 공의 그림자가 생기는 경우를 골라 기호를 쓰시오.

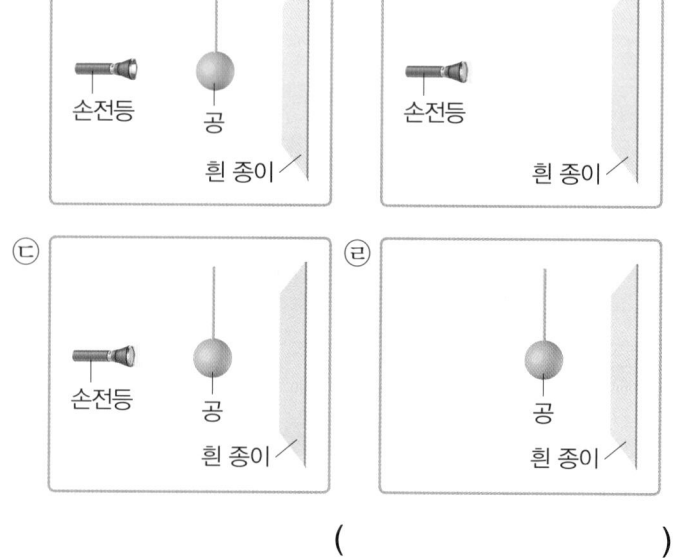

(   )

[8-9] 다음은 유리컵과 도자기 컵의 모습입니다. 물음에 답하시오.

▲ 유리컵

▲ 도자기 컵

8 김영사, 비상, 천재

위 두 컵에 빛을 비추었을 때 더 진한 그림자가 생기는 컵은 어느 것인지 기호를 쓰시오.

( )

9 서술형 김영사, 비상, 천재

위 유리컵과 도자기 컵의 그림자 진하기를 빛이 통과하는 정도와 관련지어 비교하시오.

_____

_____

10 ➕ 7종 공통

불투명한 물체끼리 옳게 짝 지은 것은 어느 것입니까?

( )

① 물, 공책
② 유리컵, 나무판
③ 캔, 종이컵
④ 안경알, 안경테
⑤ 유리 어항, 지우개

[11-12] 다음과 같이 장치하고 손전등 빛을 비추어 그림자를 만드는 실험을 하였습니다. 물음에 답하시오.

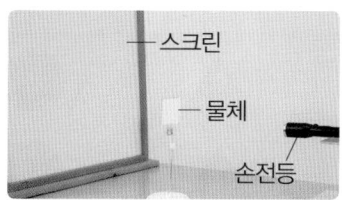

스크린
물체
손전등

11 동아, 아이스크림

위 실험에서 스크린에 연한 그림자가 생기게 하는 방법을 옳게 말한 사람의 이름을 쓰시오.

> • 윤주: 나무판과 같은 불투명한 물체에 빛을 비추면 연한 그림자가 생겨.
> • 래아: 투명 플라스틱 판과 같은 투명한 물체에 빛을 비추면 연한 그림자가 생겨.

( )

12 ➕ 7종 공통

위 실험 결과를 정리한 내용으로 ( ) 안에 들어갈 알맞은 말을 각각 쓰시오.

> ㉠ (투명한, 불투명한) 물체는 빛이 대부분 통과해 ㉡ (연한, 진한) 그림자가 생긴다.

㉠ ( ), ㉡ ( )

13 동아, 금성, 김영사, 비상, 천재

우리 생활에서 물체의 그림자가 생기는 것을 이용한 예가 아닌 것을 골라 기호를 쓰시오.

㉠  그늘막
㉡  색안경
㉢  모자
㉣  유리온실

( )

2 물체 모양과 그림자 모양

1 물체 모양과 그림자 모양 비교하기

(1) 여러 가지 모양 종이의 그림자

종이의 모양	▲	●	■	★
그림자의 모양	▲	●	■	★

① 종이의 모양과 그림자의 모양이 비슷합니다.

② 곧게 나아가던 빛이 종이를 통과하지 못해 종이의 모양과 비슷한 모양의 그림자가 생깁니다.

(2) 물체를 놓는 방향과 빛을 비추는 방향에 따른 그림자 모양

① 같은 물체라도 물체를 놓는 방향이나 빛을 비추는 방향에 따라 그림자의 모양이 달라지기도 합니다.

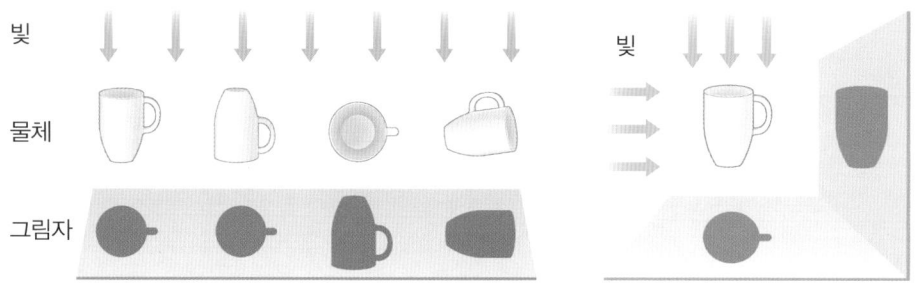

▲ 컵을 놓는 방향에 따른 그림자 모양　　▲ 빛의 방향에 따른 그림자 모양

② 그림자 모양을 보고 물체의 모양 추리하기

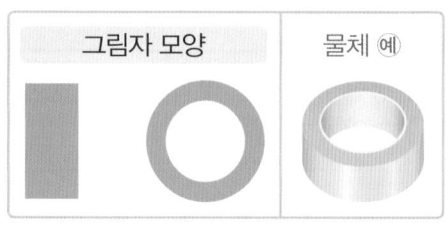
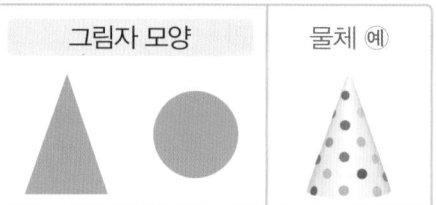

2 물체 모양과 그림자 모양이 비슷한 까닭

(1) 빛의 직진

① 태양이나 전등에서 나오는 빛은 사방으로 곧게 나아갑니다.

② 빛이 곧게 나아가는 성질을 빛의 직진이라고 합니다.

③ 물체에 빛을 비추었을 때 물체의 모양과 비슷한 모양의 그림자가 생기는 까닭은 직진하는 빛이 물체를 통과하지 못하기 때문입니다.

(2) 빛이 직진하는 것을 관찰할 수 있는 예

손전등을 켜면 빛이 곧게 나아갑니다.　　나뭇잎 사이로 들어온 빛이 곧게 나아갑니다.　　레이저 빛이 곧게 나아갑니다.

➕ 공의 그림자

공의 방향을 바꾸어도 그림자의 모양은 원 모양입니다. 공의 방향을 바꾸어도 공에 빛이 닿은 모양이 변하지 않기 때문입니다.

➕ 빛의 직진을 관찰할 수 있는 실험

손전등 앞에 머리빗을 놓은 후 빛을 비추고, 이때 생긴 그림자와 빗을 통과하는 빛의 모양을 보면 빛이 직진한다는 것을 알 수 있습니다.

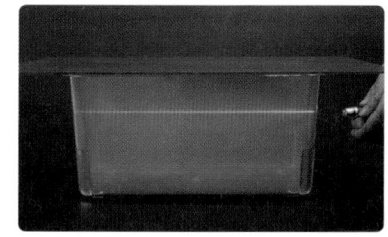

수조 속에 향을 피우고 덮개를 잘 덮은 후 레이저 포인터로 빛을 비추면 빛이 직진한다는 것을 알 수 있습니다.

용어 사전

● **직진** 곧게 나아감.

실험 1 여러 가지 모양 종이의 그림자 관찰하기 📖 김영사, 비상교과서, 천재교과서

❶ 스크린과 손전등 사이에 삼각형 모양 종이를 놓고 손전등 빛을 비추어 스크린에 생긴 그림자 모양을 관찰합니다.

❷ 스크린과 손전등 사이에 다른 모양 종이를 놓고 스크린에 생기는 그림자 모양을 관찰합니다.

❸ 종이의 모양과 그림자 모양을 비교합니다.

스크린
삼각형 모양 종이
손전등

실험 결과

삼각형 모양 종이의 그림자	원 모양 종이의 그림자	사각형 모양 종이의 그림자	별 모양 종이의 그림자
삼각형 모양 종이의 그림자는 삼각형 모양임.	원 모양 종이의 그림자는 원 모양임.	사각형 모양 종이의 그림자는 사각형 모양임.	별 모양 종이의 그림자는 별 모양임.

➡ 곧게 나아가던 빛이 종이를 통과하지 못해 종이의 모양과 그림자 모양이 비슷합니다.

실험 2 물체의 방향을 바꾸어 그림자 모양 관찰하기 📖 동아출판, 천재교과서

❶ 스크린과 받침대, 손전등을 차례대로 놓고 손전등을 켭니다.

❷ 물체를 받침대 위에 놓고 그림자의 모양을 관찰합니다.

❸ 물체를 돌려 방향을 바꾸면서 그림자의 모양이 어떻게 되는지 관찰합니다.

❹ 물체 모양과 그림자 모양을 비교합니다.

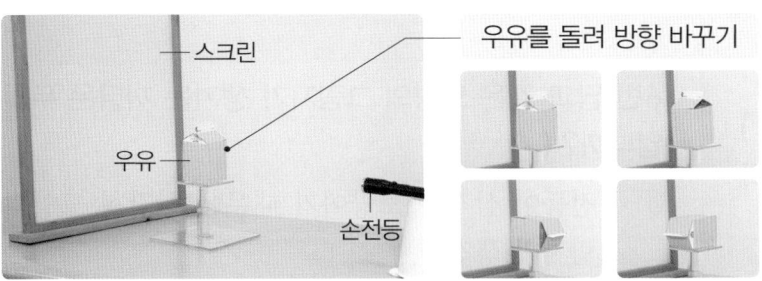

스크린
우유를 돌려 방향 바꾸기
우유
손전등

실험 결과

➡ 같은 물체라도 물체를 빛 앞에 놓는 방향이 달라지면 그림자 모양이 달라지기도 합니다. → 물체에 빛을 비추면 빛이 닿은 모양과 닮은 그림자가 생겨요.

실험 TIP !

실험+ **구멍 뚫린 원통의 그림자를 관찰하여 빛의 성질 알아보기** 📖 지학사

원통의 옆면에 마주 보는 두 개의 구멍을 뚫어 받침대에 놓고, 손전등으로 빛을 비춰 스크린에 그림자가 생기게 합니다. 구멍 뚫린 원통을 돌리면서 생긴 그림자 모양을 관찰하면서 빛이 나아가는 길을 그려봅니다.

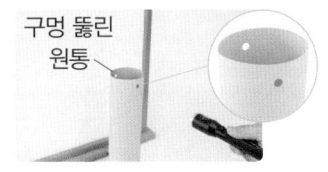

구멍 뚫린 원통

실험 결과

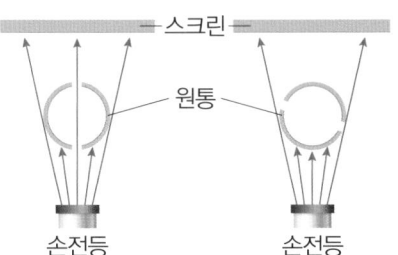

스크린
원통
손전등   손전등

마주 보는 구멍과 손전등의 빛이 일직선 상에 있어야 구멍 뚫린 원통의 그림자가 생기는 것으로 보아 빛은 직진한다는 것을 알 수 있습니다.

실험동영상

물체는 그대로 놓고 빛의 방향을 바꾸어도 그림자의 모양이 달라질 수 있어요.

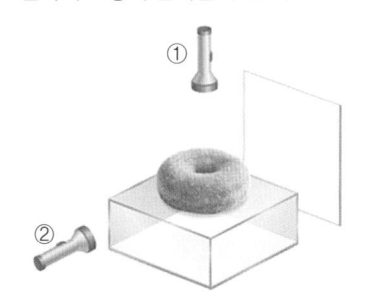
①
②

① 방향	② 방향

3
단원

2 물체 모양과 그림자 모양

1

빛은 곧게 나아가는 성질이 있는데, 이러한 성질을 빛의 (   )(이)라고 합니다.

2

사각형 모양 종이의 그림자는 (   ) 모양이고, 원 모양 종이의 그림자는 (   ) 모양입니다.

3

물체에 빛을 비추었을 때 물체의 모양과 비슷한 모양의 그림자가 생기는 까닭은 빛이 (   ) 하기 때문입니다.

4

같은 물체라도 물체를 놓는 방향이나 (   )을/를 비추는 방향에 따라 그림자의 모양이 달라지기도 합니다.

5

공을 놓는 방향을 바꾸어도 공의 그림자 모양은 (   ) 모양입니다.

[6-7] 다음과 같이 스크린과 손전등 사이에 삼각형 모양 종이를 놓고 손전등 빛을 비추어 스크린에 생긴 그림자 모양을 관찰하였습니다. 물음에 답하시오.

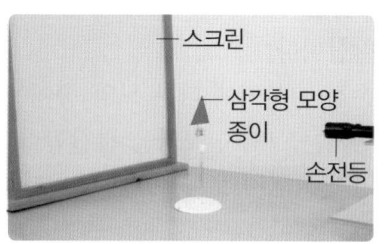

6 김영사, 비상, 천재

위 스크린에서 관찰할 수 있는 그림자 모양으로 알맞은 것은 어느 것인지 골라 기호를 쓰시오.

보기

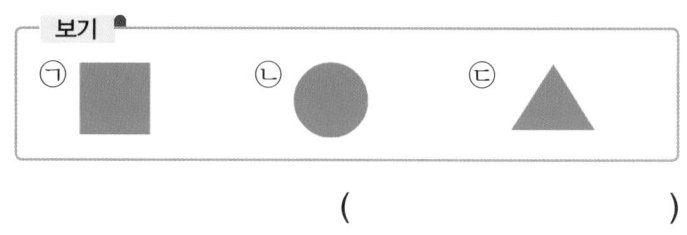

ㄱ   ㄴ   ㄷ

(   )

7 김영사, 비상, 천재

6번 답과 같은 모양의 그림자가 생기는 까닭은 무엇입니까? (   )

① 손전등이 삼각형 모양이기 때문에 삼각형 모양의 그림자가 생긴다.

② 손전등 빛이 삼각형 모양 종이를 통과해 스크린에 나타나기 때문이다.

③ 손전등 빛이 삼각형 모양 종이를 통과하면서 원 모양으로 바뀌기 때문이다.

④ 손진등 빛이 삼각형 모양 종이를 통과히면서 사각형 모양으로 바뀌기 때문이다.

⑤ 손전등 빛이 삼각형 모양 종이를 통과하지 못해 스크린에 빛이 닿지 못하기 때문이다.

[8-9] 한 가지 물체에 손전등 빛을 비추었을 때 물체를 여러 방향으로 바꾸어 놓으면서 스크린에 생기는 그림자를 관찰하였습니다. 물음에 답하시오.

8 동아, 금성, 김영사, 아이스크림, 지학사, 천재

위 실험에서 사용한 물체를 골라 ○표 하시오.

(1)     (2)     (3)

(   )　　(   )　　(   )

9 서술형　동아, 금성, 김영사, 아이스크림, 지학사, 천재

위 실험 결과를 통해 알 수 있는 물체의 모양과 그림자 모양의 관계를 쓰시오.

_____

_____

10 동아, 금성, 김영사, 아이스크림, 지학사, 천재

다음 물체 중 손전등 빛을 비추었을 때 물체의 방향을 바꾸어도 원 모양 그림자를 만들 수 없는 것은 어느 것입니까? (   )

① 　　②

③ 　　④

11 ➕ 7종 공통

다음 물체에 손전등 빛을 비추었을 때 나타난 그림자의 모양을 찾아 선으로 이으시오.

(1) 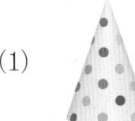 ·　　　　· ㉠

(2)  ·　　　　· ㉡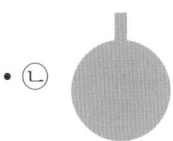

(3)  ·　　　　· ㉢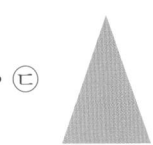

12 ➕ 7종 공통

다음 설명에 해당하는 빛의 성질은 무엇인지 (   ) 안에 들어갈 알맞은 말을 쓰시오.

> 태양이나 전등에서 나오는 빛은 사방으로 곧게 나아간다. 빛이 곧게 나아가는 성질을 (   )(이)라고 한다.

(   )

13 서술형　➕ 7종 공통

물체에 빛을 비추었을 때 물체의 모양과 비슷한 모양의 그림자가 생기는 까닭은 무엇인지 다음 모습에서 관찰할 수 있는 빛의 성질과 관련지어 쓰시오.

_____

_____

3 단원

3 그림자의 크기 변화

1 그림자의 크기

(1) 우리 생활에서 그림자의 크기 변화를 관찰할 수 있는 예

▲ 손바닥 그림자

▲ 그림자 연극

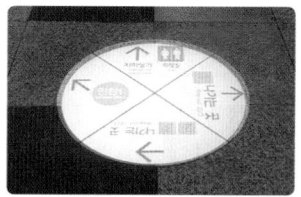
▲ 빛을 이용한 바닥 광고

(2) **물체의 그림자 크기를 변화시키기 위한 조건**
① 손전등의 위치를 조절합니다.
② 물체의 위치를 조절합니다.
③ 스크린의 위치를 조절합니다.

2 그림자의 크기 변화시키기

(1) **손전등을 움직일 때 그림자의 크기 변화** → 물체와 스크린은 그대로 두어요.
① 물체와 스크린은 그대로 두고 손전등을 물체에 가까이 하면 그림자의 크기가 커집니다. → 그림자의 크기를 크게 하려면 손전등을 물체에 가까이 합니다.
② 물체와 스크린은 그대로 두고 손전등을 물체에서 멀리 하면 그림자의 크기가 작아집니다. → 그림자의 크기를 작게 하려면 손전등을 물체에서 멀리 합니다.

손전등을 물체에 가까이 하면 그림자의 크기가 커짐.

손전등을 물체에서 멀리 하면 그림자의 크기가 작아짐.

(2) **물체를 움직일 때 그림자의 크기 변화** → 손전등과 스크린은 그대로 두어요.
① 손전등과 스크린은 그대로 두고 물체를 손전등에 가까이 하면 그림자의 크기가 커집니다. → 그림자의 크기를 크게 하려면 물체를 손전등에 가까이 합니다.
② 손전등과 스크린은 그대로 두고 물체를 손전등에서 멀리 하면 그림자의 크기가 작아집니다. → 그림자의 크기를 작게 하려면 물체를 손전등에서 멀리 합니다.

물체를 손전등에 가까이 하면 그림자의 크기가 커짐.

물체를 손전등에서 멀리 하면 그림자의 크기가 작아짐.

➕ 그림자 연극

전등 앞에 여러 가지 인형을 세우고 스크린에 생긴 그림자로 이야기를 만들어 공연하는 것입니다. 그림자 연극에서는 전등과 인형 사이의 거리를 조절하여 그림자의 크기를 변화시켜 표현합니다.

➕ 손전등과 물체는 그대로 두고 스크린을 움직일 때 그림자의 크기 변화

스크린① 스크린②

손전등과 물체는 그대로 두고 스크린을 물체에 가까이 하면 그림자의 크기가 작아지고, 스크린을 물체에서 멀리 하면 그림자의 크기가 커집니다.

용어 사전

🔹 **그림자 연극** 평면 형태의 인형을 빛과 막 사이에서 움직이게 하여 막에 나타나는 인형의 그림자로 만드는 연극.

실험 그림자의 크기 변화 관찰하기 📖 7종 공통

활동 1 손전등을 움직일 때 그림자의 크기 변화

❶ 종이 인형을 고정 집게에 꽂고 손전등과 스크린 사이에 놓습니다.

❷ 손전등으로 종이 인형에 빛을 비추어 스크린에 그림자가 생기도록 합니다.

❸ 종이 인형과 스크린은 그대로 두고 손전등을 종이 인형에 가까이 가져가거나 멀리 가져가 보며 그림자의 크기를 관찰합니다.

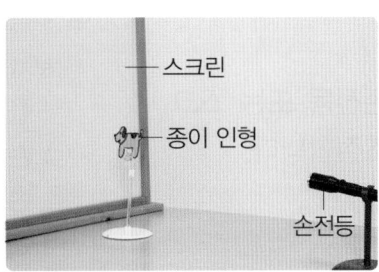
— 스크린
— 종이 인형
손전등

실험 결과

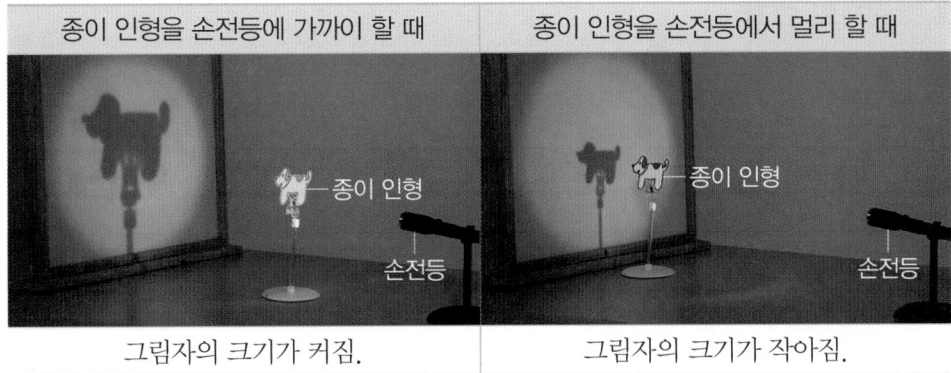

손전등을 종이 인형에 가까이 할 때	손전등을 종이 인형에서 멀리 할 때
그림자의 크기가 커짐.	그림자의 크기가 작아짐.

➡ 종이 인형과 스크린은 그대로 두고 손전등을 종이 인형에 가까이 가져가면 그림자의 크기가 커지고, 손전등을 종이 인형에서 멀리 가져가면 그림자의 크기가 작아집니다.

활동 2 물체를 움직일 때 그림자의 크기 변화

❶ 종이 인형을 고정 집게에 꽂고 손전등과 스크린 사이에 놓습니다.

❷ 손전등으로 종이 인형에 빛을 비추어 스크린에 그림자가 생기도록 합니다.

❸ 손전등과 스크린은 그대로 두고 종이 인형을 손전등에 가까이 가져가거나 멀리 가져가 보며 그림자의 크기를 관찰합니다.

실험 결과

종이 인형을 손전등에 가까이 할 때	종이 인형을 손전등에서 멀리 할 때
그림자의 크기가 커짐.	그림자의 크기가 작아짐.

➡ 손전등과 스크린은 그대로 두고 종이 인형을 손전등에 가까이 가져가면 그림자의 크기가 커지고, 종이 인형을 손전등에서 멀리 가져가면 그림자의 크기가 작아집니다.

실험 TIP !

실험동영상

손전등, 물체, 스크린을 나란히 한 상태로 움직이도록 해요. 손전등을 물체와 나란하게 움직이지 않으면 그림자의 크기 변화를 바르게 관찰할 수 없어요.

📖 동아출판

실험⁺ 그림자의 크기 변화 관찰하기

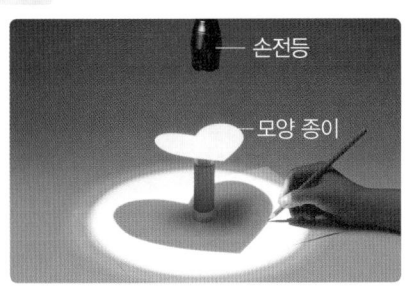
— 손전등
— 모양 종이

흰 종이 위에 풀을 세우고 그 위에 모양 종이를 붙여, 모양 종이 위쪽에서 손전등으로 빛을 비춥니다. 손전등을 모양 종이에서 멀게 하거나 가깝게 하며 그림자의 가장자리를 색연필로 표시합니다.

실험 결과

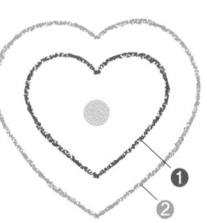

손전등을 모양 종이에서 멀게 할 때	손전등을 모양 종이에 가깝게 할 때

• 손전등과 모양 종이 사이의 거리를 멀게 하면 그림자가 작아집니다.

• 손전등과 모양 종이 사이의 거리를 가깝게 하면 그림자가 커집니다.

3 그림자의 크기 변화

기본 개념 문제

1

그림자의 크기를 변화시키려면 손전등 또는 스크린 또는 (   )의 위치를 조절합니다.

2

물체와 스크린은 그대로 두고 손전등을 물체에 가까이 하면 그림자의 크기가 (   ).

3

손전등과 스크린은 그대로 두고 물체를 손전등에서 멀리 하면 그림자의 크기가 (   ).

4

물체와 스크린 사이의 거리가 일정할 때 손전등과 물체 사이의 거리를 가깝게 할수록 그림자의 크기는 점점 (   ).

5

손전등과 물체는 그대로 두고 물체의 그림자 크기를 변화시키려면 (   )을/를 움직입니다.

6 ➕ 7종 공통

다음 보기 중 그림자의 크기 변화에 영향을 주는 것을 골라 기호를 쓰시오.

보기 ●
㉠ 물체의 색깔
㉡ 손전등 빛의 색깔
㉢ 손전등 빛의 밝기
㉣ 손전등과 물체 사이의 거리

(   )

7 ➕ 7종 공통

다음과 같이 스크린 앞에 종이 인형을 놓고 손전등 빛을 비춘 다음, 스크린과 종이 인형은 그대로 두고 손전등을 종이 인형에 가깝게 할 때 그림자의 크기는 어떻게 되는지 쓰시오.

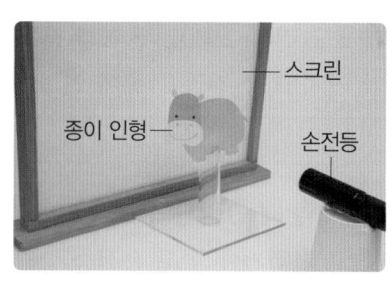

(   )

8 ➕ 7종 공통

오른쪽과 같이 손전등 앞에서 손을 이용해서 게 모양 그림자를 만들었습니다. 그림자를 더 크게 만들기 위한 방법으로 옳은 것에 ○표 하시오.

(1) 손전등과 스크린은 그대로 두고 손을 손전등에서 멀게 한다.   (   )

(2) 손전등과 스크린은 그대로 두고 손을 손전등에 가깝게 한다.   (   )

[9-11] 다음과 같이 장치한 후 손전등과 스크린은 그대로 두고 물체의 위치를 이동시켜 보았습니다. 물음에 답하시오.

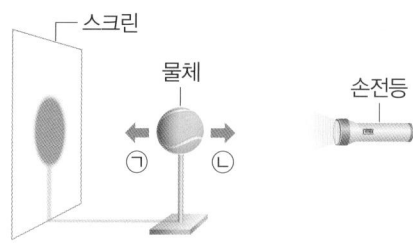

9 ➕ 7종 공통

위 실험은 무엇을 알아보기 위한 것입니까? (   )

① 물체의 크기 변화에 따른 그림자의 크기 변화
② 물체의 위치 변화에 따른 그림자의 크기 변화
③ 물체의 종류 변화에 따른 그림자의 색깔 변화
④ 스크린의 위치 변화에 따른 그림자의 크기 변화
⑤ 손전등의 위치 변화에 따른 그림자의 개수 변화

10 서술형 ➕ 7종 공통

위 실험에서 물체를 ㉠ 방향으로 이동시킬 때와 ㉡ 방향으로 이동시킬 때 각각 그림자는 어떻게 변하는지 쓰시오.

_____

_____

11 ➕ 7종 공통

위 실험 결과를 통해 알 수 있는 사실입니다. (   ) 안에 들어갈 알맞은 말을 골라 각각 쓰시오.

> 손전등과 물체 사이의 거리가 가까울수록 그림자의 크기는 ㉠(커지고, 작아지고), 손전등과 물체 사이의 거리가 멀수록 그림자의 크기는 ㉡(커진다, 작아진다).

㉠ (   ), ㉡ (   )

12 동아, 아이스크림, 지학사, 천재

손전등과 물체는 그대로 두고 스크린을 ㉠ 방향과 ㉡ 방향으로 이동시켰을 때 그림자의 크기가 작아지는 경우의 기호를 쓰시오.

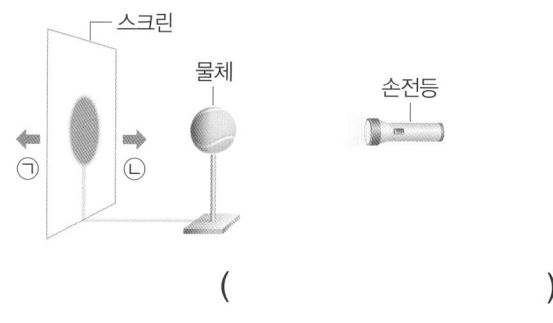

(   )

13 동아, 금성, 비상, 천재

다음과 같이 호랑이와 소녀 종이 인형으로 그림자 연극을 하는 방법에 대해 잘못 말한 사람의 이름을 쓰시오.

- 재민: 소녀 그림자만 작아지게 하려면 소녀 종이 인형을 스크린 쪽으로 가까이 하면 돼.
- 수혁: 호랑이 그림자만 커지게 하려면 호랑이 종이 인형을 전등 쪽으로 가까이 하면 돼.
- 윤정: 호랑이 그림자와 소녀 그림자를 동시에 커지게 하려면 전등을 종이 인형에서 멀리 하면 돼.

(   )

4 거울의 성질과 이용

1 거울에 비친 물체의 모습

(1) 물체와 거울에 비친 물체의 모습 비교

① 물체를 거울에 비추어 보면 물체의 상하는 바뀌어 보이지 않고, 좌우는 바뀌어 보입니다.

② 거울에 비친 물체의 색깔은 실제 물체의 색깔과 같습니다.

실제 인형	거울에 비춤.	거울에 비친 인형

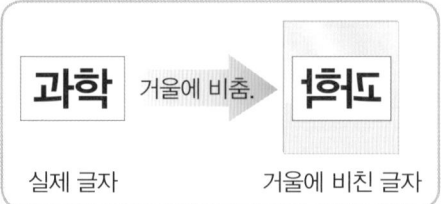

실제 글자	거울에 비춤.	거울에 비친 글자

(2) 구급차의 앞부분에 글자의 좌우를 바꾸어 쓴 까닭

① 글자를 거울에 비춰 보면 좌우가 바뀌어 보입니다.

② 위급한 상황에서 앞에 가는 자동차의 뒷거울로 구급차를 보았을 때 글자가 똑바로 보여 길을 양보할 수 있도록 하기 위해서입니다.

자동차 뒷거울에 구급차의 앞부분이 비친 모습이에요.

2 빛이 거울에 부딪쳐 나아가는 모습

(1) 거울에 부딪친 손전등 빛

① 손전등 빛이 직진하다가 거울에 부딪치면 방향이 바뀌어 다시 직진합니다.

② 손전등 빛을 이용해 빛이 나아가는 방향을 바꿀 수 있습니다.

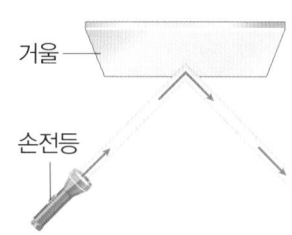

거울

손전등

(2) 빛의 반사

① 빛이 나아가다가 거울에 부딪치면 거울에서 빛의 방향이 바뀌어 나오는데, 이러한 현상을 빛의 반사라고 합니다.

② 거울은 빛의 반사를 이용해 물체의 모습을 비추는 도구입니다.

3 생활 속 거울의 이용

① 자신의 모습을 비추어 보는 데 쓰입니다. ⓔ 세면대 거울, 옷 가게 거울

② 가려져서 직접 보이지 않는 곳을 비추어 보는 데 쓰입니다. ⓔ 자동차 뒷거울

③ 빛이 나아가는 방향을 바꾸는 데 쓰입니다. ⓔ 미러볼, 반사경

④ 실내를 넓어 보이게 하거나 장난감 등을 만드는 데 쓰입니다. ⓔ 승강기 거울, 만화경

▲ 세면대 거울	▲ 자동차 뒷거울	▲ 미러볼	▲ 승강기 거울

잠망경

잠망경은 두 개의 거울을 사용하여 눈으로 직접 볼 수 없는 곳에 있는 물체를 볼 수 있게 해 주는 도구입니다.

거울에 비친 모습과 실제 모습이 같은 글자나 도형

- 글자: '응', '후', '표', '몸', '봄' 등이 있습니다.
- 도형: ○(원), △(정삼각형), □(정사각형) 등이 있습니다.

거울을 사용하는 다른 예

- 태권도장의 거울에 내 모습을 비추어 자세가 바른지 확인합니다.
- 치과에서 직접 보이지 않는 치아를 거울로 비추어 봅니다.
- 세 개의 거울로 물체의 모습을 반사하여 재미있는 무늬를 만드는 만화경을 만듭니다.

용어 사전

● **위급** 몹시 위태롭고 급함.
● **미러볼** 공 표면의 거울 조각이 빛을 여러 방향으로 반사하여 수많은 빛줄기를 만드는 장식품.
● **반사경** 등대나 자동차에 쓰이는 거울로, 원하는 방향으로 빛을 더 밝게 비출 수 있도록 함.

| 실험 1 | **물체와 거울에 비친 모습 비교하기** | 동아출판, 금성출판사, 김영사, 비상교과서, 지학사, 천재교과서 |

❶ 거울을 세우고, 그 앞에 인형을 놓습니다.
❷ 거울에 비친 인형의 모습을 관찰하며, 실제 인형의 모습과 비교합니다.
❸ 글자 카드를 거울에 비추어 보며, 실제 글자와 어떤 차이점이 있는지 비교합니다.

실험 결과

실험동영상

• 글자 카드 대신 숫자 카드로도 실험할 수 있어요.
• 원래 모양과 거울에 비친 모양이 같은 글자나 숫자를 찾아 보는 활동을 해 볼 수 있어요.

• 거울에 비친 인형의 모습

공통점	실제 인형과 색깔이 같고, 머리는 위쪽, 발은 아래쪽에 있음.
차이점	실제 인형은 오른쪽 팔을 올리고 있는데 거울에 비친 인형은 왼쪽 팔을 올리고 있음.

실제 인형 / 거울에 비친 인형의 모습

• 거울에 비친 글자의 모습

공통점	글자의 색깔이 같음.
차이점	글자의 좌우가 바뀌어 보임.

실제 글자 / 거울에 비친 글자의 모습

➡ 거울에 비친 물체의 색깔은 실제 물체의 색깔과 같습니다. 물체를 거울에 비추어 보면 물체의 상하는 바뀌어 보이지 않고 좌우는 바뀌어 보입니다.

| 실험 2 | **거울에 부딪친 빛의 모습 관찰하기** | 7종 공통 |

❶ 흰 종이를 깔고 거울을 수직으로 세운 뒤 손전등의 불을 켭니다.
❷ 손전등 빛이 거울의 맨 아랫부분에 닿도록 비추면서 빛이 나아가는 모습을 관찰합니다.
❸ 나무 블록을 쌓아 자유롭게 구부러진 길을 만들어 길의 양쪽 끝에 인형과 손전등을 각각 놓고, 손전등 빛이 인형에 닿을 수 있도록 곳곳에 거울을 놓아 봅니다.

실험 결과

거울에 부딪친 손전등 빛 관찰하기	거울을 이용해 빛의 방향 바꾸기
손전등에서 나온 빛이 거울에 부딪치면 방향이 바뀌어 나아감.	손전등에서 나온 빛이 거울에 부딪칠 때마다 반사되어 여러 번 방향을 바꾸어 인형에 닿았음.

➡ 빛이 나아가다가 거울에 부딪치면 거울에서 빛의 방향이 바뀌어 나아갑니다.

실험 ➕ 두 개의 거울을 이용해서 빛이 종이 모형에 닿게 하기 지학사

책상 위에 종이 모형을 세우고, 두 개의 거울을 각각 흰 종이에 수직으로 세웁니다. 두 개의 거울을 각각 움직여서 손전등 빛이 종이 모형에 닿게 하고 빛이 나아가는 모습을 관찰해 봅니다.

실험 결과

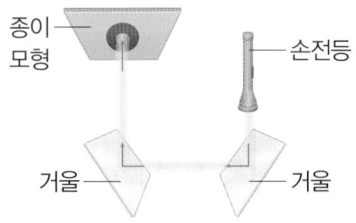
종이 모형 — 손전등
거울 — — 거울

첫 번째 거울에서 방향이 꺾인 손전등 빛이 두 번째 거울에서도 방향이 꺾여 종이 모형으로 나아갑니다.

4 거울의 성질과 이용

1

파란색 공을 거울에 비추었을 때 거울에 비친 공의 색깔은 (   )입니다.

2

거울 앞에 글자 카드를 세워 거울에 비추어 보면 글자의 (   )이/가 바뀌어 보입니다.

3

빛이 나아가다가 거울에 부딪쳐 방향이 바뀌는 현상을 (   )(이)라고 합니다.

4

(   )은/는 빛의 반사를 이용해 물체의 모습을 비추는 도구입니다.

5

가려져서 직접 보이지 않는 곳을 비추어 보거나 빛이 나아가는 방향을 바꾸는 데 (   )을/를 사용합니다.

[6-7] 거울을 세우고, 그 앞에 오른쪽 인형을 놓아 거울에 비친 인형의 모습을 관찰하였습니다. 물음에 답하시오.

6 동아, 금성, 김영사, 비상, 지학사, 천재

위 인형이 거울에 비친 모습으로 옳은 것은 어느 것입니까? (   )

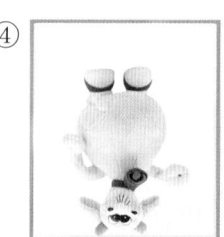

① ② ③ ④

7 동아, 금성, 김영사, 비상, 지학사, 천재

위 6번 답과 같이 거울에 비친 물체의 모습에 대한 설명으로 옳은 것을 모두 골라 기호를 쓰시오.

┌───┐
ㄱ 거울에 비친 물체는 실제 물체와 색깔이 같다.
ㄴ 거울에 비친 물체의 모습은 실제 물체와 좌우가 바뀌어 보인다.
ㄷ 거울에 비친 물체의 모습은 실제 물체와 상하가 바뀌어 보인다.
ㄹ 거울에 비친 물체의 모습은 실제 물체와 상하좌우가 모두 바뀌어 보인다.
└───┘

(   )

[8-9] 오른쪽 글자 카드를 거울 앞에 세우고 거울에 비친 글자 카드의 모습을 관찰하였습니다. 물음에 답하시오.

4학년

8 동아, 금성, 김영사, 비상, 지학사, 천재

거울에 비친 위 글자 카드의 모습으로 옳은 것은 어느 것입니까? (   )

① 4학년

② 4학년

③ 4학년

④ 4학년

9 서술형 동아, 금성, 김영사, 비상, 지학사, 천재

위 **8**번 답을 참고하여 구급차의 앞부분에 글자의 좌우를 바꾸어 쓴 까닭은 무엇인지 쓰시오.

▲ 구급차

_____

_____

_____

10 ➕ 7종 공통

다음은 빛의 반사에 대한 설명입니다. (   ) 안에 들어갈 알맞은 말을 쓰시오.

> 빛이 나아가다가 거울에 부딪쳐서 빛의 (   ) 이/가 바뀌어 나아가는 현상을 빛의 반사라고 한다.

(   )

11 동아, 천재

파란색 화살표 방향으로 손전등 빛을 비춰 빨간색 화살표 방향으로 빛이 나오게 하려면 최소한 몇 개의 거울이 필요한지 쓰시오.

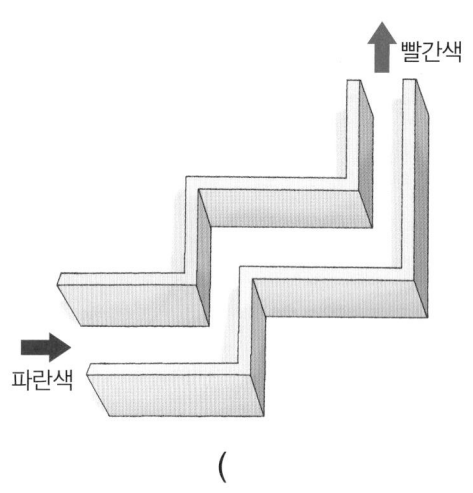
빨간색

파란색

(   )

12 ➕ 7종 공통

다음과 같이 손전등 빛이 거울의 맨 아랫부분에 닿도록 비스듬히 비추었을 때 손전등에서 나온 빛이 나아가는 방향을 선으로 그리시오.

거울

손전등

13 서술형 ➕ 7종 공통

우리가 집에서 거울을 사용하는 예를 한 가지 쓰시오.

_____

_____

_____

3 그림자와 거울

1. 그림자가 생기는 조건

(1) **그림자**: 빛이 비치는 곳에 물체가 있으면 물체 뒤쪽에는 빛이 닿지 않아 어두운 부분이 생기는데, 이 어두운 부분이 **❶**[   ]입니다.

(2) **그림자가 생기는 조건**

① 그림자가 생기려면 빛과 **❷**[   ]가 있어야 합니다.

② 물체를 바라보는 방향으로 빛을 비추면서 물체의 뒤쪽에 흰 종이와 같은 스크린을 대면 그림자를 볼 수 있습니다.

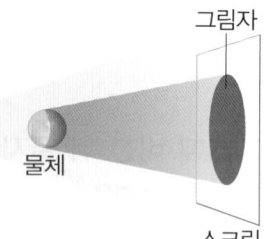
손전등   물체   그림자   스크린

2. 투명한 물체와 불투명한 물체의 그림자

(1) **투명 플라스틱 컵과 종이컵의 그림자 비교**

구분	투명 플라스틱 컵	종이컵
그림자의 모양	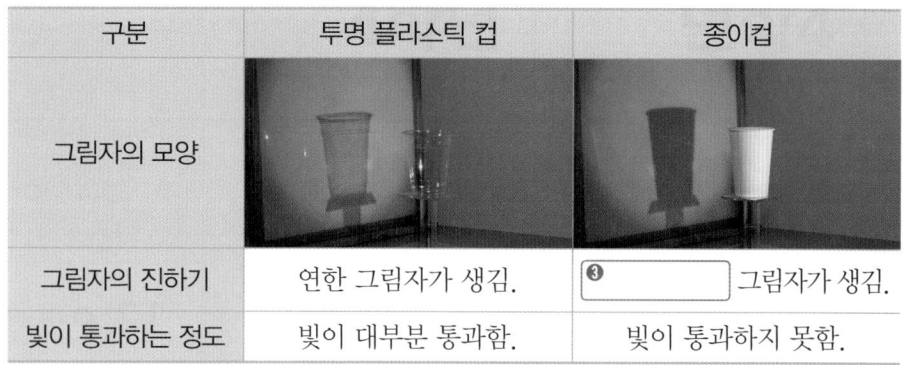	
그림자의 진하기	연한 그림자가 생김.	**❸**[ ] 그림자가 생김.
빛이 통과하는 정도	빛이 대부분 통과함.	빛이 통과하지 못함.

(2) **우리 생활에서 투명한 물체와 불투명한 물체를 이용하는 예**

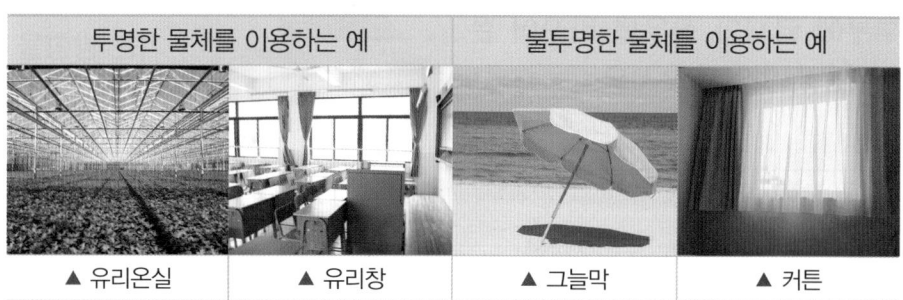

투명한 물체를 이용하는 예		불투명한 물체를 이용하는 예	
▲ 유리온실	▲ 유리창	▲ 그늘막	▲ 커튼

3. 물체 모양과 그림자 모양

(1) **물체 모양과 그림자 모양 비교하기**

① 곧게 나아가던 빛이 물체를 통과하지 못해 물체의 모양과 비슷한 모양의 그림자가 생깁니다.

② 같은 물체라도 물체를 놓는 방향이나 빛을 비추는 방향에 따라 그림자의 모양이 달라지기도 합니다.

(2) **빛의 직진**

① 빛이 곧게 나아가는 성질을 **❹**[   ]이라고 합니다.

② 물체에 빛을 비추었을 때 물체의 모양과 비슷한 모양의 그림자가 생기는 까닭은 직진하는 빛이 물체를 통과하지 못하기 때문입니다.

★ 안경의 그림자

• 안경알 부분은 투명해서 빛이 대부분 통과하므로 그림자가 연하게 생깁니다.
• 안경테 부분은 불투명해서 빛이 통과하지 못하므로 그림자가 진하게 생깁니다.

★ 빛의 직진을 관찰할 수 있는 예

손전등 빛이 곧게 나아갑니다.

나뭇잎 사이로 들어온 빛이 곧게 나아갑니다.

레이저 빛이 곧게 나아갑니다.

4. 그림자의 크기 변화

(1) 물체와 스크린은 그대로 두고 손전등을 움직일 때 그림자의 크기 변화

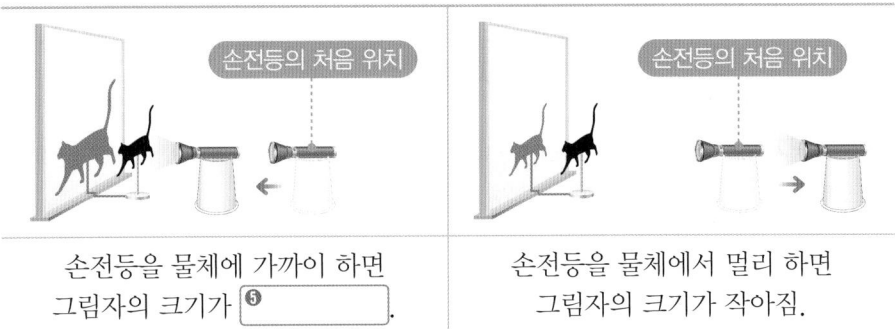

| 손전등을 물체에 가까이 하면 그림자의 크기가 **❺** . | 손전등을 물체에서 멀리 하면 그림자의 크기가 작아짐. |

(2) 손전등과 스크린은 그대로 두고 물체를 움직일 때 그림자의 크기 변화

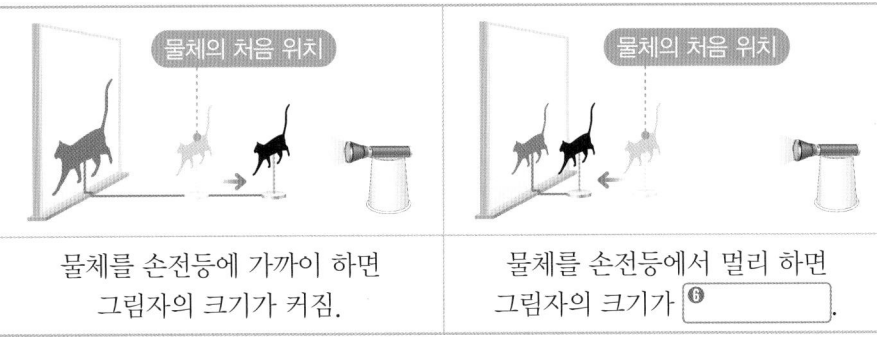

| 물체를 손전등에 가까이 하면 그림자의 크기가 커짐. | 물체를 손전등에서 멀리 하면 그림자의 크기가 **❻** . |

5. 거울의 성질과 이용

(1) **거울에 비친 물체의 모습**

① 거울에 비친 물체의 색깔은 실제 물체의 색깔과 같습니다.

② 물체를 거울에 비추어 보면 물체의 상하는 바뀌어 보이지 않고, 좌우는 바뀌어 보입니다.

(2) **빛의 반사**

① 빛이 나아가다가 거울에 부딪치면 거울에서 빛의 방향이 바뀌어 나오는데, 이러한 현상을 빛의 **❼** 라고 합니다.

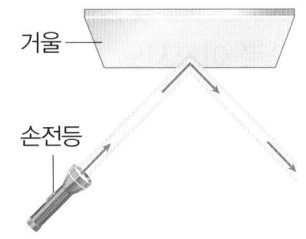

② 거울은 빛의 반사를 이용해 물체의 모습을 비추는 도구입니다.

(3) **생활 속 거울의 이용**

① 자신의 모습을 비추어 보는 데 쓰입니다. 예 세면대 거울

② 가려져서 직접 보이지 않는 곳을 비추어 보는 데 쓰입니다. 예 자동차 뒷거울

③ 빛이 나아가는 방향을 바꾸는 데 쓰입니다. 예 미러볼

④ 실내를 넓어 보이게 하거나 장난감 등을 만드는 데 쓰입니다. 예 승강기 거울

★ 손전등과 물체는 그대로 두고 스크린을 움직일 때 그림자의 크기 변화

손전등과 물체는 그대로 두고 스크린을 물체에 가까이 하면 그림자의 크기가 작아지고, 스크린을 물체에서 멀리 하면 그림자의 크기가 커집니다.

★ 생활 속에서 이용하는 거울

▲ 세면대 거울

▲ 자동차 뒷거울

▲ 미러볼

▲ 승강기 거울

1 서술형   동아, 금성, 김영사, 비상, 지학사, 천재

다음과 같이 손전등, 스크린, 인형 순서로 놓고 손전등 빛을 비추었을 때, 스크린에 인형의 그림자가 생기는지, 생기지 않는지 그렇게 생각한 까닭과 함께 쓰시오.

손전등   스크린   인형

_____

_____

_____

[2-3] 투명 플라스틱 컵과 종이컵의 그림자를 비교하는 실험을 하였습니다. 물음에 답하시오.

 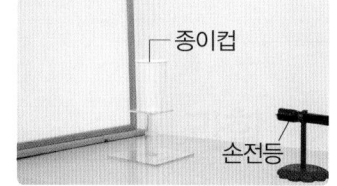

투명 플라스틱 컵   손전등   종이컵   손전등

2 김영사, 비상, 천재

위 실험에서 투명 플라스틱 컵과 종이컵에 손전등 빛을 비추었을 때 생기는 그림자를 찾아 선으로 이으시오.

(1) 투명 플라스틱 컵 ·   ·㉠

(2) 종이컵 ·   ·㉡

3 김영사, 비상, 천재

앞의 실험 결과를 통해 투명 플라스틱 컵과 종이컵에서 빛이 통과하는 정도를 비교하여 ○ 안에 >, =, <로 나타내시오.

투명 플라스틱 컵   ( )   종이컵

4 서술형   비상, 천재

원 모양 종이와 별 모양 종이에 손전등 빛을 비추었을 때 스크린에 나타난 그림자 모양은 다음과 같았습니다. 종이의 모양과 그림자의 모양이 비슷한 까닭은 무엇인지 쓰시오.

종이의 모양	●	★
그림자의 모양	●	★

_____

_____

5 ✚ 7종 공통

위 **4**번 답과 관련 있는 빛의 성질을 무엇이라고 하는지 쓰시오.

(   )

6 동아, 금성, 김영사, 아이스크림, 지학사

다음과 같이 손잡이가 달린 컵을 눕혀 놓고 손전등 빛을 비추었을 때 스크린에 생기는 그림자의 모양은 어느 것입니까? (   )

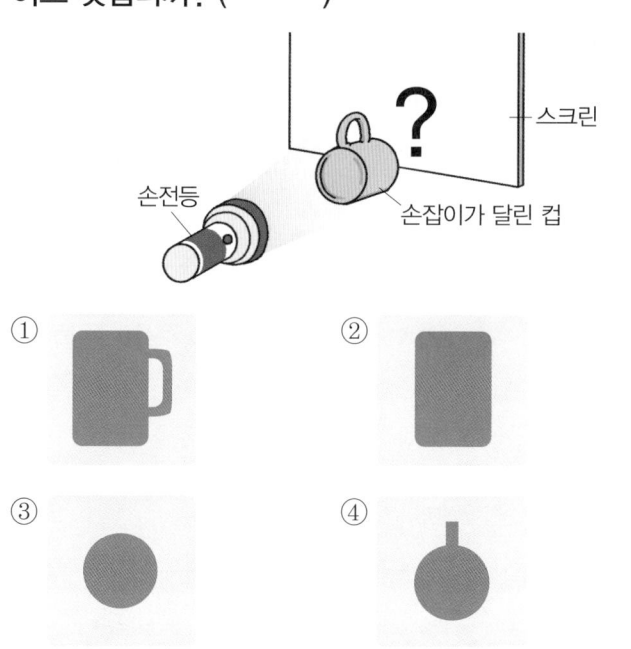

① ② ③ ④

7 ➕ 7종 공통

오른쪽 공에 손전등 빛을 비추어 만든 그림자에 대해 옳게 말한 사람의 이름을 쓰시오.

• 희수: 공의 방향을 바꾸어 빛을 비추면 사각형 그림자를 만들 수 있어.
• 지성: 손전등 빛은 구부러져 나아가기 때문에 공의 그림자는 찌그러진 원 모양이야.
• 아영: 스크린, 공, 손전등을 나란히 놓고 빛을 비추면 공의 방향을 바꾸어도 그림자는 원 모양이야.

(   )

[8-10] 다음과 같이 장치하고, 동물 모양 종이의 그림자가 생기도록 하려고 합니다. 물음에 답하시오.

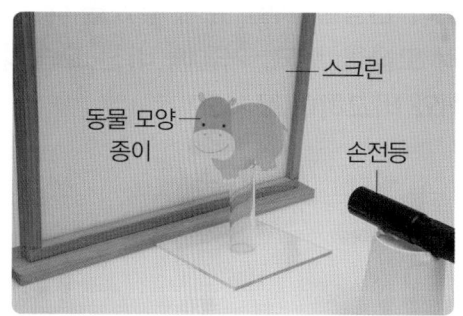

8 ➕ 7종 공통

위 실험에서 동물 모양 종이와 스크린은 그대로 두고 불을 켠 손전등을 동물 모양 종이에 가깝게 할 때 그림자의 크기는 어떻게 되는지 보기 에서 골라 기호를 쓰시오.

┌─ 보기 ●
│ ㉠ 그림자의 크기가 커진다.
│ ㉡ 그림자의 크기가 작아진다.
│ ㉢ 그림자의 크기는 변화가 없다.

(   )

9 ➕ 7종 공통

위 실험에서 동물 모양 종이와 스크린은 그대로 두고 그림자의 크기를 작게 하려면 손전등의 위치를 어떻게 해야 하는지 쓰시오.

(   )

10 ➕ 7종 공통

위 실험을 통해 알 수 있는 사실로 옳은 것에 ○표 하시오.

(1) 물체와 스크린을 그대로 두었을 때, 손전등과 물체 사이의 거리가 멀어지면 그림자의 크기가 커진다.
(   )

(2) 물체와 스크린을 그대로 두었을 때, 손전등과 물체 사이의 거리가 가까워지면 그림자의 크기가 커진다.
(   )

11 서술형 동아, 금성, 김영사, 비상, 지학사, 천재

다음과 같이 인형을 거울 앞에 놓았을 때 거울에 비친 인형의 모습을 보고, 거울에 비친 모습의 특징을 실제 물체와 비교하여 쓰시오.

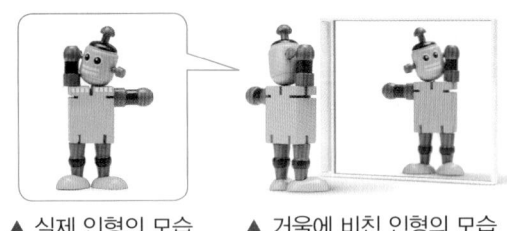

▲ 실제 인형의 모습　　▲ 거울에 비친 인형의 모습

_____

_____

12 동아, 금성, 김영사, 비상, 지학사, 천재

다음 글자 카드 중 거울에 비친 모습과 실제 모습이 같은 글자가 <u>아닌</u> 것은 어느 것입니까? (　　　)

①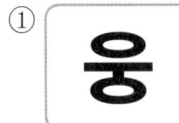

②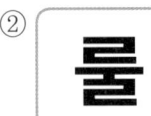

③

④

13 ✚ 7종 공통

(　　　) 안에 공통으로 들어갈 알맞은 말을 쓰시오.

- 빛이 나아가다가 (　　　　)에 부딪치면 빛의 방향이 바뀌는 빛의 반사가 일어난다.
- (　　　　)은/는 빛의 반사를 이용해 물체의 모습을 비추는 도구이다.

(　　　　　　　　)

14 ✚ 7종 공통

손전등 빛을 거울에 비스듬히 비추었을 때 빛이 나아가는 모습으로 옳은 것은 어느 것입니까? (　　　)

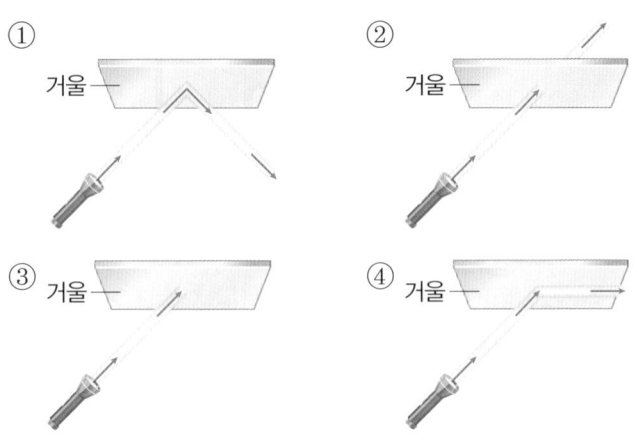

15 ✚ 7종 공통

우리 생활에서 이용하는 거울과 그 쓰임새를 바르게 선으로 이으시오.

(1)　세면대 거울　•

(2)　자동차 뒷거울　•

(3)　치과용 거울　•

• ㉠ 직접 보이지 않는 부분의 치아를 볼 수 있음.

• ㉡ 양치질을 할 때 자신의 모습을 확인할 수 있음.

• ㉢ 자동차 뒤의 도로 상황을 알 수 있음.

1 ⊕ 7종 공통

물체의 그림자에 대한 설명으로 옳지 <u>않은</u> 것은 어느 것입니까? (   )

① 그림자가 생기려면 빛과 물체가 있어야 한다.

② 빛이 물체에 가려져 생기는 어두운 부분이다.

③ 빛이 물체를 통과하는 정도에 따라 그림자의 진하기가 달라진다.

④ 빛이 있어도 물체에 빛을 비추지 않으면 그림자가 생기지 않는다.

⑤ 물체를 바라보는 방향으로 손전등 빛을 비추면 손전등과 물체 사이에 그림자가 생긴다.

2 김영사, 아이스크림, 천재

오른쪽 안경의 그림자에 대한 설명으로 (   ) 안에 들어갈 알맞은 말을 각각 쓰시오.

안경알 부분은 (㉠)해서 빛이 대부분 통과해 연한 그림자가 생긴다. 안경테 부분은 (㉡) 해서 빛이 통과하지 못해 진한 그림자가 생긴다.

㉠ (   ), ㉡ (   )

3 ⊕ 7종 공통

빛을 대부분 통과시키는 물체는 어느 것입니까?

(   )

①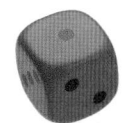

▲ 주사위

②

▲ 공책

③

▲ 유리 어항

④

▲ 가위

4 서술형 비상, 천재

다음과 같이 장치하고 원 모양 종이에 손전등 빛을 비추었을 때 스크린에 원 모양 그림자가 생기는 것을 통해 알 수 있는 사실을 쓰시오.

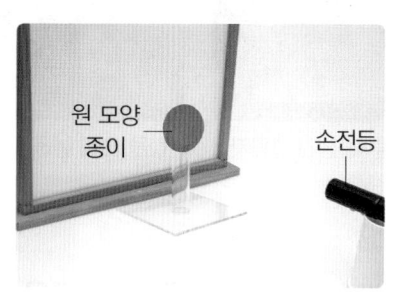

원 모양 종이

손전등

_____

_____

5 동아, 김영사, 지학사

다음 블록에 화살표 방향으로 손전등 빛을 비추었을 때 생기는 그림자의 모양을 <u>잘못</u> 짝 지은 것은 어느 것입니까? (   )

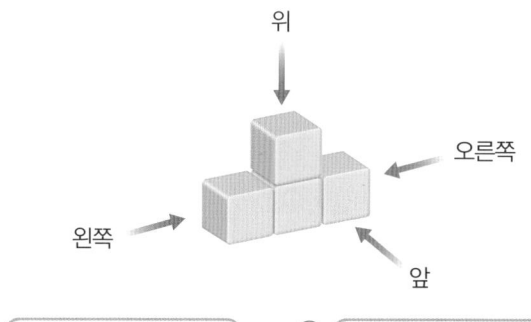

위

오른쪽

왼쪽

앞

①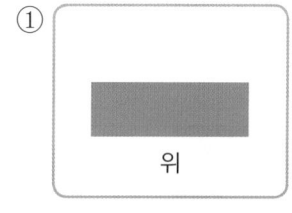

위

②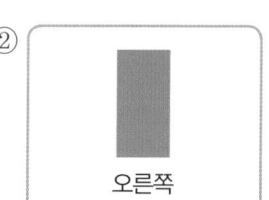

오른쪽

③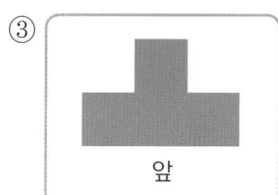

앞

④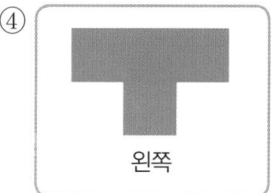

왼쪽

3 단원

[6-7] 다음과 같이 손잡이가 달린 컵을 놓는 방향을 다르게 하여 손전등 빛을 비추었습니다. 물음에 답하시오.

컵을 세워 놓을 때 생긴 그림자

컵을 눕혀 놓을 때 생긴 그림자

6 동아, 금성, 김영사, 아이스크림, 지학사

위 실험에 대해 옳게 말한 사람의 이름을 쓰시오.

- 가인: 컵을 놓는 방향을 다르게 하여 빛을 비추어도 그림자 모양은 같아.
- 선호: 태양 빛은 직진하지만 손전등 빛은 직진하지 않기 때문에 그림자 모양이 달라지는 거야.
- 나래: 컵을 놓는 방향에 따라 그림자의 모양이 달라지는 까닭은 물체가 빛을 가리는 모양이 달라지기 때문이야.

( )

7 동아, 금성, 김영사, 아이스크림, 지학사

위 컵을 놓는 방향을 다르게 하여 손전등 빛을 비추었을 때 만들 수 없는 그림자 모양은 어느 것입니까?

( )

①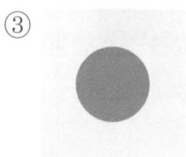

②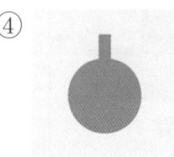

③ ④

[8-10] 다음과 같이 장치하고, 동물 모양 종이 인형의 그림자를 만들었습니다. 물음에 답하시오.

스크린 — 동물 모양 종이 인형 — 손전등

8 ➕ 7종 공통

위 실험에서 그림자의 크기를 작게 하기 위한 방법으로 옳은 것을 모두 골라 기호를 쓰시오.

- ㉠ 스크린과 손전등은 그대로 두고 종이 인형을 손전등에서 멀게 한다.
- ㉡ 스크린과 손전등은 그대로 두고 종이 인형을 손전등에 가깝게 한다.
- ㉢ 스크린과 종이 인형은 그대로 두고 손전등을 종이 인형에서 멀게 한다.

( )

9 서술형 동아, 아이스크림, 지학사, 천재

위 실험에서 손전등과 동물 모양 종이 인형은 그대로 두고 그림자의 크기를 크게 하려면 어떻게 해야 하는지 쓰시오.

_____

_____

10 ➕ 7종 공통

다음은 위 실험에서 알 수 있는 사실입니다. ( ) 안에 들어갈 알맞은 말을 쓰시오.

물체의 그림자 크기는 손전등과 물체, 스크린 사이의 ( )에 따라 달라진다.

( )

11 동아, 금성, 김영사, 비상, 지학사, 천재

자신의 얼굴을 거울에 비추었을 때의 모습에 대해 옳게 말한 사람의 이름을 쓰시오.

- 하우: 거울로 내 얼굴을 보면 색깔이 다르게 보여.
- 기태: 아니야. 색깔은 같게 보이지만 상하가 바뀌어 보이는 거야.
- 소연: 상하가 바뀌어 보이는 것이 아니라 좌우가 바뀌어 보이는 거야.

( )

12 동아, 금성, 김영사, 비상, 지학사, 천재

다음 글자 카드를 거울에 비추어 보면 어떻게 보이는지 그리시오.

SCIENCE →

13 동아, 금성, 김영사, 비상, 지학사, 천재

거울에 비친 모습과 실제 모습이 다른 도형은 어느 것입니까? ( )

①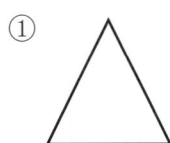
②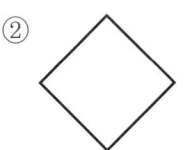
③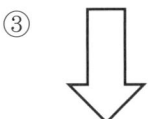
④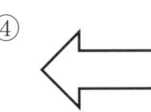

14 금성, 김영사, 비상, 아이스크림

그림과 같이 손전등과 과녁판이 있을 때 거울을 이용하여 손전등 빛을 과녁판의 가운데에 비추려고 합니다. 이 실험에 대해 옳게 설명한 것은 어느 것입니까? ( )

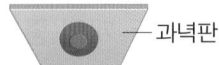

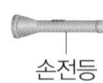

① 빛의 반사를 이용한다.
② 빛이 직진하는 성질과는 관련이 없다.
③ 빛이 나아가는 방향은 바뀌지 않는다.
④ 거울이 두 개 이상 있어야 과녁판에 빛을 비출 수 있다.
⑤ 빛은 직진하기 때문에 거울을 이용해도 과녁판에 빛을 비출 수 없다.

15 서술형 ➕ 7종 공통

다음과 같이 승강기에 거울을 설치하였을 때 좋은 점을 두 가지 쓰시오.

_____

_____

3. 그림자와 거울

● 정답과 풀이 12쪽

평가 주제 그림자의 크기 변화 알기

평가 목표 그림자의 크기를 조절하는 방법을 설명할 수 있다.

[1-2] 다음과 같이 두 개의 종이 인형에 손전등 빛을 비추어 스크린에 그림자를 만들려고 합니다. 물음에 답하시오.

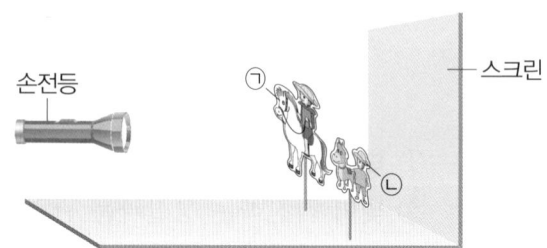

1 위 ㉠과 ㉡ 종이 인형의 그림자가 동시에 커지게 하는 방법을 한 가지 쓰시오.

_____

_____

> **도움** 그림자의 크기를 변화시키려면 손전등, 물체, 스크린의 위치를 조절합니다.

2 위 ㉡ 종이 인형의 그림자만 작아지게 하는 방법을 쓰시오.

_____

_____

> **도움** 손전등과 스크린은 그대로 두고 그림자의 크기를 작게 하는 방법을 생각해 봅니다.

3 다음은 물체와 스크린을 그대로 두었을 때 그림자의 크기를 변화시키는 방법입니다. 빈칸에 알맞은 말을 쓰시오.

> 물체와 스크린은 그대로 두고 손전등을 물체에 (   ) 하면 그림자의 크기가 커지고, 손전등을 물체에서 (   ) 하면 그림자의 크기가 작아진다.

> **도움** 물체와 손전등 사이의 거리가 가까울수록 그림자의 크기가 커집니다.

3. 그림자와 거울

● 정답과 풀이 12쪽

| 평가 주제 | 실제 물체와 거울에 비친 물체의 모습 비교하기 |
| 평가 목표 | 거울에 비친 모습의 특징을 설명할 수 있다. |

[1-3] 거울에 비친 시계의 모습이 다음과 같았습니다. 물음에 답하시오.

3
단원

1 거울에 비친 시계를 본 시각은 몇 시 몇 분인지 쓰시오.

(   )시 (   )분

도움 실제 시계의 모습을 생각해 봅니다.

2 위 **1**번 답과 같이 생각한 까닭은 무엇인지 쓰시오.

_____

_____

도움 거울에 비친 물체의 특징을 생각해 봅니다.

3 위 **2**번 답을 참고하여 구급차의 앞부분에 '119 구급대'라는 글자의 좌우가 바뀌어 있어서 좋은 점은 무엇인지 쓰시오.

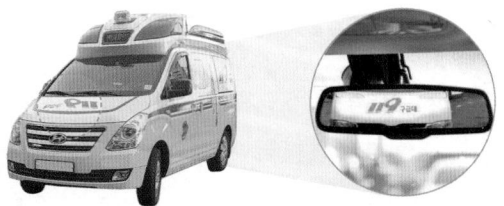

▲ 앞에 가는 자동차의
뒷거울에 비친 모습

도움 구급차는 위급한 환자를 신속하게 병원으로 실어 나르는 자동차입니다.

_____

_____

미로를 따라 길을 찾아보세요.

● 정답 12쪽

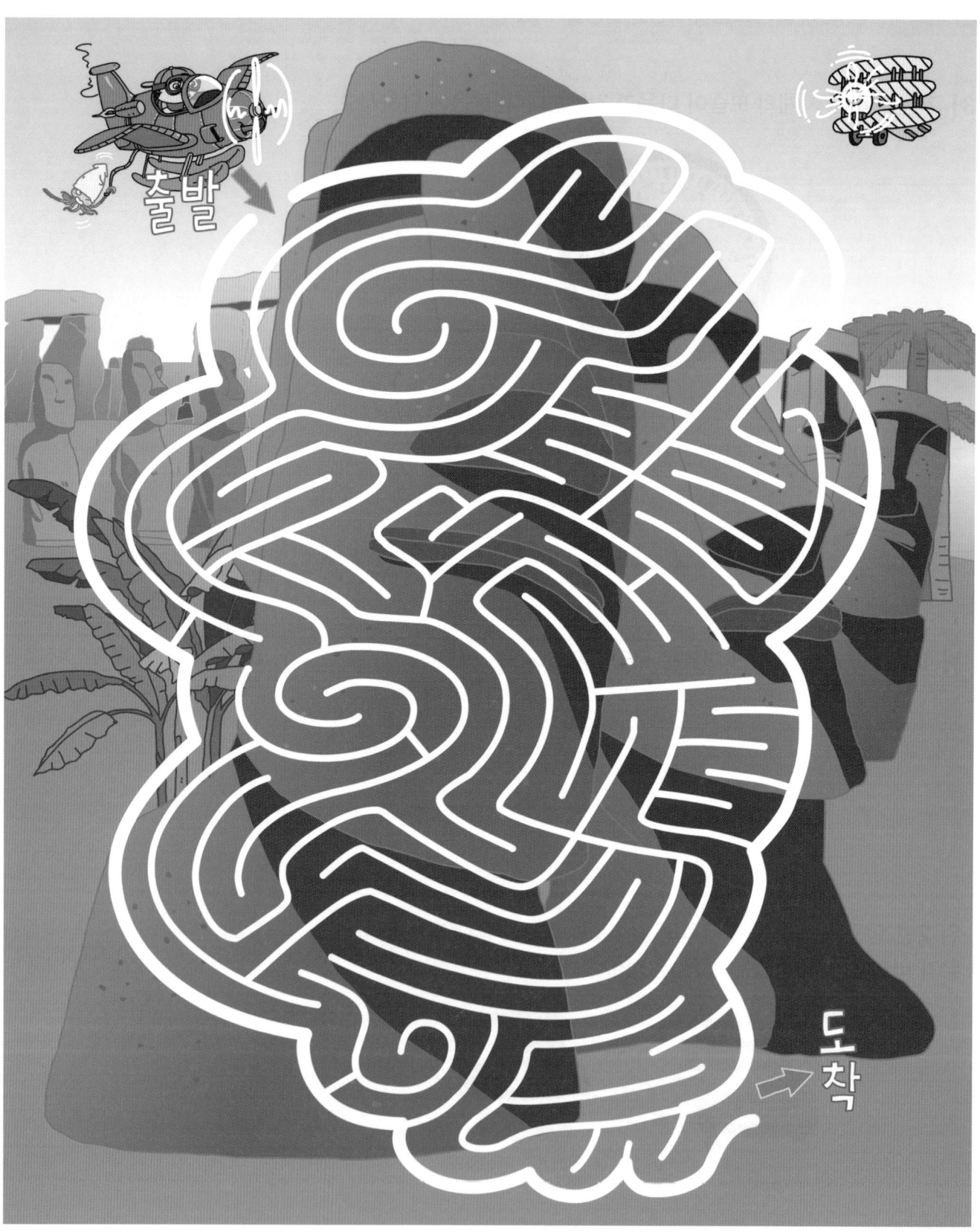

4

화산과 지진

▶ 학습 내용과 교과서별 해당 쪽수를 확인해 보세요.

학습 내용		백점 쪽수	교과서별 쪽수				
			동아출판	비상교과서	아이스크림 미디어	지학사	천재교과서
1	화산, 화산 활동으로 나오는 물질	86~89	82~85	84~87	86~89	80~81	86~91
2	화강암과 현무암, 화산 활동이 미치는 영향	90~93	86~89	88~93	90~93	82~85	92~95
3	지진, 지진 발생 시 대처 방법	94~97	90~95	94~97	94~99	86~91	96~101

★ 동아출판, 금성출판사, 비상교과서, 아이스크림미디어, 지학사, 천재교과서의 「4. 화산과 지진」 단원에 해당합니다.
★ 김영사의 「4. 화산 활동과 지진」 단원에 해당합니다.

1 화산, 화산 활동으로 나오는 물질

1 화산

(1) 화산
① 화산은 땅속 깊은 곳에서 암석이 높은 열에 의하여 녹은 마그마가 지표 밖으로 분출하여 생긴 지형입니다.
② 세계 여러 나라의 화산: 현재 화산 활동이 일어나고 있는 화산도 있고, 활동하지 않는 화산도 있습니다.

▲ 한라산

▲ 킬라우에아산(미국)

▲ 후지산(일본)

▲ 베수비오산(이탈리아)

(2) 화산의 생김새와 특징
① 화산의 크기와 생김새가 다양합니다.
② 화산에는 용암이 분출한 분화구가 있는 것이 있습니다. ┌● 화산 중에는 산꼭대기가 움푹 파여 있지 않은 것도 있어요.
③ 화산의 분화구에 물이 고여 호수가 만들어진 것도 있습니다.
④ 현재 화산 활동이 일어나고 있는 화산의 경우, 연기가 나거나 용암이 흘러나옵니다.

2 화산 활동으로 나오는 물질

(1) 화산 분출물: 화산 활동으로 나오는 여러 가지 물질을 화산 분출물이라고 하며, 화산 가스, 용암, 화산재, 화산 암석 조각 등이 있습니다.

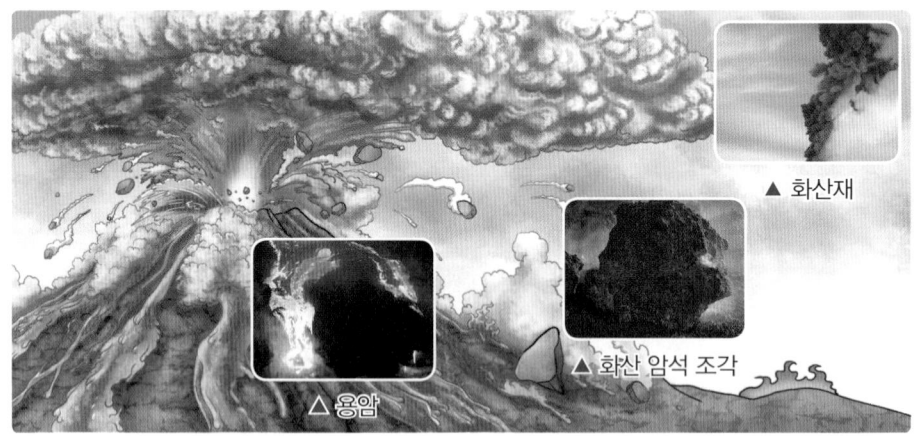
▲ 화산재
▲ 화산 암석 조각
▲ 용암

① 화산 가스: 대부분 수증기이며, 여러 가지 기체가 포함되어 있습니다.
② 용암: 땅속 마그마가 지표면을 뚫고 나와 흘러내리는 것입니다.
③ 화산재와 화산 암석 조각

화산재
화산이 분출할 때 나오는 뿌연 돌가루로 크기가 매우 작음.

화산 암석 조각
화산이 분출할 때 나오는 크고 작은 돌덩이로 크기가 다양함.

➕ 화산과 화산이 아닌 산
• 화산은 땅속의 마그마가 분출하여 생겼지만, 화산이 아닌 산은 마그마가 분출하지 않았습니다.
• 화산은 마그마가 분출한 분화구가 있는 경우가 많지만, 화산이 아닌 산에는 분화구가 없습니다.

➕ 화산의 생김새
• 화산의 생김새는 용암의 성질에 따라 달라집니다.
• 끈적임이 약하고 잘 흐르는 용암이 흘러서 만들어진 화산은 경사가 완만하고, 끈적임이 강하고 잘 흐르지 않는 용암이 흘러서 만들어진 화산은 경사가 급합니다.

▲ 경사가 완만한 화산

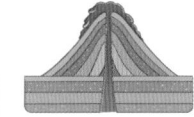
▲ 경사가 급한 화산

➕ 화산 분출물의 상태
• 기체 상태: 화산 가스
• 액체 상태: 용암
• 고체 상태: 화산재, 화산 암석 조각

➕ 고체 상태의 화산 분출물
고체 상태의 화산 분출물은 크기에 따라 구분할 수 있습니다. 지름이 $\frac{1}{16}$ mm ~2 mm 사이인 것을 화산재라고 하고, 2 mm 이상인 것을 화산 암석 조각이라고 합니다.

용어 사전
● **마그마** 땅속 깊은 곳에서 암석이 녹아 액체 상태로 있는 것.
● **지표** 지구의 표면. 또는 땅의 겉면.
● **용암** 마그마가 지표로 분출하면서 화산 가스 등의 기체 물질이 빠져나간 액체 상태의 물질.

교과서 **통합 대표 실험**

실험1 **마시멜로로 화산 활동 모형실험 하기** 📖 김영사, 비상교과서, 아이스크림미디어, 천재교과서

❶ 알루미늄 포일 위에 마시멜로를 여러 개 올려놓은 뒤 식용 색소를 뿌립니다.
❷ 알루미늄 포일로 마시멜로를 감싼 뒤 윗부분을 조금 열어 둡니다. └• 화산의 분화구를 표현한 것이에요.
❸ 마시멜로가 들어 있는 알루미늄 포일을 은박 접시 위에 올리고, 가열 장치로 가열하면서 나타나는 현상을 관찰해 봅니다.
❹ 화산 활동 모형실험과 실제 화산 활동을 비교해 봅니다.

실험 결과

• 화산 활동 모형에서 나타나는 현상

  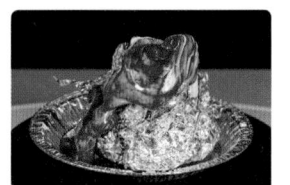

| 모형 윗부분에서 연기가 피어오름. | 녹은 마시멜로가 모형의 윗부분으로 흘러나옴. | 흘러나온 마시멜로는 시간이 지나면서 식어서 굳음. |

• 화산 활동 모형 실험과 실제 화산 활동 비교하기

화산 활동 모형실험	연기	흘러나오는 마시멜로	굳은 마시멜로
실제 화산 활동	화산 가스	용암	화산 암석 조각

공통점	• 연기가 나오고 빨간색 액체가 흘러나옴. • 시간이 지나면 흘러나온 액체가 식으면서 굳음.
차이점	• 화산 활동 모형보다 실제 화산의 크기가 더 큼. • 실제 화산에서 분출되는 물질의 양이 더 많음. • 실제 화산에서는 단단한 암석 조각이 나오지만 화산 활동 모형에서는 단단한 암석 조각이 나오지 않음.

실험2 **화산 폭발실험 하기** 📖 동아출판

❶ 접시 위에 빈 병을 올려놓습니다.
❷ 빈 병에 물감과 물을 넣고 나무 막대로 저어 섞습니다.
❸ 물감을 탄 물이 들어 있는 병에 발포정을 넣고 변화를 관찰합니다.

실험 결과

▲ 발포정을 넣기 전   ▲ 발포정을 넣은 후

• 발포정을 넣으면 물감을 탄 물이 부글거리며 올라와서 흘러내립니다.
• 물감을 탄 물이 흘러내리는 모습이 실제 화산 활동에서 용암이 흘러내리는 모습과 비슷합니다.

실험TIP!

실험동영상

마시멜로에 빨간색 식용 색소를 뿌리면 가열했을 때 흘러나오는 마시멜로의 색깔과 실제 화산이 분출할 때 나오는 용암의 색깔을 비교할 수 있어요.

실험⊕ **설탕과 탄산수소 나트륨으로 화산 활동 모형실험 하기** 📖 지학사

❶ 알루미늄 포일로 화산 모형을 만들고 설탕을 넣은 뒤 가열합니다.
❷ 설탕이 녹으면 탄산수소 나트륨을 넣고 나타나는 현상을 관찰해 봅니다.

실험 결과
화산 모형 윗부분에서 연기가 나오고, 화산 모형 밖으로 물질이 흘러나옵니다. 흘러나온 물질은 식어서 굳습니다.

실험동영상

물감을 탄 물은 빈 병의 입구에서 조금 아래까지 차도록 넣어요. 물이 너무 적으면 잘 흘러나오지 않을 수 있어요.

4 단원

1 화산, 화산 활동으로 나오는 물질

기본 개념 문제

1

( )은/는 땅속 깊은 곳에서 암석이 녹아 만들어진 마그마가 지표 밖으로 분출하여 생긴 지형입니다.

2

화산에는 ( )이/가 분출한 분화구가 있는 것도 있습니다.

3

화산의 ( )에 물이 고여 호수가 만들어진 것도 있습니다.

4

( )은/는 화산 활동으로 나오는 여러 가지 물질을 말합니다.

5

화산 가스는 대부분 ( )(이)며, 여러 가지 기체가 포함되어 있습니다.

6 ➕ 7종 공통

다음에서 설명하는 물질로 알맞은 것은 어느 것입니까? ( )

> 땅속 깊은 곳에서 암석이 녹아 액체 상태로 있는 물질로, 온도가 매우 높다.

① 용암 ② 화산재
③ 마그마 ④ 화산 가스
⑤ 화산 암석 조각

7 ➕ 7종 공통

위 **6**번 답의 물질이 지표 밖으로 분출하여 생긴 지형으로 알맞은 것을 골라 기호를 쓰시오.

㉠
▲ 들

㉡
▲ 사막

㉢
▲ 바다

㉣
▲ 화산

( )

8 ➕ 7종 공통

화산에 대해 옳게 말한 사람의 이름을 쓰시오.

> • 남준: 분화구가 있는 것도 있어.
> • 지민: 세계에서 현재 활동 중인 화산은 없어.
> • 호석: 지표 밖에 있던 마그마가 땅속으로 들어가면서 만들어져.

( )

9 ➕ 7종 공통

화산에 대한 설명으로 옳은 것은 어느 것입니까?
( )

① 화산의 크기는 모두 같다.
② 화산의 꼭대기는 모두 뾰족하다.
③ 화산이 만들어지는 시간은 모두 같다.
④ 화산은 땅속의 마그마가 지표 밖으로 분출하여 생긴다.
⑤ 우리나라에 있는 산은 모두 화산 활동에 의해서 만들어졌다.

[10-11] 다음은 화산이 분출할 때 나오는 여러 가지 물질입니다. 물음에 답하시오.

(가)  (나)  (다)

▲ 용암   ▲ 화산재   ▲ 화산 암석 조각

10 ➕ 7종 공통

위와 같이 화산 활동으로 나오는 여러 가지 물질을 무엇이라고 하는지 쓰시오.
( )

11 서술형 ➕ 7종 공통

위 (가)~(다) 중 고체 상태의 화산 분출물을 모두 골라 기호를 쓰고, 둘의 차이점을 쓰시오.

(1) 고체 상태의 화산 분출물: ( )

(2) 차이점: _____

12 ➕ 7종 공통

용암에 대한 설명으로 옳은 것에 ○표 하시오.

(1) 기체 상태의 화산 분출물이다. ( )
(2) 지표면을 따라 흐르기도 한다. ( )
(3) 용암은 뿌연 돌가루로 알갱이의 크기가 매우 작다.
( )

[13-14] 다음은 화산 활동 모형실험입니다. 물음에 답하시오.

(가) 마시멜로에 식용 색소를 뿌리고 알루미늄 포일로 감싼다.
(나) 알루미늄 포일의 윗부분을 조금 열어 둔다.
(다) 가열 장치 위에 은박 접시를 올린다.
(라) 마시멜로가 들어 있는 알루미늄 포일을 은박 접시 위에 올려놓는다.

13 김영사, 비상, 아이스크림, 천재

위 장치를 가열할 때 나타나는 현상으로 옳지 <u>않은</u> 것을 보기 에서 골라 기호를 쓰시오.

보기
㉠ 알루미늄 포일 윗부분에서 연기가 피어오른다.
㉡ 알루미늄 포일 윗부분에서 녹은 마시멜로가 흘러나온다.
㉢ 알루미늄 포일 안쪽에 있는 마시멜로는 점점 차가워지며 굳어진다.

( )

14 김영사, 비상, 아이스크림, 천재

위 화산 활동 모형실험에서 나오는 연기는 실제 화산 분출물 중에서 무엇과 비교할 수 있는지 쓰시오.
( )

4
단원

2 화강암과 현무암, 화산 활동이 미치는 영향

1 화강암과 현무암

(1) 화성암

① 마그마가 식어서 굳어져 만들어진 암석을 화성암이라고 합니다. → 마그마의 활동으로 만들어져요.

② 대표적인 화성암에는 화강암과 현무암이 있습니다.

③ 화성암을 이루고 있는 알갱이의 크기는 마그마가 식는 빠르기에 따라 달라집니다.

④ 화성암의 색깔은 암석을 이루고 있는 알갱이의 성분에 따라 달라집니다.

(2) 화강암의 특징

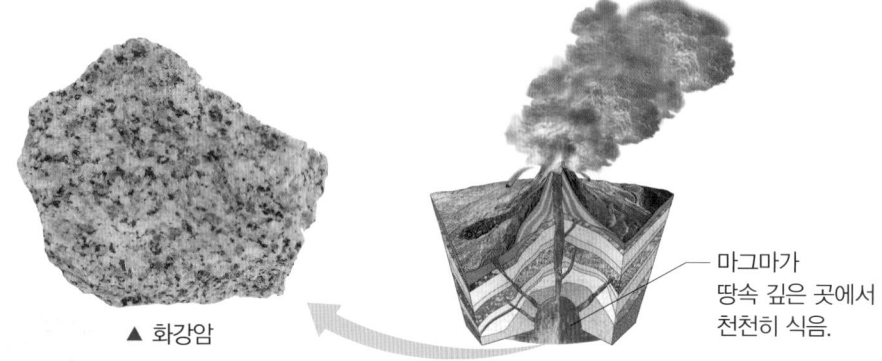

▲ 화강암

마그마가 땅속 깊은 곳에서 천천히 식음.

① 화강암은 마그마가 땅속 깊은 곳에서 천천히 식어 만들어집니다.

② 화강암은 대체로 색깔이 밝고, 암석을 이루는 알갱이의 크기가 현무암보다 큽니다.

③ 화강암에는 여러 가지 색깔의 알갱이가 섞여 있습니다. → 검은색 알갱이와 반짝이는 알갱이가 잘 보여요.

(3) 현무암의 특징

마그마가 지표 가까이에서 빨리 식음.

▲ 현무암

① 현무암은 마그마가 지표 가까이에서 빨리 식어 만들어집니다.

② 현무암은 색깔이 어둡고, 암석을 이루는 알갱이의 크기가 매우 작습니다.

③ 현무암은 표면에 구멍이 있는 것도 있고 구멍이 없는 것도 있습니다.

(4) 우리 주변에서 볼 수 있는 화강암과 현무암

① 화강암: 도봉산, 설악산, 속리산 등에서 볼 수 있으며, 건축물 등에 많이 쓰입니다.

▲석굴암　　▲ 불국사 돌계단　　▲컬링 스톤　　▲ 비석

② 현무암: 제주도, 울릉도, 한탄강 주변 등에서 볼 수 있으며, 다양하게 쓰입니다.

 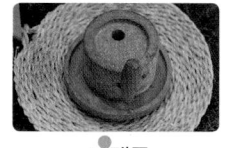 

▲돌하르방　　▲맷돌　　▲ 제주도 돌담

제주도에서는 현무암을 이용한 모습을 많이 볼 수 있어.

➕ **화강암과 현무암을 이루고 있는 알갱이의 크기**

• 화강암은 맨눈으로 구별할 수 있을 정도로 알갱이의 크기가 큽니다.

• 현무암은 맨눈으로 잘 보이지 않을 정도로 알갱이의 크기가 작습니다.

• 화강암은 마그마가 땅속 깊은 곳에서 천천히 식어 굳어져서 알갱이의 크기가 크고, 현무암은 마그마가 지표 가까이에서 빨리 식어 굳어져서 알갱이의 크기가 작습니다.

➕ **화강암과 현무암의 공통점과 차이점**

• 공통점: 마그마가 식어 굳어져서 만들어진 암석인 화성암입니다.

• 차이점: 암석의 색깔, 암석을 이루고 있는 알갱이의 크기, 암석이 만들어지는 곳이 다릅니다.

➕ **현무암 표면의 구멍**

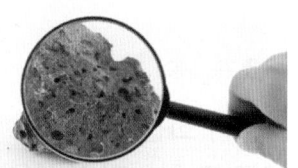

현무암 중에는 표면에 구멍이 많이 나 있는 것도 있습니다. 이것은 마그마가 식을 때 화산 가스가 빠져나가면서 생긴 것입니다.

용어 사전

● **석굴암** 경주시 토함산에 있는 석굴. 우리나라의 보물로 지정되어 있으며 화강암으로 만든 불상이 있음.

● **컬링 스톤** 컬링 경기에서 사용하는 화강암으로 만든 돌. 둥근 모양이며 손잡이가 달려 있음.

● **돌하르방** 돌로 만든 할아버지라는 뜻으로, 제주도에서 볼 수 있는 조형물.

● **맷돌** 곡식을 가는 데 쓰는 기구. 둥글 넓적한 돌 두 개를 포개고 윗돌 구멍에 곡식을 넣으면서 손잡이를 돌려서 씀.

2 화산 활동이 미치는 영향

(1) 화산 활동이 주는 피해

용암으로 인한 산불

화산재로 덮인 비행기

화산 활동이 주는 피해

화산재로 덮인 하늘

화산재로 덮인 마을

① 화산 분출물이 마을을 뒤덮습니다.

② 용암이 흘러 산불을 발생시킵니다.

③ 화산재가 비행기의 운항에 영향을 줍니다. ┐ ●비행기가 오고 가는 것을 어렵게 하고 비행기 엔진을 망가뜨려 비행기 운항을 어렵게 해요.

④ 화산재와 화산 가스가 생물이 숨 쉬기 어렵게 하고, 호흡기 질병을 일으킵니다.

⑤ 화산재가 태양 빛을 가려서 날씨 변화에 영향을 주어 생물에게 피해를 줍니다.

⑥ 집이 부서지고 농경지가 용암이나 화산재에 묻혀 재산 피해가 발생합니다.

(2) 화산 활동이 주는 이로움

비옥해진 땅

온천

화산 활동이 주는 이로움

관광 자원으로 활용
용두암

지열 발전소

① 화산재가 쌓인 주변의 땅이 비옥해집니다.

② 화산재가 쌓인 땅에서 농작물이 잘 자라 많은 곡식과 과일 등을 얻을 수 있습니다.

③ 화산 주변 땅속의 열을 온천 개발에 이용합니다.

④ 온천이나 독특한 화산 지형을 관광 자원으로 활용합니다.

⑤ 화산 주변 땅속의 높은 열을 이용해 전기를 얻습니다. ── ●'지열 발전'이라고 해요.

(3) 화산 활동이 우리 생활에 미치는 영향

① 화산 활동은 우리 생활에 피해를 주기도 하지만 이로움도 줍니다.

② 화산 활동을 우리 생활에 이용하기도 합니다.

⊕ 화산 활동이 농작물에 미치는 영향

• 용암이나 화산재가 논이나 밭을 덮어 피해를 줍니다. ─→ ●피해

• 화산재가 태양 빛을 가려서 기온을 낮추어 농작물에 피해를 입힙니다. ─→ ●피해

• 화산재는 오랜 시간이 지나면 화산 주변의 땅을 비옥하게 만들어 농작물이 잘 자라게 합니다. ─→ ●이로움

⊕ 화산 활동으로 만들어진 섬, 제주도

제주도에 사는 사람들은 화산 활동으로 만들어진 지형을 관광지로 활용합니다. 또 현무암으로 돌하르방, 생활용품을 만들어 사용합니다.

4 단원

⊕ 지열 발전

▲ 발전소의 터빈

지열 발전이란 땅속의 높은 열을 받아들여 전기를 만드는 것으로, 고온의 증기를 이용하여 터빈(회전식 기계 장치)을 회전시키고, 이에 연결된 발전기로 전기를 만듭니다.

용어 사전

● **운항** 배나 비행기가 정해진 항로나 목적지를 오고 감.

● **호흡기** 코, 폐 등과 같이 숨을 들이마시고 내쉬는 데 관여하는 기관.

● **농경지** 농사짓는 데 쓰는 땅.

● **비옥** 땅이 기름지고 양분이 많음.

● **증기** 기체 상태로 되어 있는 물. 수증기.

2 화강암과 현무암, 화산 활동이 미치는 영향

기본 개념 문제

1

(　　　　　　)은/는 마그마가 식어서 굳어져 만들어진 암석으로, 대표적으로 화강암과 현무암이 있습니다.

2

화강암은 대체로 색깔이 밝고, 암석을 이루고 있는 알갱이의 크기가 (　　　　)니다.

3

현무암은 표면에 (　　　　)이/가 있는 것도 있으며, 이는 화산 가스가 빠져나가면서 생긴 것입니다.

4

화산 활동으로 생긴 (　　　　　　)이/가 태양 빛을 가려서 날씨 변화에 영향을 주어 생물에게 피해를 주기도 합니다.

5

화산 주변 땅속의 높은 열을 이용해 (　　　　) 을/를 만드는 지열 발전은 화산 활동이 주는 이로움입니다.

6 ➕ 7종 공통

다음 (　　　) 안에 들어갈 알맞은 말은 어느 것입니까? (　　　　)

> 화성암을 이루고 있는 알갱이의 (　　　　)은/는 마그마가 식는 빠르기에 따라 달라진다.

① 맛　　　　② 크기　　　　③ 냄새
④ 촉감　　　⑤ 아름다움

7 ➕ 7종 공통

현무암과 화강암을 특징에 알맞게 선으로 이으시오.

(1)  ・

・ ㉠ 대체로 색깔이 밝고, 암석을 이루고 있는 알갱이의 크기가 큼.

(2)  ・

・ ㉡ 색깔이 어둡고, 암석을 이루고 있는 알갱이의 크기가 매우 작음.

8 ➕ 7종 공통

현무암과 화강암 중 ㉠의 위치와 ㉡의 위치에서 만들어지는 암석의 이름을 각각 쓰시오.

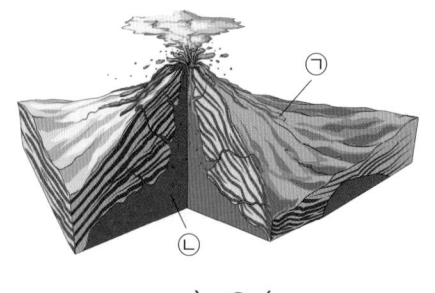

㉠ (　　　　　　　　), ㉡ (　　　　　　　)

9 서술형 ➕ 7종 공통

앞 **8**번의 ㉡ 위치에서 만들어지는 암석을 이루고 있는 알갱이의 크기는 어떠한지 암석이 만들어지는 과정과 관련지어 쓰시오.

_____

_____

10 동아, 금성, 김영사, 비상

다음은 화강암과 현무암 중에서 무엇을 이용한 것인지 쓰시오.

▲ 돌하르방

▲ 제주도 돌담

(   )

11 동아, 금성, 김영사, 비상, 아이스크림, 천재

화산 활동이 우리 생활에 주는 피해를 보기 에서 모두 골라 기호를 쓰시오.

보기 •

㉠ 용암이 흘러 산불이 발생한다.
㉡ 화산재가 생물이 숨 쉬기 힘들게 한다.
㉢ 화산 주변 땅속의 높은 열을 이용해 전기를 만든다.

(   )

12 김영사, 비상, 아이스크림, 천재

화산 분출물 중 다음에서 설명하는 것을 골라 기호를 쓰시오.

태양 빛을 가려 동식물에게 피해를 주기도 하지만 식물이 자라는 데 필요한 성분이 들어 있어 오랜 시간이 지나면 땅을 기름지게 한다.

㉠	㉡	㉢
▲ 화산재	▲ 화산 가스	▲ 화산 암석 조각

(   )

13 ➕ 7종 공통

화산 활동이 우리 생활에 주는 이로움을 두 가지 골라 기호를 쓰시오.

㉠

▲ 온천

㉡

▲ 산불

㉢

▲ 비옥한 땅

㉣

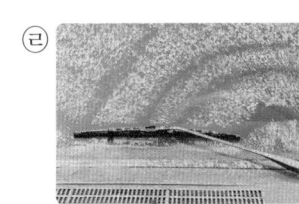

▲ 차 위에 쌓인 화산재

(   )

14 ➕ 7종 공통

화산 활동이 우리 생활에 주는 영향으로 옳은 것에 ◯표 하시오.

⑴ 화산 활동은 우리 생활에 피해만 준다. (   )

⑵ 화산 활동은 우리 생활에 피해를 주기도 하지만 이로움도 준다. (   )

3 지진, 지진 발생 시 대처 방법

개념 강의

1 지진

(1) **지진**: 땅(지층)이 끊어지면서 흔들리는 것을 지진이라고 합니다.

(2) **지진이 발생하는 까닭**

① 단단한 땅도 지구 내부에서 작용하는 힘을 오랫동안 받으면 휘어지거나 끊어질 수 있습니다. 이렇게 땅이 끊어지면서 지진이 발생합니다.

② 지진은 지표의 약한 부분이나 지하 동굴이 무너지거나, 화산 활동이 일어날 때 발생하기도 합니다.

(3) **지진 피해 사례**

① 지진으로 인해 건물이나 도로가 무너지고, 사람이 다치는 등 많은 인명 피해와 재산 피해가 발생할 수 있습니다.

▲ 지진으로 갈라진 땅

▲ 지진으로 무너진 건물

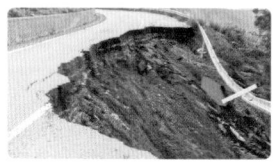
▲ 지진으로 끊어진 도로

② 세계 곳곳은 물론 최근 우리나라에서도 지진이 발생하여 큰 피해를 입었습니다.

발생 지역	발생 연도	규모	피해 사례
경상북도 포항시	2018년	4.6	부상자 발생, 건물과 도로 갈라짐.
경상북도 경주시	2016년	5.8	부상자 발생, 건물 무너짐, 문화재 손상됨.
일본	2018년	6.7	발전소 정지, 전기 끊김, 철도 운행 정지됨.
미국	2019년	7.1	부상자 발생, 화재와 산사태 발생함.

(4) **지진의 세기**

지진이 일어날 때 발생하는 힘의 크기를 재어 규모로 나타내요.

① 지진의 세기는 규모로 나타내며, 규모의 숫자가 클수록 강한 지진입니다.

② 같은 규모의 지진이 발생해도 지진에 대비한 정도, 지진 경보 시기, 도시화 정도 등에 따라 피해 정도가 달라집니다.

2 지진 발생 시 대처 방법

지진이 발생하기 전 →	지진이 발생했을 때 →	지진이 발생한 후 →
 지진에 대비해야지.	머리를 보호하자.	다친 사람 있나요? 
• 비상용품과 구급약품을 준비함. → 물, 구급약, 비상식량, 손전등, 라디오 등 • 흔들리기 쉬운 물건을 고정함. • 평소에 주변의 안전을 미리 점검함.	• 책상 아래로 들어가 머리와 몸을 보호함. • 승강기 대신 계단을 이용해 밖으로 이동함. • 머리를 보호하며 넓은 곳으로 이동함. 공원, 운동장 등	• 다친 사람을 살피고 구조 요청을 함. • 주변에 위험한 곳이 있는지 확인함. • 지진 정보를 확인하고 정보에 따라 행동함.

① 지진은 예고 없이 발생하므로 평소에 지진 대처 방법을 알아 두어야 합니다.

② 장소와 상황에 맞는 대처 방법에 따라 침착히 행동하면 피해를 줄일 수 있습니다.

＋ 화산 활동과 지진의 비슷한 점

• 화산 활동과 지진 모두 지구 내부의 힘 때문에 발생하는 현상입니다.

• 화산 활동과 지진 모두 크고 작은 땅의 흔들림이 발생할 수 있습니다.

• 화산 활동과 지진 모두 사람들에게 피해를 줄 수 있습니다.

• 화산 활동과 지진이 자주 일어나는 지역의 분포가 비슷합니다.

＋ 지진 피해 사례

• 건물이 무너지고 다리가 부서집니다.

• 도로가 끊어지고 산사태가 납니다.

• 인명 및 재산 피해가 발생합니다.

• 바닷가에서는 지진 해일이 발생하기도 합니다.

▲ 지진 해일 피해 사례

＋ 지진 발생 시 장소에 따른 대처 방법

• 승강기 안: 모든 층의 버튼을 눌러서 가장 먼저 열리는 층에서 내려 계단으로 대피합니다.

• 바닷가: 지진 해일이 일어날 수 있으므로 높은 곳으로 대피합니다.

• 집 안: 전기와 가스를 차단하여 화재를 예방하고, 밖으로 나갈 수 있게 문을 열어 둡니다.

• 건물 밖: 건물이나 간판, 담장 등 넘어지거나 떨어질 것으로부터 멀리 떨어져서 머리를 보호하며 이동합니다.

용어 사전

● **인명** 사람의 목숨.

● **분포** 일정한 범위에 흩어져 퍼져 있음.

● **해일** 지각 변동, 날씨 변화 등에 의하여 갑자기 바닷물이 크게 일어서 육지로 넘쳐 들어오는 것.

실험 TIP !

실험 1　**우드록으로 지진 발생 모형실험 하기**　📖 7종 공통

❶ 우드록을 양손으로 잡고 수평 방향으로 서서히 밀면서 우드록이 어떻게 되는지 관찰해 봅니다.

❷ 우드록이 끊어질 때 손의 느낌을 이야기해 봅니다.

❸ 지진 발생 모형실험과 실제 지진을 비교해 봅니다.

실험 결과

• 우드록의 변화

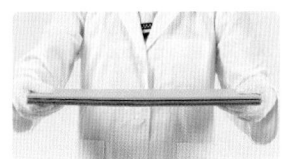
우드록의 처음 모습

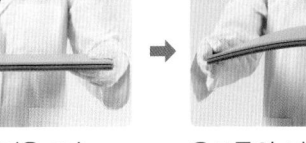
우드록의 가운데 부분이 볼록하게 올라오며 휘어짐.

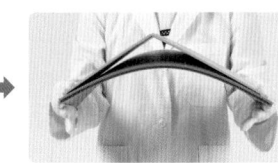
우드록이 더 크게 휘어지다가 소리를 내며 끊어짐.

• 우드록이 끊어질 때 손의 느낌: 손에 떨림(진동)이 느껴집니다.

• 지진 발생 모형실험과 실제 지진 비교하기

지진 모형실험	우드록	양손으로 미는 힘	우드록이 끊어질 때의 떨림
실제 지진	땅(지층)	지구 내부에서 작용하는 힘	지진

공통점	힘을 받아 우드록이나 땅(지층)이 끊어지고, 이로 인해 떨림이 나타남.
차이점	지진 발생 모형실험에서는 작은 힘이 짧은 시간 동안 작용하여도 우드록이 끊어지지만, 실제 지진은 지구 내부에서 작용하는 힘이 오랜 시간 동안 작용하여 발생함.

실험동영상

우드록이 휘는 현상을 관찰할 수 있도록 처음부터 우드록을 너무 세게 밀지 않도록 해요.

우드록이 끊어지면서 작은 조각이 눈에 튈 수 있으므로 보안경을 쓰고 실험해요.

4
단원

실험 2　**흔들림 지진판으로 지진 발생실험 하기**　📖 동아출판

❶ 흔들림 지진판 위에 블록을 쌓아 건물의 모습을 만들어 봅니다.

❷ 흔들림 지진판을 위아래, 양옆으로 흔들며 블록 건물의 변화를 관찰해 봅니다.

❸ 지진 발생실험과 실제 지진의 공통점과 차이점은 무엇인지 이야기해 봅니다.

실험 결과

• 블록 건물은 땅 위의 건물이나 도로에 해당해요.

• 흔들림 지진판을 흔들 때의 떨림은 실제 지진이 발생할 때 지구 내부의 힘에 의한 땅의 떨림에 비교할 수 있어요.

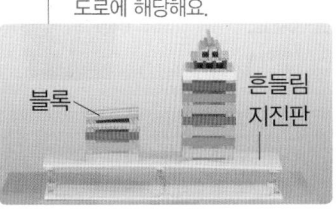
블록 / 흔들림 지진판
▲ 흔들림 지진판의 처음 모습

▲ 흔들림 지진판을 흔들었을 때

• 공통점: 흔들림 지진판을 흔들 때 떨림이 전달되어 블록 건물이 무너진 것처럼 실제 지진에서도 지구 내부의 힘에 의한 땅의 떨림이 전달되어 건물이나 도로가 무너집니다.

• 차이점: 지진 발생 모형실험은 짧은 시간 동안 작은 힘 때문에 블록 건물이 무너지지만, 실제 지진은 오랜 시간 동안 지구 내부의 힘이 쌓인 큰 힘 때문에 발생합니다.

실험동영상

블록을 너무 높게 쌓을 경우 실험 과정에서 블록이 떨어져 다칠 수 있으므로 주의해요.

흔들림 지진판을 처음에는 약하게 흔들다가 점점 세게 흔들어요.

기본 개념 문제

1

(   )은/는 땅(지층)이 끊어지면서 흔들리는 것입니다.

2

지구 (   )에서 작용하는 힘을 오랫동안 받으면 땅(지층)이 휘어지거나 끊어질 수 있습니다.

3

지진의 세기는 (   )(으)로 나타내며, 숫자가 (   )수록 강한 지진입니다.

4

지진이 발생했을 때 승강기 대신에 (   )을/를 이용해서 대피합니다.

5

지진이 발생하면 먼저 (   )와/과 몸을 보호하며, 흔들림이 멈추었을 때 안전한 곳으로 대피합니다.

6 ➕ 7종 공통

다음 (   ) 안에 들어갈 알맞은 말끼리 옳게 짝 지은 것은 어느 것입니까? (   )

> (㉠)은/는 땅(지층)이 지구 내부에서 작용하는
> (㉡)을/를 받아 끊어지면서 흔들리는 것이다.

	㉠	㉡		㉠	㉡
①	화산	힘	②	화산	용암
③	지진	힘	④	지진	규모
⑤	떨림	진동			

7 ➕ 7종 공통

지진이 발생하는 까닭을 <u>잘못</u> 말한 사람의 이름을 쓰시오.

> • 은우: 화산이 폭발할 때 지진이 발생할 수 있어.
> • 서정: 지하 동굴이 무너질 때 지진이 발생하기도 해.
> • 혜진: 비가 많이 내리거나 태풍이 생기는 과정에서 지진이 발생해.

(   )

8 ➕ 7종 공통

오른쪽과 같이 양손으로 우드록을 잡고 수평 방향으로 밀었을 때 우드록의 변화 모습으로 옳은 것은 어느 것입니까? (   )

	서서히 밀었을 때	계속 힘을 주어 밀었을 때
①	휘어짐.	끊어짐.
②	끊어짐.	휘어짐.
③	많이 휘어짐.	조금 휘어짐.
④	조금 휘어짐.	아무런 변화가 없음.
⑤	아무런 변화가 없음.	아무런 변화가 없음.

9 ➕ 7종 공통

앞 **8**번 지진 발생 모형실험과 실제 지진을 비교하여, 다음에 해당하는 것을 보기 에서 골라 각각 쓰시오.

> 보기 ●
>
> 지진, 땅, 지구 내부에서 작용하는 힘

(1) 우드록: (   )
(2) 양손으로 미는 힘: (   )
(3) 손에 느껴지는 떨림: (   )

10 ➕ 7종 공통

지진이 발생할 때 나타나는 현상이 <u>아닌</u> 것을 보기 에서 골라 기호를 쓰시오.

> 보기 ●
>
> ㉠ 땅이 더 단단해진다.
> ㉡ 땅이 흔들리고 갈라진다.
> ㉢ 산사태가 발생하기도 한다.

(   )

11 서술형 ➕ 7종 공통

각기 다른 두 지역에서 발생한 지진의 세기를 어떻게 비교할 수 있는지 쓰시오.

_____

_____

[12-13] 다음은 최근에 여러 나라에서 발생한 지진 피해 사례입니다. 물음에 답하시오.

발생 지역	연도	규모	피해 사례
대한민국	2018	4.6	부상자 발생, 도로 갈라짐.
일본	2018	6.7	전기 끊김, 철도 운행 정지됨.
미국	2019	7.1	부상자 발생, 산사태 발생함.

12 ➕ 7종 공통

위 표를 보고, 가장 강한 지진이 발생한 나라는 어디인지 쓰시오.

(   )

13 ➕ 7종 공통

위 표를 보고 알 수 있는 내용으로 옳은 것을 보기 에서 골라 기호를 쓰시오.

> 보기 ●
>
> ㉠ 지진이 발생해도 별다른 피해가 발생하지 않는다.
> ㉡ 지진의 규모가 작을수록 부상자가 많이 발생한다.
> ㉢ 지진이 발생하면 크고 작은 피해가 발생하기도 한다.

(   )

14 ➕ 7종 공통

지진이 발생했을 때의 대처 방법으로 옳은 것은 어느 것입니까? (   )

① 책상 위로 올라간다.
② 문을 닫고 불을 켠다.
③ 승강기를 이용해 빠르게 대피한다.
④ 넘어지거나 떨어질 물건으로부터 멀리 피한다.
⑤ 흔들림이 가장 심할 때 빠르게 건물 안으로 대피한다.

4 단원

4 화산과 지진

★ 화산과 화산이 아닌 산

▲ 화산(다이아몬드헤드산)

▲ 화산이 아닌 산

★ 화산의 다양한 생김새

▲ 경사가 완만한 화산

▲ 경사가 급한 화산

★ 화산 폭발실험

물감을 탄 물이 들어 있는 병에 발포정을 넣었을 때 액체가 흘러내리는 모습은 실제 화산 활동에서 용암이 흘러내리는 모습과 비슷합니다.

1. 화산, 화산 활동으로 나오는 물질

(1) 화산

① 화산은 땅속 깊은 곳에서 암석이 높은 열에 의하여 녹은 **❶** [   ] 가 지표 밖으로 분출하여 생긴 지형입니다.

② 화산은 크기와 생김새가 다양합니다.

▲ 분화구가 있는 화산 　▲ 분화구에 물이 고여 호수가 만들어진 화산 　▲ 현재 화산 활동이 일어나고 있는 화산

(2) 화산 활동으로 나오는 물질: **❷** [   ]은 화산 활동으로 나오는 여러 가지 물질이며 화산 가스, 용암, 화산재, 화산 암석 조각 등이 있습니다.

▲ 용암 　▲ 화산재 　▲ 화산 암석 조각

화산 분출물의 종류	특징
화산 가스	대부분 수증기이며, 여러 가지 기체가 포함되어 있음.
❸ [ ]	땅속 마그마가 지표면을 뚫고 나와 흘러내리는 것임.
화산재	화산이 분출할 때 나오는 뿌연 돌가루로 크기가 매우 작음.
화산 암석 조각	화산이 분출할 때 나오는 크고 작은 돌덩이로 크기가 다양함.

(3) 화산 분출물의 상태: 화산 가스는 기체, 용암은 액체, 화산재와 화산 암석 조각은 고체 상태입니다.

(4) 화산 활동 모형실험과 실제 화산 활동 비교하기

화산 활동 모형실험	실제 화산 활동	
연기	**❹** [ ]	
흘러나오는 마시멜로	용암	
굳은 마시멜로	화산 암석 조각	

① 화산 활동 모형실험과 실제 화산 활동에서 모두 연기가 나오고 액체가 흘러나옵니다. 흘러나온 액체는 시간이 지나면 식으면서 굳습니다.

② 화산 활동 모형실험보다 실제 화산에서 분출되는 물질의 양이 더 많습니다.

③ 실제 화산 활동에서는 단단한 암석 조각이 나오지만 화산 활동 모형실험에서는 단단한 암석 조각이 나오지 않습니다.

2. 화강암과 현무암, 화산 활동이 미치는 영향

(1) 화강암과 현무암의 특징

구분	❺ [_____]	❻ [_____]
색깔	대체로 밝은색임.	어두운색임.
모습	여러 가지 색깔의 알갱이가 섞여 있음.	표면에 구멍이 있는 것도 있고 없는 것도 있음.
암석을 이루고 있는 알갱이의 크기	현무암보다 크며, 알갱이를 맨눈으로 구별할 수 있음.	맨눈으로 잘 보이지 않을 정도로 알갱이의 크기가 작음.
알갱이의 크기가 다른 까닭	마그마가 땅속 깊은 곳에서 천천히 식어 만들어져 알갱이의 크기가 큼.	마그마가 지표 가까이에서 빨리 식어 만들어져 알갱이의 크기가 작음.

(2) 화산 활동이 미치는 영향

피해	• 용암이 흘러 산불을 발생시킴. • 화산재가 생물이 숨 쉬기 어렵게 하고, 태양 빛을 가려 피해를 줌.
이로움	• 화산재가 쌓인 주변의 땅이 비옥해짐. • 온천이나 화산 지형을 관광 자원으로 활용함. • 화산 주변 땅속의 높은 열을 이용해 전기를 얻음.

3. 지진, 지진 발생 시 대처 방법

(1) 지진

① 땅(지층)이 끊어지면서 흔들리는 것을 지진이라고 합니다.

② 땅이 [❼] 내부에서 작용하는 힘을 오랫동안 받으면 휘어지거나 끊어지는데, 이렇게 땅이 끊어지면서 지진이 발생합니다.

(2) 지진 발생 모형실험과 실제 지진 비교하기

① 지진 발생 모형실험과 실제 지진 모두 힘을 받아 우드록이나 땅(지층)이 끊어지고, 이로 인해 떨림이 나타납니다.

② 지진 발생 모형실험에서는 작은 힘이 짧은 시간 동안 작용하여 우드록이 끊어지지만, 실제 지진은 지구 내부에서 작용하는 힘이 오랜 시간 동안 작용하여 발생합니다.

(3) 지진 발생 시 대처 방법

넘어지거나 떨어질 것으로부터 머리와 몸을 보호함.

승강기 대신 계단을 이용해 밖으로 이동함.

전기와 가스를 차단하고, 나갈 수 있게 문을 열어 둠.

★ 화강암과 현무암

▲ 화강암

▲ 현무암

★ 우리 주변에서 볼 수 있는 화강암과 현무암 예

• 화강암: 석굴암, 불국사 돌계단, 컬링 스톤, 비석 등
• 현무암: 돌하르방, 맷돌, 제주도 돌담 등

★ 지진의 피해

▲ 지진으로 갈라진 땅

▲ 지진으로 무너진 건물

★ 지진의 세기

지진의 세기는 규모로 나타내며, 규모의 숫자가 클수록 강한 지진입니다. 같은 규모의 지진이 발생해도 지진에 대비한 정도, 지진 경보 시기, 도시화 정도 등에 따라 피해 정도가 달라집니다.

4
단원

4. 화산과 지진

1 ⊕ 7종 공통

다음의 밑줄 친 '이것'은 무엇인지 쓰시오.

> 땅속 깊은 곳에서 마그마가 지표 밖으로 분출하여 생긴 지형으로, 세계 여러 곳에서는 지금도 활동 중인 이것을 볼 수 있다.

( )

2 ⊕ 7종 공통

세계 여러 곳의 화산에 대한 설명입니다. 옳지 <u>않은</u> 것에 ×표 하시오.

(1) 생김새와 크기가 다양하다. ( )

(2) 꼭대기에 분화구가 있는 것도 있다. ( )

(3) 모든 화산 꼭대기에는 분화구가 한 개 있다.

( )

3 ⊕ 7종 공통

다음은 시원이가 화산 분출물을 관찰하고 기록한 것입니다. 시원이가 관찰한 화산 분출물은 무엇인지 이름을 쓰시오.

> • 크기가 매우 다양하다.
> • 손으로 만져 보면 표면이 거칠다.
> • 고체 상태이다.

( )

4 김영사, 비상, 아이스크림, 천재

다음 화산 활동 모형실험에서 민영이가 설명하는 화산 분출물에 해당하는 것을 골라 기호를 쓰고, 화산 분출물의 이름을 쓰시오.

민영

> 마그마가 지표 밖으로 분출하여 화산 가스 등의 기체가 빠져 나간 것으로, 지표면을 따라 흘러.

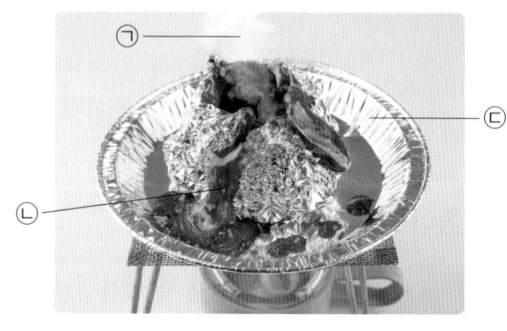

(1) 기호: ( )

(2) 화산 분출물의 이름: ( )

5 서술형 ⊕ 7종 공통

화산 분출물 중 화산 가스의 특징을 한 가지 쓰시오.

_____

_____

_____

[6-8] 다음 화성암을 보고, 물음에 답하시오.

(가)  (나)

6 ➕ 7종 공통

위 두 암석의 이름을 각각 쓰시오.

(가) (   ), (나) (   )

7 ➕ 7종 공통

위 (가) 암석을 이루는 알갱이와 (나) 암석을 이루는 알갱이의 크기를 비교했을 때 알갱이의 크기가 큰 것의 기호를 쓰시오.

(   )

8 서술형 ➕ 7종 공통

위 (가) 암석과 (나) 암석이 만들어지는 장소는 어떻게 다른지 다음 ㉠, ㉡ 위치와 관련지어 쓰시오.

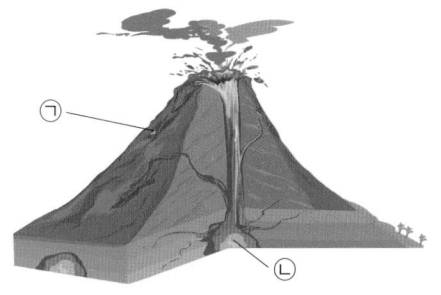

_____

9 ➕ 7종 공통

다음은 화산 활동이 우리 생활에 주는 영향을 생각그물로 나타낸 것입니다. (가)와 (나)에 들어가기에 알맞은 것을 각각 보기 에서 골라 기호를 쓰시오.

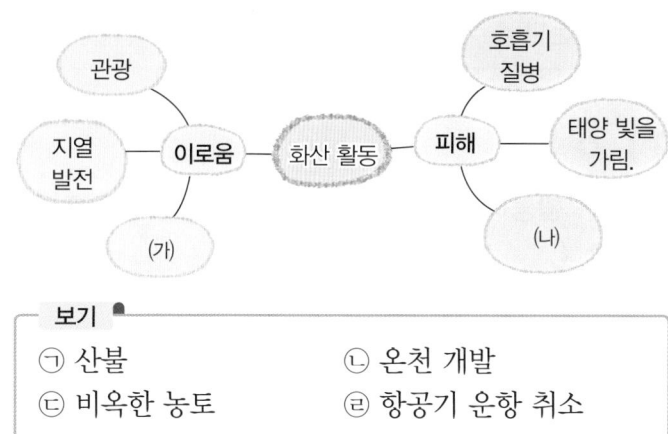

보기 ●
㉠ 산불   ㉡ 온천 개발
㉢ 비옥한 농토   ㉣ 항공기 운항 취소

(가) (   ), (나) (   )

10 ➕ 7종 공통

지진의 세기가 가장 약한 지진은 어느 것입니까?
(   )

① 규모 1.1   ② 규모 2.5
③ 규모 3.8   ④ 규모 4.0
⑤ 규모 7.4

[11-12] 다음 모형실험을 보고, 물음에 답하시오.

> ㈎ 양손으로 우드록을 잡고 수평 방향으로 밀어 본다.
> ㈏ 우드록이 끊어질 때까지 우드록을 밀어 본다.
> ㈐ 우드록이 끊어질 때 손에서 느껴지는 느낌을 느껴 본다.

11 ✚ 7종 공통

위 탐구 활동에 대한 설명으로 옳은 것을 두 가지 고르시오. (   )

① 화산의 발생 원인을 알아보는 활동이다.
② ㈎ 과정에서 우드록에는 아무런 변화가 없다.
③ ㈏ 과정에서 우드록이 끊어질 때 소리가 난다.
④ 모형실험에 사용된 우드록은 실제 자연 현상에서 땅(지층)에 해당한다.
⑤ 모형실험에서 양손으로 우드록을 미는 힘과 실제 자연 현상의 지구 내부에서 작용하는 힘의 크기는 같다.

12 서술형 ✚ 7종 공통

위 ㈐ 과정에서 손에서 느껴지는 느낌은 어떠한지 쓰시오.

_____

_____

13 ✚ 7종 공통

다음 지진 발생 내용을 보고 알 수 있는 내용이 <u>아닌</u> 것은 어느 것입니까? (   )

> 2016년 9월 12일 경상북도 경주시 남서쪽 9 km 지역에서 발생한 규모 5.8의 지진은 한반도에서 발생한 역대 최대 규모이다. 이 지진으로 23명이 부상을 입었다. 지붕, 차량 파손 등의 피해는 5,000여 건이 넘었다.

① 지진의 규모
② 지진 발생 날짜
③ 지진 발생 위치
④ 지진 발생 지역의 날씨
⑤ 지진으로 인한 피해 정도

14 ✚ 7종 공통

다음은 지진이 발생하여 건물 밖으로 대피하는 모습입니다. 옳게 대피한 경우에 ○표 하시오.

(1) 승강기를 타고 빠르게 대피하기   (   )

(2) 계단으로 빠르게 대피하기   (   )

15 ✚ 7종 공통

지진이 발생했을 때의 대처 방법으로 옳은 것을 두 가지 고르시오. (   )

① 가방이나 손으로 머리를 보호하며 대피한다.
② 지하철에 있을 때에는 문을 열고 뛰어내린다.
③ 학교에 있을 때에는 책상 위로 재빨리 올라간다.
④ 집에 있을 때에는 가스 밸브를 잠가 화재를 예방한다.
⑤ 백화점에서는 물건이 가장 높게 진열된 선반 옆으로 몸을 피한다.

1 ➕ 7종 공통

화산이 생기는 과정에 대한 설명으로 옳은 것에 ○표 하시오.

(1) 지층이 휘어지면서 생긴다. ( )

(2) 땅속의 마그마가 지표 밖으로 분출하여 생긴다. ( )

(3) 물이 운반한 자갈, 모래, 진흙이 쌓인 후 굳어져서 생긴다. ( )

2 ➕ 7종 공통

화산과 화산이 아닌 산에 대한 설명으로 옳은 것을 보기 에서 골라 기호를 쓰시오.

> **보기**
> ㉠ 화산이 아닌 산에는 모두 분화구가 있다.
> ㉡ 화산의 분화구에 물이 고여 있는 것도 있다.
> ㉢ 화산이 아닌 산은 마그마가 분출하여 생긴 지형이다.

( )

3 ➕ 7종 공통

화산 분출물에 대한 설명으로 옳은 것은 어느 것입니까? ( )

① 화산 분출물은 모두 고체 상태이다.
② 고체 화산 분출물은 크기가 다양하다.
③ 화산 가스는 액체 상태의 화산 분출물이다.
④ 마그마는 기체 상태, 용암은 액체 상태이다.
⑤ 화산이 분출한 후에 만들어진 지형을 뜻한다.

[4-5] 다음은 화산 활동 모형실험입니다. 물음에 답하시오.

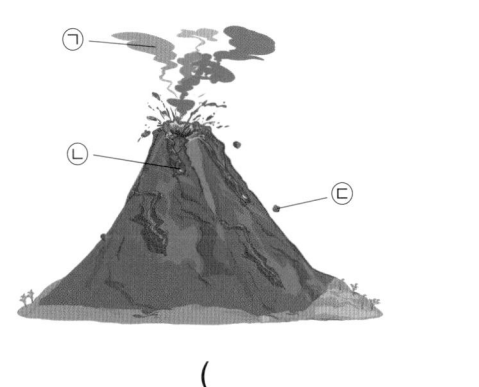

㉮ 알루미늄 포일 위에 마시멜로를 여러 개 놓고 빨간색 식용 색소를 뿌린다.
㉯ 알루미늄 포일로 마시멜로를 감싼 뒤 윗부분을 열어 둔다.
㉰ 삼발이 위에 은박 접시를 올리고, 삼발이 아래에 가열 장치를 놓는다.
㉱ ㉯를 은박 접시에 올리고 가열 장치로 가열한다.

4 김영사, 비상, 아이스크림, 천재

다음은 위 실험에서 마시멜로에 빨간색 식용 색소를 뿌리는 까닭입니다. ㉠~㉢ 중 밑줄 친 '이것'에 해당하는 것을 골라 기호를 쓰시오.

> 실제 화산이 분출했을 때 나오는 이것 색깔을 비교하여 관찰하기 위해서이다.

( )

5 서술형 김영사, 비상, 아이스크림, 천재

위 화산 활동 모형실험과 실제 화산 활동을 비교하여 같은 점을 두 가지 쓰시오.

_____

_____

6 ➕ 7종 공통

마그마의 활동으로 ㉠ 위치에서 만들어진 암석에 대해 옳게 말한 사람의 이름을 쓰시오.

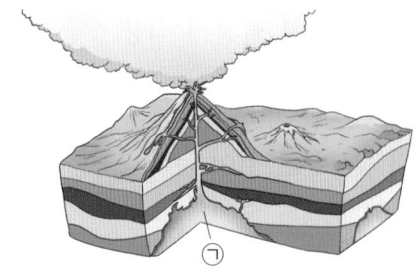

- 수영: 반짝이는 알갱이가 보여.
- 혜빈: 표면에 구멍이 뚫려 있는 것도 있어.
- 우진: 대체로 색깔이 밝고 암석을 이루는 알갱이가 눈에 보이지 않을 정도로 매우 작아.

( )

7 동아, 금성, 김영사, 비상

오른쪽 돌하르방을 만들 때 사용한 화성암의 이름을 쓰시오.

( )

8 서술형 동아, 김영사, 비상, 아이스크림, 지학사

다음 기사를 읽고, ( ) 안에 들어갈 화산 분출물의 이름과 이 화산 분출물이 줄 수 있는 피해를 한 가지 쓰시오.

일본 규슈의 화산이 지난 6일 분화하여 회색 빛 연기가 최고 4,500 m 높이까지 치솟았다. 산 아래 마을은 지름이 2 mm 이하로 매우 작은 화산 분출물인 ( )(으)로 뒤덮였다.

(1) 화산 분출물의 이름: ( )

(2) 줄 수 있는 피해: _____

_____

9 ➕ 7종 공통

다음 ㉠~㉢을 우드록을 이용한 지진 발생 모형실험과 실제 지진에 해당하는 내용으로 분류하여 각각 기호를 쓰시오.

㉠ 짧은 시간 동안 가해진 힘에 의해 끊어진다.
㉡ 땅이 흔들리거나 갈라지고 건물이 무너진다.
㉢ 오랜 시간 동안 지구 내부의 힘이 점점 쌓여서 발생한다.

(1) 지진 발생 모형실험: ( )
(2) 실제 지진: ( )

10 동아

오른쪽 지진 발생실험과 실제 지진을 비교한 내용으로 옳지 않은 것을 보기 에서 골라 기호를 쓰시오.

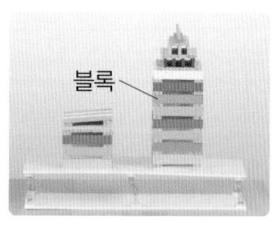
블록

보기
㉠ 흔들림 지진판에 쌓은 블록 건물은 화산 분출물에 해당한다.
㉡ 지진 발생실험에서는 짧은 시간 동안 작은 힘이 가해져서 블록이 무너진다.
㉢ 흔들림 지진판을 흔들 때의 떨림은 실제 지진이 발생할 때 지구 내부의 힘에 의한 땅의 떨림에 비교할 수 있다.

( )

[11-12] 다음 표는 최근에 우리나라에서 발생한 지진에 대해 조사한 것입니다. 물음에 답하시오.

발생 지역	연도	규모	피해 사례
경상북도 포항시	2018년	4.6	부상자 발생함.
경상북도 포항시	2017년	5.4	부상자 발생, 건물 훼손됨.
경상북도 경주시	2016년	5.8	부상자 발생, 건물 균열 생김.
제주특별자치도 제주시	2016년	2.9	피해 없음.

11 ➕ 7종 공통

위 표에서 밑줄 친 규모에 대한 설명으로 옳은 것은 어느 것입니까? (   )

① 지진의 세기를 나타낸다.
② 지진 발생 위치를 나타낸다.
③ 숫자가 작을수록 강한 지진이다.
④ 지진이 발생한 횟수를 나타낸다.
⑤ 대체로 숫자가 작을수록 피해가 크다.

12 ➕ 7종 공통

위 표에 대한 설명으로 옳은 것을 보기 에서 골라 기호를 쓰시오.

> **보기** ●
> ㉠ 우리나라는 지진으로부터 안전하다.
> ㉡ 피해가 없을 수도 있으므로, 지진에 대비할 필요는 없다.
> ㉢ 최근 우리나라에서도 지진이 여러 차례 발생했으며, 피해를 입었다.

(   )

13 ➕ 7종 공통

다음 지진에 대한 설명으로 옳은 것을 골라 기호를 쓰시오.

> 지진은 ㉠ 예고 없이 발생할 수 있으므로 ㉡ 멀리 떨어진 안전한 곳으로 빨리 대피하는 것이 좋다. 지진은 ㉢ 한번 발생하면 이후로는 다시 발생하지 않으므로 평소대로 생활하면 된다.

(   )

14 ➕ 7종 공통

다음은 지진 대피 훈련을 하는 모습입니다. <u>잘못된</u> 행동을 하는 친구의 이름을 쓰시오.

책상 아래로 들어가 몸을 보호하는 지민 / 선생님을 따라서 질서 있게 대피하는 호연 / 안내 방송을 듣지 않고 장난치는 재이

(   )

15 ➕ 7종 공통

지진이 발생한 후의 대처 방법으로 옳은 것을 모두 고른 것은 어느 것입니까? (   )

> ㉠ 다친 사람을 살핀다.
> ㉡ 지진 정보를 확인한다.
> ㉢ 가스 밸브를 열어 놓는다.
> ㉣ 대피한 자리에서 움직이지 않는다.

① ㉠   ② ㉠, ㉡
③ ㉠, ㉣   ④ ㉡, ㉢
⑤ ㉡, ㉢, ㉣

● 정답과 풀이 16쪽

평가 주제	화산 활동으로 나오는 물질 알아보기
평가 목표	화산 활동 모형실험으로 실제 화산 분출물과 화산 활동이 미치는 영향을 설명할 수 있다.

[1-2] 다음은 화산 활동 모형실험입니다. 물음에 답하시오.

1 알루미늄 포일 위에 마시멜로를 여러 개 올려놓고 식용 색소를 뿌린 뒤, 알루미늄 포일로 마시멜로를 감싸고 윗부분 조금 열어 두기
2 삼발이 위에 은박 접시를 올리고 삼발이 아래에 가열 장치 놓기
3 마시멜로가 들어 있는 알루미늄 포일을 은박 접시에 올리기

1 위 실험에서 마시멜로가 들어 있는 알루미늄 포일을 가열했을 때 나타나는 현상을 한 가지 쓰시오.

_____

_____

도움 화산 활동 모형실험은 실제 화산 활동과 비교하여 화산 활동으로 나오는 여러 가지 물질을 알 수 있게 합니다.

2 위 화산 활동 모형실험과 실제 화산 활동을 비교하여 다음 ㉠~㉢에 알맞은 화산 분출물을 각각 쓰시오.

화산 활동 모형	연기	흘러나오는 마시멜로	굳은 마시멜로
실제 화산 활동	㉠	㉡	㉢

도움 화산 활동 모형실험에서 연기는 기체 상태, 흘러나오는 마시멜로는 액체 상태, 굳은 마시멜로는 고체 상태의 화산 분출물과 비교할 수 있습니다.

3 다음 기사를 읽고, ( ) 안에 공통으로 들어갈 알맞은 말을 쓰시오.

> **스페인 라팔마섬 화산 폭발**
> 카나리아제도 라팔마섬에서 화산 폭발이 계속되면서 피해가 늘어나고 있다. 검붉은 (   )은/는 산비탈을 따라 계속 흘러내리며 모든 것을 집어삼키고 있다. 지금까지 수백 채의 건물이 (   )에 묻혔고 뜨거운 열로 인해 산불까지 발생했다.

도움 화산 활동으로 나오는 여러 가지 물질 중 검붉은색이며 흘러내리는 성질이 있는 것은 무엇인지 생각해 봅니다.

( )

평가 주제	지진의 규모에 따른 피해 정도 알아보기
평가 목표	지진의 규모에 따른 피해 정도와 피해 사례를 해석하여 지진에 대비해야 하는 까닭을 이해할 수 있다.

[1-3] 다음은 같은 해에 서로 다른 나라에서 땅(지층)이 끊어지면서 흔들리는 현상으로 인해 발생한 피해 사례입니다. 물음에 답하시오.

발생 지역	발생 연도	규모	피해 정도
네팔	2015년	7.8	사망자 및 실종자 발생, 건물 붕괴됨.
일본	2015년	8.1	부상자 13명 발생함.
칠레	2015년	8.3	인명 피해, 재산 피해 발생함.
대만	2015년	6.3	사망자 1명 발생함.

1 위와 같은 피해가 발생한 것은 어떤 자연 현상 때문인지 보기 에서 골라 기호를 쓰시오.

┌─ 보기 ●
│   ㉠ 가뭄   ㉡ 홍수   ㉢ 지진   ㉣ 태풍
└─

(   )

도움 땅(지층)이 끊어지면서 흔들리는 현상은 무엇인지 생각해 봅니다.

2 위 1번 답의 자연 현상이 발생하는 까닭을 쓰시오.

_____

_____

도움 땅(지층)이 끊어지려면 어떤 힘이 어디에서 작용해야 할지 생각해 봅니다.

3 위의 네 나라 중에서 1번 답의 자연 현상이 가장 강하게 발생한 나라의 이름을 쓰고, 그렇게 생각한 까닭을 쓰시오.

(1) 나라 이름: (   )

(2) 그렇게 생각한 까닭: _____

_____

도움 강하고 약한 정도를 비교하기 위해서는 어떤 사람이든지 같은 결과를 낼 수 있도록 객관적인 기준이 필요합니다.

숨은 그림을 찾아보세요.

◉ 정답 16쪽

로봇이 6가지 화석들을 찾고 있어요.

5

물의 여행

▶ 학습 내용과 교과서별 해당 쪽수를 확인해 보세요.

학습 내용	백점 쪽수	교과서별 쪽수				
		동아출판	비상교과서	아이스크림 미디어	지학사	천재교과서
1 물의 순환	110~113	106~109	110~113	112~115	102~105	112~115
2 물이 중요한 까닭, 물 부족 현상을 해결하기 위한 방법	114~117	110~113	114~117	116~119	106~109	116~119

1 물의 순환

1 물의 세 가지 상태

(1) 우리 주변에서 볼 수 있는 물 예
① 구름에도 물방울이 있으며 비나 눈도 물입니다.
② 바닷물이나 강에는 물이 많이 있습니다.
③ 하늘에도 눈에 보이지 않는 물이 있습니다.

(2) 물의 세 가지 상태 → 물은 세 가지 상태로 존재해요.

고체 상태	액체 상태	기체 상태
얼음	물	공기 중의 수증기

① 물의 상태는 물이 머물러 있는 곳에 따라 다르고, 이동하면서 달라지기도 합니다.
② 물은 한곳에 머무르지 않고 상태를 바꾸면서 육지, 바다, 공기, 생물 등 여러 곳을 끊임없이 돌아다닙니다.

2 물의 순환

(1) 물의 순환: 물이 상태가 변하면서 육지와 바다, 공기, 생명체 등 지구 여러 곳을 끊임없이 돌고 도는 과정을 말합니다.

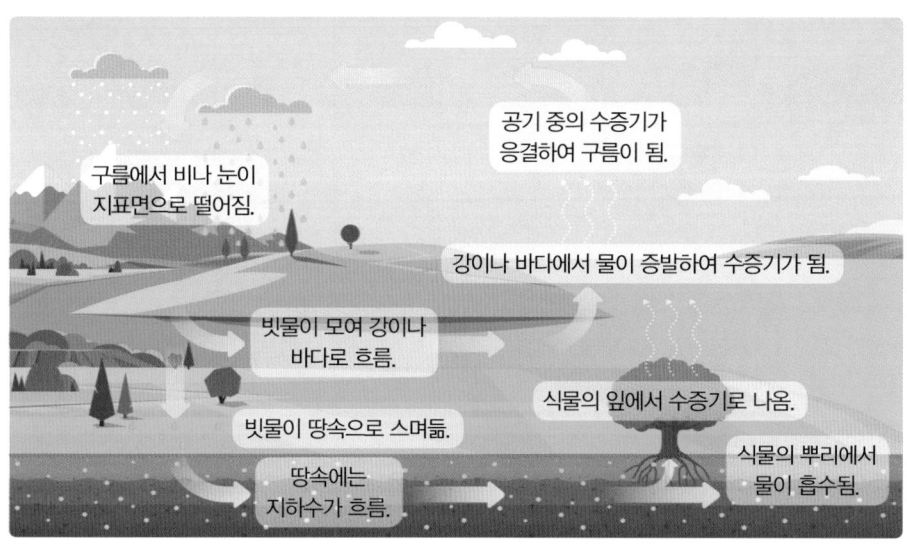

구름에서 비나 눈이 지표면으로 떨어짐.
공기 중의 수증기가 응결하여 구름이 됨.
강이나 바다에서 물이 증발하여 수증기가 됨.
빗물이 모여 강이나 바다로 흐름.
식물의 잎에서 수증기로 나옴.
빗물이 땅속으로 스며듦.
땅속에는 지하수가 흐름.
식물의 뿌리에서 물이 흡수됨.

① 바다, 강, 호수, 땅 등에 있는 물은 증발하여 수증기가 됩니다.
② 식물의 뿌리로 흡수된 물이 잎에서 수증기가 되어 공기 중으로 빠져나가기도 합니다. ┌● 사람이 마신 물은 몸 곳곳을 돌며 생명을 유지해 줘요.
  그리고 소변이나 땀 등을 통해 다시 몸 밖으로 나와요.
③ 공기 중에 있는 수증기가 하늘 높이 올라가면 응결하여 구름이 되고, 구름에서 비나 눈이 되어 바다나 육지에 내립니다.
④ 육지에 내린 비나 눈은 땅 위를 흘러 강, 호수 등에 모이거나 땅속으로 스며들어 지하수가 됩니다.

(2) 물의 순환을 통해 알 수 있는 것
① 우리가 사용하는 물은 계속 순환하고 있습니다.
② 지구에서 끊임없이 순환하는 물은 새로 생기거나 없어지지 않고 고체, 액체, 기체로 상태만 변합니다.
③ 그러므로 지구 전체에 있는 물의 양은 항상 일정합니다.

➕ 지구에 있는 물의 상태

• 하늘에는 기체 상태의 물이 있습니다.
• 바닷물이나 강에는 액체 상태의 물이 있습니다.
• 빙하, 얼음, 눈에는 고체 상태의 물이 있습니다.

➕ 사막에서의 물의 순환

• 사막은 다른 지역에 비해 건조하지만 이곳에서도 물의 순환이 일어납니다.
• 구름에서 비가 내려 땅에 작은 물웅덩이가 생기거나 땅속으로 빗물이 스며들고, 이 물은 다시 증발하여 공기 중의 수증기가 됩니다.
• 사막에 사는 생명체가 물을 마시고, 이 물은 다시 생명체의 밖으로 나와 수증기로 증발하기도 합니다.

➕ 물이 순환하면서 일어나는 현상

• 생명 현상: 식물이 말라 죽지 않고 자라도록 하며, 사람을 비롯한 동물은 물을 마시며 생명을 유지합니다.
• 지형 변화: 하늘에서 내린 비가 강이나 계곡을 흐르면서 지표의 모습을 변화시킵니다.

용어 사전

◉ **순환** 주기적으로 자꾸 되풀이하여 돎. 또는 그런 과정.
◉ **지형** 땅의 생긴 모양이나 상태.

교과서 통합 대표 실험

실험1 물의 이동 과정 알아보기 📖 지학사, 천재교과서

❶ 물의 상태 변화와 이동 과정을 알아보는 실험 장치를 꾸며 봅시다.

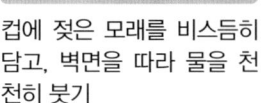

물 / 젖은 모래

컵에 젖은 모래를 비스듬히 담고, 벽면을 따라 물을 천천히 붓기

얼음

평평하게 만든 모래 위에 얼음을 올려놓기

얼음 / 컵 뚜껑

컵 뚜껑을 뒤집어 구멍을 랩으로 막고 얼음을 넣은 뒤, 컵 위에 올려놓기

❷ 열 전구를 플라스틱 컵에서 약 20 cm 정도 떨어진 곳에 놓고, 불을 켭니다.

❸ 시간이 흐름에 따라 컵 안에서 일어나는 변화를 관찰해 봅시다.

실험 결과 ┌ 열 전구를 태양, 컵 안을 지구라고 생각하며 관찰해 보세요. 물은 바다·강·호수를, 모래는 땅·육지를, 얼음은 눈·얼음·빙하를, 물방울은 비·이슬로 생각할 수 있어요.

시간	관찰한 내용
5분 후	• 모래 위에 있는 얼음이 모두 녹음. • 컵 안쪽 벽면에 뿌옇게 김이 서리기 시작함.
10분 후	• 컵 안쪽 뚜껑 밑면에 작은 물방울들이 맺혀 있음. • 컵 안쪽 벽면에 물방울이 맺혀 있음.
15분 후	• 컵 안쪽 벽면에 전체적으로 김이 서려 있음. • 컵 안쪽 뚜껑 밑면에 있는 물방울들이 커졌음.
30분 후	• 컵 내부가 뿌옇게 흐려져 있음. • 컵 안쪽 뚜껑 밑면에 큰 물방울이 많이 맺혀 있음.

컵의 얼음이 모두 녹음.

물방울

컵 내부가 뿌옇게 흐려짐.

- 고체 상태의 얼음이 녹은 물이 아래쪽 모래로 스며듭니다. ┌ 열 전구의 열로 얼음이 녹고, 물이 증발하여 수증기가 돼요.
- 액체 상태의 물이 기체 상태의 수증기로 변해 공기 중으로 올라가고, 수증기가 차가운 컵 뚜껑 밑면이나 벽면에 닿으면 물로 변해 맺힌 뒤 아래로 흘러 이동합니다.

젖은 모래를 숟가락으로 조금씩 여러 번 넣으면서 꼭꼭 눌러 위쪽을 평평한 모양으로 만들어요.

열 전구는 뜨거우므로 화상에 주의해서 실험하도록 해요.

실험동영상

5
단원

실험2 물의 순환 과정 알아보기 📖 동아출판, 김영사, 아이스크림미디어

❶ 식물을 심은 작은 컵을 물과 얼음이 담긴 컵에 넣습니다.

❷ 다른 컵을 ❶의 컵 위에 거꾸로 올리고, 컵과 컵 사이를 셀로판테이프로 붙입니다.

❸ 햇빛이 드는 창가에 컵을 두고 컵 안에서 일어나는 변화를 관찰해 봅니다. → 열 전구에서 50 cm 떨어진 곳에 두고 실험할 수도 있어요.

물과 얼음 / 식물

실험 결과

- 컵 안의 얼음이 녹아 물이 되고, 물의 일부는 증발하여 공기 중의 수증기가 됩니다.
- 컵 안의 수증기는 다시 응결하여 플라스틱 컵의 안쪽 벽면에 작은 물방울로 맺히고, 작은 물방울이 점점 커져서 벽면을 타고 아래(식물을 심은 컵)로 떨어집니다.
- 식물의 뿌리에서 흡수된 물은 잎에서 수증기로 나옵니다.

➡ 물의 상태가 변하면서 컵 안을 순환하는 것을 알 수 있습니다.

└ 물의 순환 과정을 통해, 작은 컵 안의 식물은 물을 주지 않아도 살 수 있어요.

물방울이 맺힘.

실험➕ 지퍼 백을 이용한 물의 순환 과정 알아보기 📖 금성출판사

❶ 지퍼 백에 태양, 구름, 육지 등을 그리고, 파란색 물감을 탄 물을 넣습니다.

❷ 입구를 닫아 햇빛이 드는 유리창에 붙이고, 2~3일 동안 지퍼 백 안쪽의 변화를 관찰합니다.

실험 결과

지퍼 백 안쪽 윗부분에 물방울이 맺히고, 물방울의 크기도 점점 커집니다. 커진 물방울이 흘러내립니다.

1 물의 순환

기본 개념 문제

1

( )은/는 공기 중에 있는 물의 기체 상태를 말합니다.

2

물의 ( )(이)란 물이 상태가 변하면서 지구 여러 곳을 끊임없이 돌고 도는 과정을 말합니다.

3

수증기가 하늘 높이 올라가서 ( )하면 구름이 됩니다.

4

육지에 내린 ( )은/는 강, 호수 등에 모이거나 땅속으로 스며들어 지하수가 됩니다.

5

물이 순환할 때 지구 전체에 있는 ( )의 양은 항상 일정합니다.

6 ➕ 7종 공통

물이 상태가 변하면서 끊임없이 돌고 도는 과정을 무엇이라고 합니까? ( )

① 물의 순환　　　　② 물의 응결
③ 물의 증발　　　　④ 물의 변화
⑤ 물의 회전

7 ➕ 7종 공통

다음 물방울의 이야기를 보고, 물방울의 현재 상태로 알맞은 것을 보기 에서 골라 쓰시오.

나는 지금 식물의 뿌리를 통해 빨아들여졌어.

보기 ●

눈,　물,　얼음,　수증기

( )

8 ➕ 7종 공통

다음 중 물의 순환에 대해 옳게 말한 사람의 이름을 쓰시오.

• 준: 물의 상태는 변하지 않아.
• 서빈: 물은 끊임없이 돌고 돌아.
• 훈모: 물이 순환할수록 물의 양이 점점 늘어나.

( )

9　7종 공통

다음은 물의 순환 과정을 나타낸 것입니다. 순환 과정에서 볼 수 있는 ㉠~㉢으로 알맞은 것을 보기 에서 각각 골라 쓰시오.

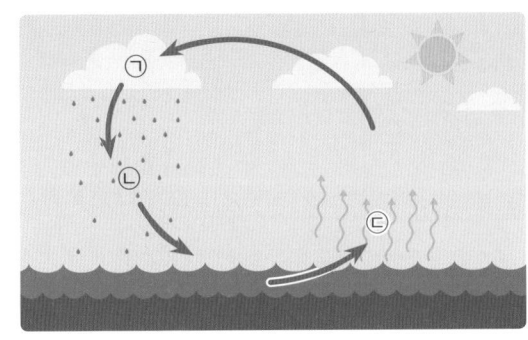

보기

비,　땅속,　수증기,　구름

㉠ (　　　　　　　　　), ㉡ (　　　　　　　　　　)
㉢ (　　　　　　　　　)

[10-11] 다음은 물의 이동 과정을 알아보는 실험 장치를 꾸미는 과정입니다. 물음에 답하시오.

1 컵에 젖은 모래를 비스듬히 담고, 물을 천천히 붓는다.
2 평평하게 만든 모래 위에 얼음을 올려놓는다.
3 컵 뚜껑을 뒤집어 구멍을 랩으로 막고 얼음을 넣은 뒤, 컵 위에 올려놓는다.

10　지학사, 천재

완성된 위 실험 장치에서 약 20 cm 정도 떨어진 곳에 열 전구를 켜고, 30분 동안 관찰할 수 있는 현상으로 알맞은 것에 모두 ○표 하시오.

(1) 얼음이 더 단단해진다.　　　　　　　　(　　　)
(2) 컵 안쪽 벽면에 전체적으로 김이 서린다. (　　　)
(3) 컵 안쪽 뚜껑 밑면에 물방울들이 맺힌다. (　　　)

11　지학사, 천재

앞 실험 장치에서 30분 동안 일어난 물의 순환 과정으로 (　　　) 안에 들어갈 가장 알맞은 말은 어느 것입니까? (　　　　　)

얼음 → 물 → (　　　) → 물방울

① 눈　　　　　　　　② 강
③ 빙하　　　　　　　④ 얼음
⑤ 수증기

12　서술형　동아, 김영사, 아이스크림

오른쪽은 물의 순환 과정을 알아보는 실험 장치입니다. 작은 컵 안의 식물에 물을 주지 않아도 살 수 있는 까닭을 쓰시오.

컵
식물
물과 얼음

13　금성

오른쪽은 지퍼 백에 물감을 탄 물을 넣고 입구를 닫아 햇빛이 드는 유리창에 붙인 것입니다. 무엇을 알아보기 위한 것인지 쓰시오.

물의 (　　　　　　　　) 과정

2 물이 중요한 까닭, 물 부족 현상을 해결하기 위한 방법

1 물이 중요한 까닭

(1) 하루 동안 물을 이용한 경험 이야기하기 ⓔ

① 아침에 일어나서 이를 닦고 세수를 할 때 물을 이용했습니다.

② 목이 말라서 물을 마셨습니다.

③ 비눗방울 놀이를 할 때 물을 사용하여 거품을 만들었습니다.

④ 교실의 화분에 물을 주었습니다.

⑤ 체육 수업이 끝나고 손을 씻었습니다.

⑥ 저녁 식사 후 설거지를 도울 때 물을 이용했습니다.

⑦ 화장실을 사용하고 변기의 물을 내렸습니다.

(2) 우리 주변에서 물을 이용하는 모습 ⓔ

동물

식물

사람

▲ 생물이 생명을 유지하기 위해서 물을 마심.

• 물이 떨어지는 높이 차이를 이용하여 전기를 만들어요.

▲ 농작물을 키움.

▲ 씻을 때 이용함.

▲ 전기를 만듦.

▲ 공장에서 이용함.

▲ 불을 끌 때 이용함.

▲ 음식을 신선하게 보관함.

▲ 물건을 나를 때 이용함.

▲ 취미 생활에 이용함.

▲ 화장실에서 이용함.

(3) 물이 중요한 까닭

① 물은 모든 생물이 생명을 유지하는 데 없어서는 안 됩니다.
• 물이 없다면 식물이 자랄 수 없고, 사람도 생명을 유지할 수 없어요.

② 우리는 일상생활에서 물을 다양하게 이용하고 물을 이용해 생활에 필요한 것을 얻기노 합니다.

③ 인구 증가, 산업 발달 등으로 물의 이용량이 증가하여 우리가 쓸 수 있는 물이 점점 부족해지면서 어려움을 겪는 곳이 많아지고 있습니다.

④ 그러므로 우리에게 꼭 필요한 물을 아끼고, 소중히 여겨야 합니다.

➕ **집에 물이 나오지 않을 때 생길 수 있는 일 ⓔ**

• 화장실에서 물을 사용할 수 없어 변기나 하수구 냄새가 심하게 날 것입니다.

• 물을 이용하여 밥을 짓거나 요리를 할 수 없을 것입니다.

➕ **물이 만든 지형의 변화 이용하기**

흐르는 물이 만든 다양한 지형을 관광 자원으로 이용할 수도 있습니다.

➕ **물 부족 현상 알아보기**

• 마실 물이 부족해져 먼 곳까지 가서 물을 가져와야 합니다.

• 강이나 호수에 있는 물이 말라 그곳에서 살아가는 동물이나 식물이 살 수 없게 됩니다.

• 물을 사용하는 시설을 이용하기 어려워집니다.

용어 사전

• **인구** 일정한 지역에 사는 사람의 수.

• **산업** 인간의 생활을 경제적으로 풍요롭게 하기 위하여 물건이나 서비스를 생산하는 사업.

2 물 부족 현상을 해결하기 위한 방법

(1) 물이 부족한 까닭

① 지구상의 물은 대부분 바닷물이라서 사용할 수 있는 민물의 양이 매우 적습니다.

② 비가 아주 적게 오거나 특정한 시기에만 오는 지역, 기후 변화로 가뭄이나 폭염 등이 지속적으로 발생하는 곳에서는 물을 보존하기 어렵습니다.

③ 인구가 증가하여 더 많은 양의 물을 필요로 합니다.

④ 산업이 발달하면서 물의 사용량이 크게 늘었습니다.

⑤ 오염된 물이 하천으로 흐르면서 우리가 이용할 수 있는 깨끗한 물이 줄어듭니다.

⑥ 사람들이 물을 낭비하는 습관도 물 부족의 원인이 됩니다.

기후 변화   인구 증가   산업 발달   환경 오염

(2) 물 부족 현상을 해결하기 위한 방법

> 물 부족 현상을 해결하거나 물을 효과적으로 이용하기 위해 과학자와 기술자들은 그 지역에 맞는 창의적인 기술을 개발해요.

① 세계 여러 나라에서는 물 부족 현상을 해결하기 위해 많은 노력을 하고 있습니다.

② 바닷물에서 소금 성분을 제거하여 마실 수 있는 물을 얻을 수 있는 장치를 설치합니다. → 해수 담수화 장치라고 해요.

③ 안개나 빗물을 모아서 사용할 수 있는 물을 얻기도 합니다.

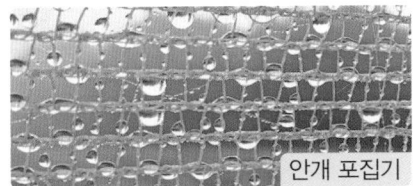 

안개 포집기   빗물 저장 장치(빗물 저금통)

안개가 발생하는 곳에 그물을 설치해 공기 중의 작은 물방울을 수집할 수 있음.

빗물을 모아 일상생활에 다양하게 이용할 수 있음.

④ 한번 사용한 물을 깨끗하게 만들어 다시 사용하는 방법처럼 물을 절약할 수 있는 기술을 개발하기도 합니다.

⑤ 절수용 수도꼭지, 절수용 샤워기, 절수용 변기 등과 같이 물을 아껴 쓰기 위한 다양한 도구를 이용합니다.

(3) 가정이나 학교에서 물 부족 현상을 해결할 수 있는 방법

① 양치질할 때는 컵을 사용합니다.

② 설거지할 때는 물을 받아서 합니다.

③ 손을 씻을 때는 물을 잠그고 비누칠을 합니다.

④ 샤워 시간을 줄이고, 샴푸를 많이 사용하지 않습니다.

⑤ 빨래는 모아서 한꺼번에 합니다.

⑥ 빗물을 모아 실외 청소를 하거나 식물에 물을 줍니다.

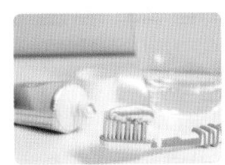   

양치질할 때 컵에 물을 받아서 사용하기   설거지할 때 물 받아서 사용하기   빨래는 모아서 한꺼번에 하기   빗물 이용하기

＋ 물이 부족하여 어려움을 겪는 경우 예

• 우리나라: 2017년 5월 오랫동안 비가 오지 않아 전국에 있는 강과 저수지가 말랐고, 농작물이 잘 자라지 않았습니다.

• 터키: 1990년 댐에 물을 채우기 위해 한 달간 유프라테스강을 막아서 시리아, 이라크와 물 분쟁이 있었습니다.

• 물이 부족한 곳에서는 많은 어린이가 마실 물을 구하기 위해 학교에 가지 못하고 있습니다. 또 더러운 물을 마시면서 설사병, 전염병 등에 걸리는 경우가 많습니다.

＋ 와카워터

공기 중의 수증기를 물로 모으는 장치로, 낮과 밤의 기온 차이가 큰 아프리카와 같은 지역에 설치합니다. 밤에 기온이 내려가면 공기 중의 수증기가 그물망에 응결하여 물을 모을 수 있습니다.

용어 사전

● **민물** 강이나 호수 등과 같이 염분이 없는 물. 담수라고도 함.

● **폭염** 매우 심한 더위.

● **해수** 바다에 괴어 있는 짠물.

● **절수** 물을 아껴서 사용함.

2 물이 중요한 까닭, 물 부족 현상을 해결하기 위한 방법

기본 개념 문제

1

이를 닦고 세수를 할 때 (　　　　　)을/를 이용합니다.

2

물은 (　　　　　)이/가 생명을 유지하는 데 없어서는 안 됩니다.

3

지구상의 물은 대부분 (　　　　　)(이)라서 사용할 수 있는 민물의 양이 매우 적습니다.

4

사람들이 물을 낭비하는 습관은 '물 (　　　) 현상'의 원인이 됩니다.

5

절수용 수도꼭지, 절수용 샤워기, 절수용 변기 등은 모두 (　　　　)을/를 아껴 쓰기 위한 도구입니다.

6 ➕ 7종 공통

다음은 일상생활에서 공통적으로 무엇을 이용하는 모습인지 쓰시오.

(　　　　　　　　　)

7 ➕ 7종 공통

오른쪽과 같이 우리가 마신 물에 대한 설명으로 옳은 것을 보기 에서 두 가지 골라 기호를 쓰시오.

보기 ●
ㄱ 몸속을 순환한다.
ㄴ 영양분을 몸 곳곳에 전달한다.
ㄷ 우리 몸속에서 물이 하는 역할은 없다.

(　　　　　　　　　)

8 비상, 지학사

우리 주변에서 물을 이용하는 모습으로 옳은 것에 ○표 하시오.

(1) 농작물이 자라지 못하게 한다. (　　　)
(2) 연필로 글씨를 쓰고 그림을 그린다. (　　　)
(3) 음식이 상하지 않도록 얼음을 이용한다. (　　　)

9 ✚ 7종 공통

한 번 이용한 물이 어떻게 되는지에 대해 옳게 말한 사람의 이름을 쓰시오.

> 한 번 이용한 물은 영원히 없어지게 돼.

채준

> 한 번 이용한 물도 돌고 돌아 다시 만날 수 있어.

지율

(　　　　　　　　　　)

10 금성, 김영사, 비상, 아이스크림, 지학사, 천재

지구에 있는 물 중에서 소금 성분이 없어 사용할 수 있는 물을 무엇이라고 합니까? (　　　　)

① 사물　　　　② 민물　　　　③ 은물
④ 오물　　　　⑤ 재물

11 ✚ 7종 공통

물 부족 현상을 해결하기 위해 가정에서 직접 실천할 수 있는 일로 알맞지 <u>않은</u> 것은 어느 것입니까?

(　　　)

① 빨래는 모아서 한꺼번에 한다.
② 빗물을 모아 실외 청소를 한다.
③ 설거지할 때는 물을 받아서 한다.
④ 세숫대야에 물을 받아서 세수를 한다.
⑤ 샴푸를 적게 쓰고, 샤워 시간을 두 배로 늘린다.

[12-13] 다음은 물이 부족한 여러 가지 까닭입니다. 물음에 답하시오.

▲ 물을 낭비하는 습관

▲ 산업의 발달

▲ 기후의 변화

12 서술형　✚ 7종 공통

위 경우를 제외하고, 물이 부족한 까닭을 한 가지 쓰시오.

_____

_____

13 ✚ 7종 공통

위와 같은 물 부족 현상을 해결하기 위해 과학자와 기술자들이 개발한 것이 <u>아닌</u> 하나를 골라 기호를 쓰시오.

㉠

▲ 와카워터

㉡

▲ 안개 포집기

㉢

▲ 식기세척기

㉣

▲ 빗물 저장 장치

(　　　　　　　　　　)

★ 물을 볼 수 있는 곳

▲ 비나 눈

▲ 바다나 강

5 물의 여행

1. 물의 순환

(1) 물의 **[①   ]** 가지 상태: 물은 한곳에 머무르지 않고 상태를 바꾸면서 육지, 바다, 공기, 생물 등 여러 곳을 끊임없이 돌아다닙니다.

▲ 고체 상태   ▲ 액체 상태   ▲ 기체 상태

(2) **물의 순환**

① 물이 상태가 변하면서 육지와 바다, 공기, 생명체 등 지구 여러 곳을 끊임없이 돌고 도는 과정을 물의 순환이라고 합니다.

② 우리가 사용하는 물은 새로 생기거나 없어지지 않고 고체, 액체, 기체로 상태만 변하면서 순환하기 때문에 지구 전체 **[②   ]**의 양은 항상 일정합니다.

★ 물이 순환하는 동안의 물의 상태

물의 모습	상태
눈, 빙하 등	고체
강, 바다, 사람 몸속, 식물, 땅속 등	액체
하늘, 공기 중	기체

(3) **물의 순환으로 일어나는 현상** 예

① 식물과 동물이 생명을 유지할 수 있습니다.

② 구름이 만들어지고, 비나 눈이 내립니다.

③ 비가 모여 땅 위를 흐르면서 지표의 모습을 변화시킵니다.

(4) **물의 순환 과정을 알아보는 실험과 실제 자연 비교하기**

① 고체 상태의 **[③   ]**이 녹은 물이 아래쪽 모래로 스며듭니다.

② 액체 상태의 물이 기체 상태의 **[④   ]**로 변해 공기 중으로 올라가고, 수증기가 차가운 컵 뚜껑 밑면이나 벽면에 닿으면 물로 변합니다.

★ 물의 순환 과정을 알아보는 실험에서 관찰할 수 있는 모습
• 컵 내부가 뽀얗게 흐려집니다.
• 컵 안쪽 뚜껑 밑면에 작은 물방울들이 맺히고, 시간이 지남에 따라 물방울들이 커져 흘러내립니다.

물의 순환 과정실험	실제 자연
열 전구	태양
컵 안의 물	바다, 강, 호수
컵 안의 **[⑤]**	땅, 육지
컵 안의 얼음	눈, 얼음, 빙하
컵 안에 맺힌 물방울	비, 이슬

물방울

물

모래

2. 물이 중요한 까닭, 물 부족 현상을 해결하기 위한 방법

(1) **물이 중요한 까닭:** 물은 생물이 ⑥ [　　　]을 유지하는 데 반드시 필요하며, 우리는 일상생활에서 물을 다양하게 이용하고 물을 이용해 생활에 필요한 것을 얻습니다.

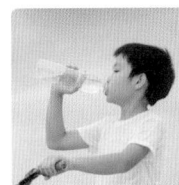 
▲ 생명을 유지함.

▲ 농작물을 키움.

▲ 음식을 신선하게 보관함.

(2) 물이 부족한 까닭

사용 가능한 ⑦ [　　　]의 양이 매우 적음.

지역에 따라 가뭄이나 폭염 등이 지속되는 곳에서는 물을 보존하기 어려움.

인구가 증가하여 더 많은 양의 물이 필요함.

산업이 발달하면서 물의 사용량이 늘어남.

오염된 물이 하천으로 흐르면서 이용할 수 있는 깨끗한 물이 줄어듦.

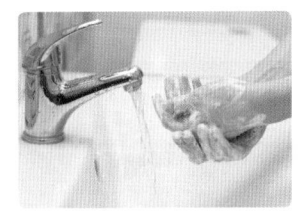
사람들이 물을 낭비하는 습관도 물이 부족한 원인이 됨.

(3) 물 부족 현상을 해결하기 위한 방법

▲ 해수 담수화 장치

▲ 안개 포집기

▲ 빗물 저장 장치

▲ 와카워터

절수 버튼
▲ 절수용 수도꼭지

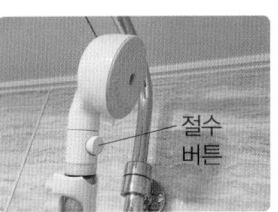
절수 버튼
▲ 절수용 샤워기

① 세계 여러 나라에서는 물 부족 현상을 해결하기 위해 많은 노력을 하고 있습니다.
② 가정이나 학교에서도 생활에서 실천할 수 있는 물 절약 방법을 지킵니다.

★ 물을 이용하는 모습 ⟮예⟯

▲ 이를 닦을 때 이용함.

▲ 비눗방울 놀이를 함.

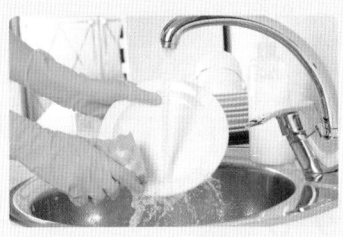
▲ 설거지를 함.

5단원

★ 물 부족 현상을 해결하기 위한 기술

▲ 솔라 볼(Solar ball)

오염된 물을 솔라 볼에 넣은 뒤, 햇볕이 잘 드는 곳에 두면 태양열에 의해 물만 공기 중의 수증기로 증발합니다. 증발된 수증기는 솔라 볼 위쪽에 설치된 바깥 저장고에서 다시 응결되어 이용할 수 있는 물이 됩니다.

1 ➕ 7종 공통

다음 ( ) 안에 들어갈 알맞은 말을 순서대로 옳게 짝 지은 것은 어느 것입니까? ( )

> 구름은 증발한 수증기가 (㉠)하여 만들어지는데, 구름 속의 물방울이 많이 모이면 (㉡)이/가 되어 내린다.

	㉠	㉡		㉠	㉡
①	응결	비	②	증발	눈
③	끓음	우박	④	감소	비
⑤	회전	눈			

2 ➕ 7종 공통

오른쪽과 같이 땅에 내린 비에 대한 설명으로 옳지 <u>않은</u> 것은 어느 것입니까? ( )

① 강으로 흘러간다.
② 식물의 뿌리로 흡수된다.
③ 땅속에서 지하수로 흐른다.
④ 땅속으로 흡수되어 모두 사라진다.
⑤ 바다로 흘렀다가 공기 중으로 증발한다.

3 ➕ 7종 공통

물의 순환 과정에 대한 설명으로 옳은 것을 보기 에서 골라 기호를 쓰시오.

> 보기
> ㉠ 물의 상태는 끊임없이 변한다.
> ㉡ 밤에는 물이 순환하지 않는다.
> ㉢ 물의 순환으로 지구 전체 물의 양이 점점 늘어난다.

( )

[4-5] 다음은 물의 이동 과정을 알아보는 실험 장치입니다. 물음에 답하시오.

4 천재, 지학사

위 장치에서 열 전구를 켠 뒤, 시간이 지남에 따라 볼수 있는 변화를 관찰한 내용으로 옳은 것에 ○표, 옳지 <u>않은</u> 것에 ×표 하시오.

⑴ 처음에는 컵 안의 얼음이 녹는다. ( )
⑵ 5분이 지나면 컵 안의 물이 얼음으로 변하기 시작한다. ( )
⑶ 시간이 지남에 따라 컵 안쪽 뚜껑 밑면에 큰 물방울이 많이 맺힌다. ( )

5 서술형 천재, 지학사

위 실험 장치의 처음 무게가 130 g이었을 때, 열 전구를 켜고 30분 후의 무게로 가장 알맞은 것의 기호를 고르고, 그렇게 생각한 까닭을 쓰시오.

> 보기
> ㉠ 약 100 g ㉡ 약 110 g ㉢ 약 120 g
> ㉣ 약 130 g ㉤ 약 140 g ㉥ 약 150 g

⑴ 30분 후의 무게: ( )

⑵ 그렇게 생각한 까닭: _____

_____

_____

6 동아, 아이스크림, 김영사

오른쪽 실험 장치 안에서의 물의 순환 과정을 옳게 말한 사람의 이름을 쓰시오.

컵
식물
물과 얼음

- 재문: 컵 안의 물이 응결하여 수증기가 돼.
- 선영: 식물의 뿌리에서 흡수된 물은 잎에서 수증기로 나와.
- 정산: 컵 안의 수증기는 증발하여 컵 안쪽 벽면에 작은 물방울로 맺혀.

( )

[7-8] 다음은 우리 주변에서 물을 이용하는 모습입니다. 물음에 답하시오.

㉠

㉡

▲ 씻을 때 이용함.　　　▲ 음식을 신선하게 보관함.

㉢

㉣

▲ 전기를 만듦.　　　▲ 농작물을 키움.

7 ➕ 7종 공통

위에서 액체 상태의 물을 이용하는 모습을 모두 골라 기호를 쓰시오.

( )

8 ➕ 7종 공통

앞 ㉣에서 준 물이 순환하는 과정으로 다음 (　　) 안에 들어갈 알맞은 말을 보기 에서 골라 기호를 쓰시오.

흙 속의 물 → (　　　　　) → 식물의 잎에서 공기 중으로 나온 수증기

보기
㉠ 사람이 마시는 물
㉡ 구름에서 내리는 비
㉢ 식물의 뿌리로 흡수된 물

( )

9 ➕ 7종 공통

물의 이용에 대한 설명으로 옳은 것은 어느 것입니까? (　　)

① 물은 한 번 이용하면 사라진다.
② 이용한 물은 돌고 돌아 다시 만날 수 있다.
③ 동물이 마신 물은 동물의 몸속을 순환하며 몸속에 계속 남는다.
④ 우리가 이용할 수 있는 물은 끊임없이 생겨나므로, 자유롭게 이용한다.
⑤ 식물이 마신 물은 식물의 뿌리를 통해 응결되어 수증기의 형태로 나온다.

10 ➕ 7종 공통

물이 부족한 까닭으로 옳은 것을 보기 에서 골라 기호를 쓰시오.

보기
㉠ 하수 처리 시설을 많이 만들었기 때문이다.
㉡ 인구가 감소하면서 물 이용량이 줄어들었기 때문이다.
㉢ 환경이 오염되어 이용할 수 있는 물의 양이 줄어들었기 때문이다.

( )

5
단원

11 서술형 ➕ 7종 공통

물 부족 현상을 해결할 수 있는 방법을 한 가지 쓰시오.

_____

_____

12 ➕ 7종 공통

물을 컵에 받아 양치할 때와 물을 틀어 놓고 양치할 때의 물 이용량을 비교해 보았습니다. 물 부족을 해결하기 위한 방법으로 알맞은 것에 ○표 하시오.

(1)

물을 컵에 받아 양치할 때: 1컵

(   )

(2)

물을 틀어 놓고 양치할 때: 25컵

(   )

13 ➕ 7종 공통

물 부족 현상을 해결하는 방법 중에서 실천할 수 있는 것을 골라 물 절약 카드를 만들었습니다. 알맞지 <u>않은</u> 것을 골라 기호를 쓰시오.

㉠
약속, 물 절약!
설거지를 할 때 물을 받아서 해요.

㉡
약속, 물 절약!
어두워지기 전에 집에 들어가요.

㉢
약속, 물 절약!
손을 씻을 때 물을 잠그고 비누칠을 해요.

㉣
약속, 물 절약!
샤워 시간을 줄여요.

(   )

14 ➕ 7종 공통

다음은 가정에서 빨래를 하는 모습입니다.

㉠

빨래할 때 세제를 적당히 사용한다.

㉡

빨래할 때 세제를 많이 사용한다.

⑴ 위 ㉠, ㉡ 중 물을 절약할 수 있는 모습으로 알맞은 것의 기호를 쓰시오.

(   )

⑵ 가정에서 빨래를 할 때 물 부족 현상을 해결하기 위한 방법을 위 답과 관련지어 쓰시오.

_____

_____

15 동아, 금성, 김영사, 비상, 아이스크림, 천재

물 부족 현상을 해결하기 위해 안개나 빗물을 모아서 사용할 수 있는 장치를 만들려고 합니다. 장치를 만들기 전에 생각해야 할 점으로 알맞지 <u>않은</u> 것은 어느 것입니까? (   )

① 필요한 재료

② 물을 모으는 방법

③ 설치할 곳의 환경

④ 장치의 모양이나 형태

⑤ 안개나 비 구름을 없애는 방법

[1-4] 다음은 물이 이동하는 과정입니다. 물음에 답하시오.

1 ⊕ 7종 공통

위 ㉡, ㉢, ㉣ 중 사람 몸속에 있는 물의 상태와 상태가 같은 것을 모두 골라 기호를 쓰시오.

( )

2 ⊕ 7종 공통

위 ㉢ 바닷물이 ㉣ 수증기로 변하는 현상을 무엇이라고 하는지 ( ) 안에 들어갈 알맞은 말을 쓰시오.

> 바다, 강, 호수, 땅 등에 있는 물은 ( )하여 수증기가 됩니다.

( )

3 서술형 ⊕ 7종 공통

위 ㉠ 구름에서 물이 이동하여 다시 구름이 되기까지 물이 이동하는 과정을 쓰시오.

_____

_____

4 ⊕ 7종 공통

앞 물이 이동하는 과정에서 알 수 있는 것으로 옳은 것은 어느 것입니까? ( )

① 바다에만 물이 존재한다.
② 물의 순환은 끊임없이 이루어진다.
③ 물의 순환은 한곳에서만 일어난다.
④ 물이 증발하여 수증기가 되면 사라진다.
⑤ 물이 이동할 때에는 상태가 변하지 않는다.

5 ⊕ 7종 공통

물이 순환할 때 지구 전체 물의 양은 어떻게 되는지 옳게 말한 사람의 이름을 쓰시오.

( )

[6-7] 물의 이동 과정을 알 아보는 오른쪽 실험 장치에 열 전구를 비추었습니다. 물음에 답하시오.

얼음
얼음
물
모래

6 지학사, 천재

30분 후, 위 실험 장치의 각 부분에서 볼 수 있는 현 상으로 알맞은 것을 보기 에서 모두 골라 기호를 쓰 시오.

┌─ 보기 ●
│ ㉠ 뿌옇게 흐려진다.
│ ㉡ 얼음이 녹아서 물이 된다.
│ ㉢ 물방울이 맺히고, 흘러내린다.

(1) 뚜껑에 넣은 얼음: ( )
(2) 모래 위에 놓은 얼음: ( )
(3) 컵 안쪽과 벽면: ( )

8 ➕ 7종 공통

다음 중 물을 이용하는 경우가 <u>아닌</u> 모습의 기호를 쓰 시오.

㉠

▲ 수영을 할 때

㉡

▲ 창문을 열고 닫을 때

( )

9 ➕ 7종 공통

물이 중요한 까닭과 관계 <u>없는</u> 것은 어느 것입니까?
( )

① 물건이나 주변을 깨끗하게 만든다.
② 얼음을 이용하여 고기를 신선하게 보관할 수 있다.
③ 빗물이 땅속에 스며들어 풀과 나무를 자라게 한다.
④ 우리가 마신 물은 몸 곳곳으로 영양분을 전달해 준다.
⑤ 물이 산 위에 있는 흙과 돌을 아래로 모두 운반하 여 땅을 평평하게 한다.

10 동아, 김영사, 비상, 아이스크림, 지학사, 천재

다음과 같이 물이 떨어지는 높이의 차이를 이용하여 무엇을 만들 수 있는지 쓰시오.

( )

7 서술형 지학사, 천재

위 **6**번의 (3)에서 볼 수 있는 현상은 물의 어떤 이동 과정을 거친 것인지 쓰시오.

_____

_____

_____

11 ✚ 7종 공통

다음과 같이 초원이었던 곳이 사막과 같이 변하는 곳이 많아지면서 나타날 수 있는 현상으로 옳은 것은 어느 것입니까? (   )

① 지하수가 늘어난다.
② 물이 고체 상태로만 변한다.
③ 물이 깨끗해지는 속도가 빨라진다.
④ 사람이 이용할 수 있는 물이 부족해진다.
⑤ 지구에 있는 물의 양이 조금씩 늘어난다.

12 ✚ 7종 공통

물 부족 현상을 해결할 방법으로 옳지 않은 것을 보기 에서 골라 기호를 쓰시오.

> **보기**
> ㉠ 빗물을 저장 장치에 모아서 재활용한다.
> ㉡ 바닷물을 마실 수 있는 물로 바꾸는 장치를 이용한다.
> ㉢ 우리 생활에서 이용한 물은 즉시 모아서 바다로 흘러가게 한다.

(   )

13 ✚ 7종 공통

물이 부족한 까닭으로 옳지 않은 것은 어느 것입니까? (   )

① 도시가 발달하고 사람이 많아졌기 때문이다.
② 물을 절약하기 위해 모두 노력했기 때문이다.
③ 환경이 오염되어 이용 가능한 물이 줄어들었기 때문이다.
④ 지역이나 기후에 따라 이용할 수 있는 물의 양이 다르기 때문이다.
⑤ 지구상의 물이 대부분 바닷물이어서 사용할 수 있는 민물의 양이 적기 때문이다.

14 천재

다음은 2017년 신문기사의 일부입니다. 잘 읽고 이와 관련된 설명으로 옳은 것에 ○표, 옳지 않은 것에 ×표 하시오.

> **바싹 마른 대한민국**
> 4~5월 내내, 단 하루도 비가 오지 않아 전국에 있는 강과 저수지가 바싹 말랐습니다. 이에 따라 딸기와 참외, 토마토 등 제철 과일의 가격이 크게 올랐습니다.

(1) 우리나라는 물이 부족하여 어려움을 겪은 경험이 없다. (   )
(2) 오랫동안 비가 오지 않으면 농작물이 잘 자라지 않아 가격이 오를 수 있다. (   )

15 서술형 ✚ 7종 공통

물 부족 현상을 해결하기 위해 가정이나 학교에서 물을 절약하는 방법에 대해 토의하려 합니다. 알맞은 물 절약 방법을 한 가지 쓰시오.

평가 주제	물의 순환 알아보기
평가 목표	물의 이동 과정을 알아보는 실험을 통해 실제 물이 순환하는 과정을 설명할 수 있다.

[1-2] 오른쪽과 같이 물의 이동 과정을 알아보는 실험 장치에서 약 20 cm 정도 떨어진 곳에 열 전구를 놓고 불을 켰습니다. 물음에 답하시오.

1 위 실험 장치와 지구에서의 물의 순환 과정을 비교하여 비슷한 과정끼리 짝 지어 선으로 이으시오.

(1)

모래 위 얼음이 녹은 물이 수증기로 증발함.

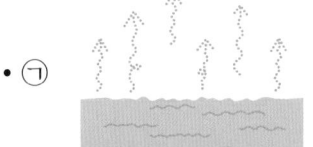

㉠

바다나 강 등에 있는 물이 증발하여 수증기가 됨.

(2)

컵 안쪽 벽면에 물방울이 많이 맺힘.

㉡

비나 눈이 되어 바다나 육지에 내림.

(3)

컵 안쪽 벽면에 맺힌 물방울이 커져서 아래로 흘러내림.

㉢

수증기가 응결하여 구름이 됨.

도움 열 전구를 태양, 컵 안을 지구라고 생각해 봅니다. 물은 바다나 강 또는 호수를, 모래는 땅이나 육지, 얼음은 눈이나 얼음, 흘러내리는 물방울은 비로 생각할 수 있습니다.

2 위 실험 장치에서 존재하는 물의 세 가지 상태로 알맞은 말을 각각 빈칸에 쓰시오.

고체 상태	액체 상태	기체 상태
㉠	㉡	㉢

도움 지구의 공기 중에는 기체 상태, 바닷물이나 강에는 액체 상태, 빙하나 눈에는 고체 상태의 물이 있습니다.

5. 물의 여행

문제 강의

● 정답과 풀이 19쪽

| 평가 주제 | 물 부족 현상을 해결하기 위한 방법 알아보기 |
| 평가 목표 | 물의 중요성을 알고 물 부족 현상을 해결하기 위한 사례를 이해하고 설명할 수 있다. |

[1-2] 다음은 우리 주변에서 볼 수 있는 다양한 물의 모습입니다. 물음에 답하시오.

(가)
빗물

(나)
안개

(다)
바닷물

1 다음은 위 (가)~(다)를 우리가 이용할 수 있는 물로 바꾸는 방법입니다. 관련 있는 것의 기호를 각각 쓰시오.

(1)
물에서 소금 성분을 제거하여 마실 수 있는 물을 얻는다.

( )

(2)
그물을 설치해 공기 중의 작은 물방울을 수집하여 사용할 수 있는 물을 얻는다.

( )

(3)
저장 장치를 이용하여 모은 뒤 일상생활에 다양하게 이용한다.

( )

> **도움** 소금 성분이 있는 물, 공기 중의 작은 물방울, 모아서 바로 사용할 수 있는 물과 (가)~(다)의 특징을 비교하여 생각합니다.

2 다음은 물 부족 현상을 해결하기 위해 위 (다)를 이용하는 장치에 대한 설명입니다. ( ) 안에 들어갈 알맞은 말을 각각 쓰시오.

바닷물을 끓이면 바닷물에서 물이 (㉠)하여 수증기가 된다. 이 수증기를 차갑게 하면 (㉡)하여 마실 수 있는 물을 얻을 수 있다. 이 장치를 해수 담수화 장치라고 한다.

㉠ ( ), ㉡ ( )

> **도움** 액체 상태의 물이 기체 상태의 수증기가 되는 현상과 기체 상태의 수증기가 액체 상태의 물이 되는 현상을 무엇이라고 하는지 '물의 순환' 과정에서 배웠던 내용을 떠올려 봅니다.

3 가정이나 학교에서 물 부족 현상을 해결할 수 있는 방법으로 옳은 것에 ○표 하시오.

(1) 빗물을 모아 실외 청소를 하거나 식물에 물을 준다. ( )

(2) 물을 아끼기 위해 빨래를 하지 않으며, 오래 입어 더러워진 옷은 버린다. ( )

> **도움** 일상생활에서 직접 실천한다고 가정하고, 물 부족 현상을 해결할 수 있는 방법인지 판단해 봅니다.

5 단원

다른 그림을 찾아보세요.

● 정답 19쪽

다른 곳이 15군데 있어요.

동아출판 초등 무료 스마트러닝

무료 스마트러닝

동아출판 초등 **무료 스마트러닝**으로
초등 전 과목·전 영역을 쉽고 재미있게!

백점수학 5-1 동영상 학습
개념 강의, 문제풀이 전략 강의

과목별·영역별 특화 강의

전 과목 개념 강의

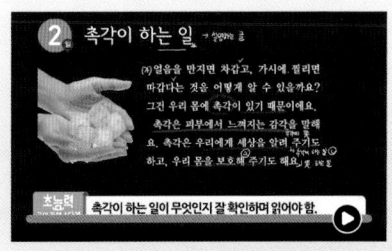
국어 독해 지문 분석 강의

구구단 송

그림으로 이해하는 비주얼씽킹 강의

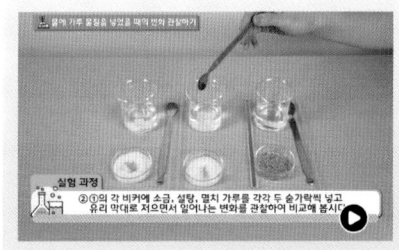
과학 실험 동영상 강의

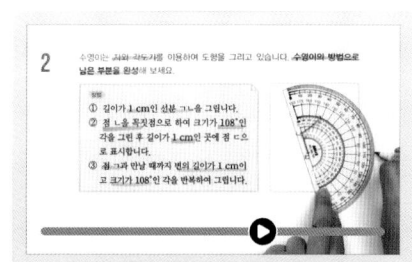
과목별 문제 풀이 강의

서비스 제공 교재 백점 시리즈 | 큐브 | 빠작 초등 국어 | 초능력 | 초고필 | 하이탑 초등 과학

강의가 더해진, **교과서 맞춤 학습**

백점

과학 4·2

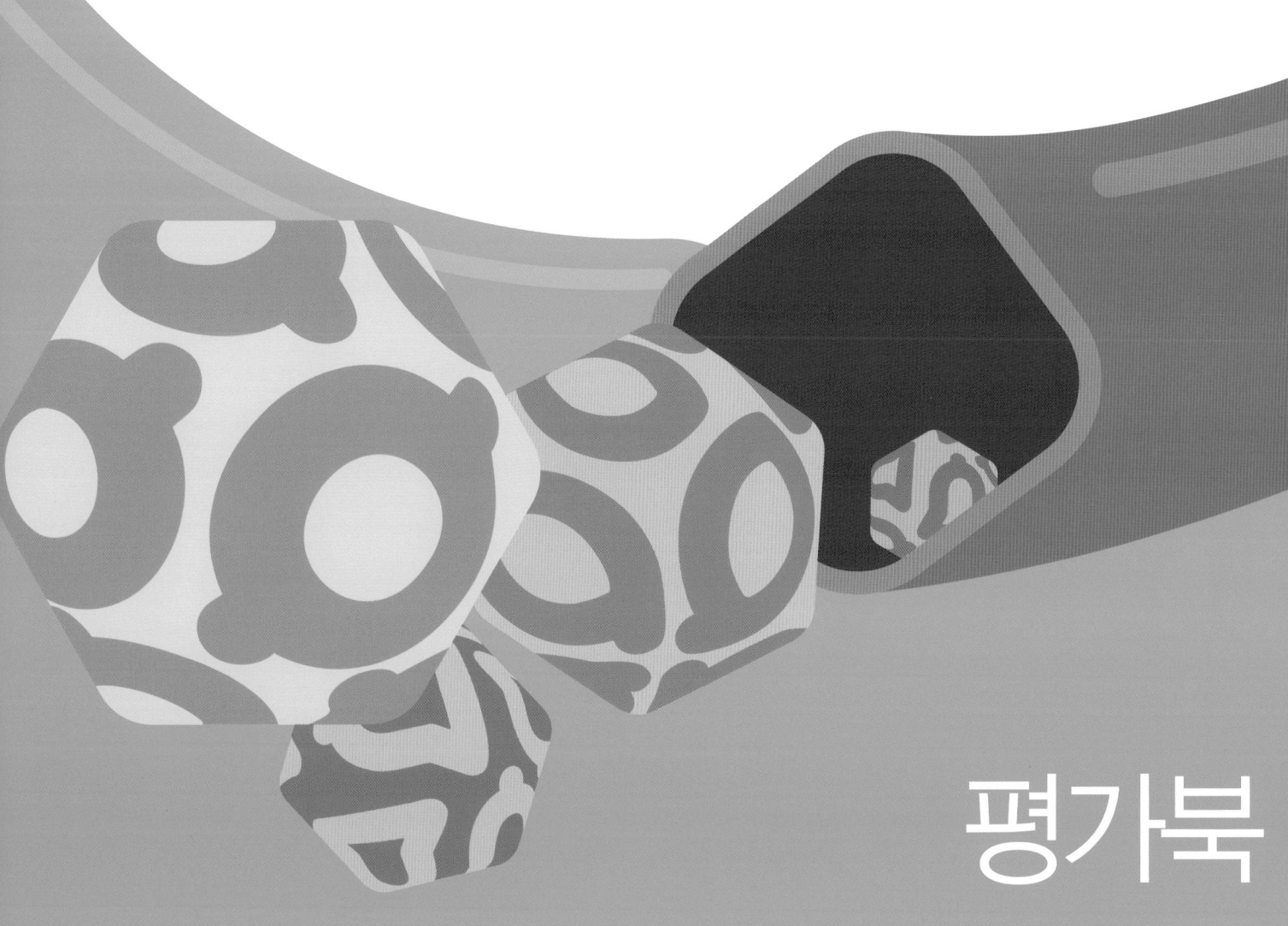

평가북

- 묻고 답하기
- 단원 평가
- 수행 평가

동아출판

평가북 구성과 특징

1 단원별 개념 정리가 있습니다.

- **묻고 답하기**: 단원의 핵심 내용을 묻고 답하기로 빠르게 정리할 수 있습니다.

2 단원별 다양한 평가가 있습니다.

- **단원 평가, 수행 평가**: 다양한 유형의 문제를 풀어봄으로써 수시로 실시되는 학교 시험을 완벽하게 대비할 수 있습니다.

백점

BOOK 2 평가북

과학 **4·2**

✏️ 빈칸에 알맞은 답을 쓰세요.

1 나무는 한해살이 식물입니까, 여러해살이 식물입니까?

2 풀과 나무 중 키가 작고, 줄기가 가는 것은 무엇입니까?

3 토끼풀과 잣나무 중 잎의 끝 모양이 바늘처럼 뾰족한 식물은 무엇입니까?

4 검정말, 개구리밥, 연꽃 중 물에 떠서 사는 식물은 무엇입니까?

5 부레옥잠이 물에 떠서 살 수 있는 까닭은 잎자루에 무엇이 들어 있기 때문입니까?

6 생물이 오랜 기간에 걸쳐 주변 환경에 적합하게 변화되어 가는 것을 무엇이라고 합니까?

7 선인장, 용설란, 회전초는 주로 어떤 환경에서 사는 식물입니까?

8 선인장의 굵은 줄기에는 무엇을 저장하고 있습니까?

9 바오바브나무, 북극다람쥐꼬리, 갯방풍 중 바닷가에 사는 식물은 무엇입니까?

10 도꼬마리 열매와 단풍나무 열매 중 찍찍이 테이프를 만드는 데 활용한 것은 무엇입니까?

✏️ 빈칸에 알맞은 답을 쓰세요.

1 강아지풀과 단풍나무 중 잎이 손바닥 모양이며 여러 갈래로 갈라져 있는 식물은 무엇입니까?

---

2 감나무와 잣나무 중 잎의 전체 모양이 넓적한 것으로 분류할 수 있는 식물은 무엇입니까?

---

3 물수세미, 나사말, 부들 중 물속에 잠겨서 사는 식물이 아닌 것은 무엇입니까?

---

4 수련과 연꽃 중 뒤집힌 우산 모양의 잎이 물 위로 솟아 있는 식물은 무엇입니까?

---

5 부레옥잠은 어느 부분에 수많은 공기주머니가 있습니까?

---

6 검정말과 갈대 중 줄기와 잎이 가늘고 부드러워서 물속에서 힘을 덜 받는 식물은 무엇입니까?

---

7 선인장의 잎과 줄기 중 가시 모양인 부분은 무엇입니까?

---

8 사막에 사는 식물 중 굴러다니면서 씨를 뿌리다가 비가 오면 크게 번식하는 식물은 무엇입니까?

---

9 선인장의 줄기를 자른 면에 화장지를 대면 화장지가 젖는 것을 통해 줄기에 무엇이 있다는 것을 알 수 있습니까?

---

10 도꼬마리 열매와 단풍나무 열매 중 바람을 타고 빙글빙글 돌면서 날아가는 특징을 모방해 선풍기 날개를 만드는 데 활용한 것은 무엇입니까?

1 동아, 김영사, 비상, 아이스크림, 지학사, 천재

다음 두 식물의 공통점으로 옳은 것은 어느 것입니까?
( )

▲ 해바라기

▲ 밤나무

① 뿌리가 없다.
② 필요한 양분을 스스로 만든다.
③ 어른의 키와 비슷한 정도까지 자란다.
④ 겨울에는 죽기 때문에 줄기를 볼 수 없다.
⑤ 여러해살이 식물이며, 해마다 조금씩 자란다.

2 김영사, 아이스크림, 천재

다음에서 설명하는 식물의 이름을 쓰시오.

> • 잎이 한곳에서 뭉쳐나고 하나의 잎은 톱니 모양으로 갈라져 있다.
> • 꽃은 노란색이며, 하얀 솜털같은 열매는 바람에 날아간다.

( )

3 동아, 김영사, 비상, 아이스크림, 지학사, 천재

풀과 나무의 특징을 비교한 내용으로 옳은 것은 어느 것입니까? ( )

구분	풀	나무
① 키	비교적 큼.	비교적 작음.
② 꽃	피지 않음.	핌.
③ 뿌리	있음.	없음.
④ 줄기	나무보다 굵음.	풀보다 가늚.
⑤ 한살이	대부분 한해살이 식물임.	모두 여러해살이 식물임.

[4-5] 들이나 산에 사는 여러 가지 식물의 잎을 보고, 물음에 답하시오.

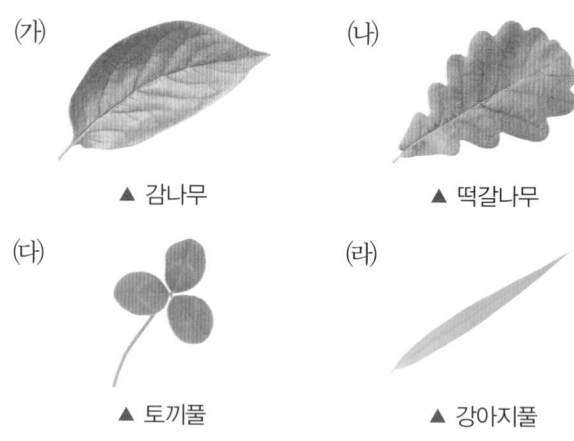

(가) ▲ 감나무
(나) ▲ 떡갈나무
(다) ▲ 토끼풀
(라) ▲ 강아지풀

4 동아, 금성, 비상, 아이스크림, 천재

위 (가)~(라) 중 길쭉한 모양이며 끝부분은 뾰족하고 가장자리가 매끄러운 잎을 골라 기호를 쓰시오.

( )

5 ✚ 7종 공통

유경이네 반 학생들은 모둠별로 분류 기준을 정해 위 식물의 잎을 분류하고자 합니다. 분류 기준을 알맞게 정한 모둠은 몇 모둠인지 쓰고, 그 분류 기준에 맞게 위 (가)~(라)를 분류하여 기호를 쓰시오.

> • 1모둠: 잎의 크기가 큰가?
> • 2모둠: 잎의 모양이 예쁜가?
> • 3모둠: 잎을 먹었을 때 맛있는가?
> • 4모둠: 한곳에 나는 잎의 개수가 여러 개인가?

(1) 분류 기준을 알맞게 정한 모둠: ( )
(2) 분류하기

분류 기준:	
그렇다.	그렇지 않다.

6 서술형 ● 7종 공통

식물의 생활 방식이 나머지와 다른 식물을 골라 기호를 쓰고, 어떻게 다른지 잎의 위치와 관련지어 쓰시오.

ㄱ
▲ 수련

ㄴ
▲ 연꽃

ㄷ
▲ 가래

ㄹ
▲ 마름

_____

_____

7 ● 7종 공통

다음 설명에 해당하는 식물끼리 옳게 짝 지은 것은 어느 것입니까? (   )

> • 잎이 물 위로 높이 자란다.
> • 뿌리는 물속이나 물가의 땅에 있다.
> • 대부분 키가 크고 줄기가 단단하다.

① 부들, 갈대, 창포
② 물수세미, 나사말, 줄
③ 생이가래, 부들, 마름
④ 개구리밥, 물상추, 갈대
⑤ 순채, 개구리밥, 물질경이

[8-10] 다음은 부레옥잠과 검정말의 모습입니다. 물음에 답하시오.

▲ 부레옥잠

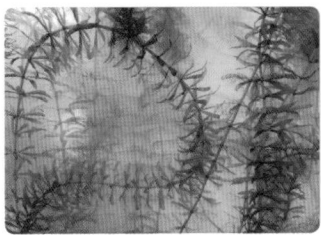
▲ 검정말

8 ● 7종 공통

위 부레옥잠의 특징을 알아보기 위해 일부를 칼로 잘라 보았더니 다음과 같았습니다. 어느 부분을 자른 것인지 쓰시오.

공기주머니

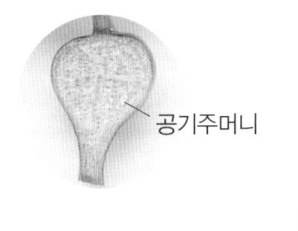
공기주머니

(   )

9 ● 7종 공통

위 검정말의 잎과 줄기를 관찰한 내용으로 옳지 않은 것은 어느 것입니까? (   )

① 잎이 얇고 부드럽다.
② 줄기가 가늘고 부드럽다.
③ 잎은 좁고 뾰족한 모양이다.
④ 잎이 한 군데에 여러 개가 돌려 난다.
⑤ 검정말을 물속에 넣고 흔들면 줄기가 쉽게 꺾여 부러진다.

10 ● 7종 공통

위 부레옥잠과 검정말의 특징은 강이나 연못에 살기에 적합하게 변한 것입니다. 이처럼 생물이 오랜 기간에 걸쳐 주변 환경에 적합하게 변화되어 가는 것을 무엇이라고 하는지 쓰시오.

(   )

11 동아, 금성, 김영사, 아이스크림, 천재

다음에서 설명하는 환경은 어느 곳인지 보기 에서 찾아 기호를 쓰시오.

- 비가 적게 오고, 건조하다.
- 대부분 모래로 이루어져 있다.
- 햇빛이 강하고, 낮과 밤의 기온 차가 크다.

보기

㉠ 극지방

㉡ 사막

㉢ 바다

㉣ 높은 산

(   )

12 동아, 금성, 김영사, 아이스크림, 지학사, 천재

다음 식물들에 대한 설명으로 옳지 <u>않은</u> 것을 골라 기호를 쓰시오.

용설란 / 회전초 / 바오바브나무 / 메스키트나무

- ㉠ 용설란은 굵은 잎에 물을 저장한다.
- ㉡ 회전초는 굴러다니면서 씨를 뿌린다.
- ㉢ 바오바브나무는 잎이 넓고 커서 햇빛을 많이 받을 수 있다.
- ㉣ 메스키트나무는 뿌리가 땅속 깊이까지 뻗어서 지하수를 흡수하여 저장한다.

(   )

[13-14] 다음 두 식물을 보고, 물음에 답하시오.

▲ 금호선인장

▲ 기둥선인장

13 동아, 금성, 김영사, 아이스크림, 지학사, 천재

위 두 식물의 공통점으로 알맞은 것은 어느 것입니까? (   )

① 줄기가 가늘고 약하다.
② 줄기에 물을 저장하고 있다.
③ 비가 많이 오는 곳에서만 살 수 있다.
④ 햇빛을 많이 받기 위해서 잎이 넓적하다.
⑤ 굵은 줄기를 잘라 보면 많은 공기주머니를 관찰할 수 있다.

14 서술형 동아, 금성, 김영사, 아이스크림, 천재

위 선인장의 잎이 가시 모양이기 때문에 사막에서 살기에 좋은 점을 두 가지 쓰시오.

_____

_____

_____

15 금성, 아이스크림, 천재

북극다람쥐꼬리, 남극개미자리와 같은 식물이 사는 환경에 대한 설명으로 옳은 것에 ○표 하시오.

(1) 덥고 비가 많이 온다. (   )
(2) 모래바람이 많이 분다. (   )
(3) 온도가 매우 낮고, 바람이 강하다. (   )

16 동아, 금성

다음 식물들이 주로 사는 환경을 찾아 각각 선으로 이으시오.

(1)
▲ 갯방풍

• ⊙ 덥고 비가 많이 오는 곳

(2)
▲ 눈잣나무

• ⓒ 바닷가

(3)
▲ 야자나무

• ⓒ 높은 산

17 동아, 금성, 아이스크림, 천재

다음 물체들은 단풍나무 열매의 특징을 모방해 활용한 것입니다. 단풍나무 열매의 어떤 특징을 활용하였습니까? (   )

▲ 회전하는 드론

▲ 헬리콥터 날개

▲ 선풍기 날개

① 열매가 가벼워서 물에 뜬다.
② 열매에서 달콤한 향기가 난다.
③ 열매 끝에 갈고리 모양의 가시가 있다.
④ 열매가 바람을 타고 빙글빙글 돌면서 날아간다.
⑤ 열매의 표면이 울퉁불퉁해서 잘 굴러가지 않는다.

[18-19] 다음을 보고, 물음에 답하시오.

(가)
▲ 연잎

(나)
▲ 덩굴장미

18 ✚ 7종 공통

다음 보기 의 물체들은 위 (가)와 (나) 중 어느 식물의 특징을 모방해 만들었는지 골라 기호를 쓰시오.

┌─ 보기 ●
방수복, 자동차 코팅제
└─

(   )

19 ✚ 7종 공통

위 **18**번 답의 어떤 특징을 모방했는지 쓰시오.

(   )

20 서술형 동아, 금성, 김영사, 비상, 아이스크림, 천재

도꼬마리 열매의 특징을 활용하여 찍찍이 테이프를 만들었습니다. 식물의 어떤 특징을 활용한 것인지 쓰시오.

▲ 도꼬마리 열매

➡

▲ 찍찍이 테이프

_____

_____

_____

[1-3] 들이나 산에 사는 여러 가지 식물을 보고, 물음에 답하시오.

(가)
민들레

(나)
소나무

(다)
해바라기

(라)
명아주

1 동아, 김영사, 비상, 아이스크림, 지학사, 천재

위 (가)~(라) 식물을 풀과 나무로 분류하였을 때 나머지와 다른 하나는 어느 것인지 골라 기호를 쓰시오.

(   )

2 동아, 금성

다음에서 설명하는 식물을 위에서 찾아 기호를 쓰시오.

> • 한해살이풀이다.
> • 잎은 심장 모양으로, 잔털이 나 있다.
> • 꽃은 늦여름에 피며 꽃잎은 노란색이다.
> • 키는 어른의 키와 비슷한 정도까지 자란다.

(   )

3 동아, 김영사, 비상, 아이스크림, 지학사, 천재

다음은 위 식물들의 공통점을 정리한 것입니다. 빈칸에 공통으로 들어갈 알맞은 말을 쓰시오.

> 들이나 산에 사는 식물은 잎, (   ), 뿌리가 있고, (   )에는 잎, 꽃, 열매가 달린다. 대부분 땅속으로 뿌리를 내리며 땅 위로 (   )와 잎이 자란다.

(   )

4 동아, 금성, 비상, 아이스크림, 천재

잎의 전체적인 모양이 길쭉한 것은 어느 것입니까?

(   )

① ▲ 연꽃

② ▲ 감나무

③ ▲ 해바라기

④ ▲ 대나무

5 서술형 🔵 7종 공통

식물의 잎을 모양에 따라 다음과 같이 분류했을 때 (   ) 안에 들어갈 분류 기준으로 알맞은 것을 한 가지 쓰시오.

분류 기준: (   )

그렇다.	그렇지 않다.

_____

_____

6 금성, 아이스크림, 지학사, 천재

잎의 생김새에서 각 부분의 이름을 옳게 짝 지은 것은 어느 것입니까? (   )

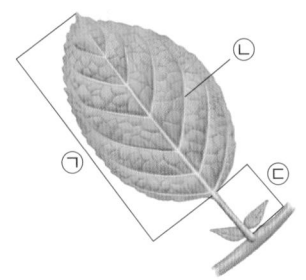

	㉠	㉡	㉢
①	잎몸	잎맥	잎자루
②	잎몸	잎자루	잎맥
③	잎맥	잎몸	잎자루
④	잎맥	잎자루	잎몸
⑤	잎자루	잎몸	잎맥

7 ➕ 7종 공통

다음 식물에 대한 설명으로 옳지 <u>않은</u> 것은 어느 것입니까? (   )

부레옥잠

① 물속에 잠겨서 사는 식물이다.
② 잎자루가 볼록하게 부풀어 있다.
③ 잎자루 속에 수많은 공기주머니가 있다.
④ 잎은 광택이 있고, 만지면 매끈매끈하다.
⑤ 잎자루를 물속에서 눌러 보면 공기 방울이 생긴다.

[8-10] 다음은 강이나 연못에 사는 식물입니다. 물음에 답하시오.

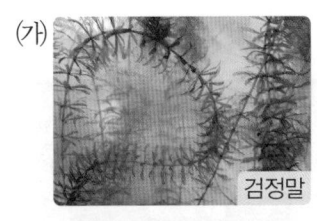
(가) 검정말

(나) 물상추

(다) 수련

(라) 연꽃

8 ➕ 7종 공통

위 (가)~(라) 중 물에 떠서 사는 식물을 골라 기호를 쓰시오.

(   )

9 ➕ 7종 공통

위 (가)~(라) 중 다음 식물들과 생활 방식이 같은 식물을 골라 기호를 쓰시오.

> 부들, 창포, 갈대, 줄

(   )

10 서술형 ➕ 7종 공통

위 (가)의 특징을 강이나 연못에 살기에 적합한 점과 관련지어 한 가지 쓰시오.

_____

_____

_____

11 ✚ 7종 공통

다음 두 식물의 공통점을 옳게 말한 사람의 이름을 쓰시오.

▲ 가래

▲ 마름

- 찬이: 식물의 몸 전체가 물속에 잠겨서 사는 식물이야.
- 미정: 잎과 꽃이 물 위에 떠 있고, 뿌리는 물속의 땅에 있어.
- 준우: 뿌리는 물속이나 물가의 땅에 있고, 잎이 물 위로 높이 자라는 식물이야.
- 유진: 수염처럼 생긴 뿌리가 물속으로 뻗어 있고, 공기주머니가 있어서 쉽게 물에 뜰 수 있어.

( )

12 동아, 금성, 김영사, 아이스크림, 천재

다음에서 설명하는 식물이 사는 곳을 보기 에서 골라 쓰시오.

- 용설란은 두꺼운 잎에 물을 저장한다.
- 잎의 가장자리에 날카로운 가시가 있다.

┌ 보기 ●
　물속, 바닷가, 들이나 산, 사막, 극지방
└

( )

13 동아, 금성, 김영사, 아이스크림, 천재

오른쪽 선인장의 특징으로 빈칸에 들어갈 말끼리 옳게 짝 지은 것은 어느 것입니까? ( )

(㉠)이/가 가시 모양이라서 물이 밖으로 빠져나가는 것을 막고, 굵은 (㉡)에 물을 저장하여 사막에서 살 수 있다.

	㉠	㉡		㉠	㉡
①	잎	뿌리	②	줄기	잎
③	잎	줄기	④	줄기	뿌리
⑤	뿌리	줄기			

14 서술형 동아, 금성, 김영사, 아이스크림, 천재

오른쪽 바오바브나무가 사막에서 살기에 좋은 점을 한 가지 쓰시오.

_____

_____

15 금성, 아이스크림, 천재

극지방에 사는 식물에 대한 설명으로 옳지 <u>않은</u> 것에 ×표 하시오.

(1) 키가 작아 강한 바람을 견딜 수 있다. ( )

(2) 잎이 얇아 높은 기온에서도 잘 자란다. ( )

(3) 깊은 땅속은 일 년 내내 얼어 있어 땅속 깊이 뿌리를 내리지 않는다. ( )

16 동아, 지학사

바닷가에 사는 식물이 <u>아닌</u> 것은 어느 것입니까?
( )

①
▲ 해홍나물

②
▲ 순비기나무

③
▲ 퉁퉁마디

④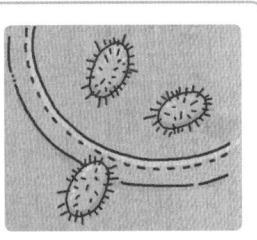
▲ 메스키트나무

17 동아, 금성, 김영사, 비상, 아이스크림, 천재

다음 글을 읽고 연지의 바지에 붙어 있는 열매를 모방하여 만든 물체는 무엇인지 골라 기호를 쓰시오.

연지는 학교에서 공원으로 소풍을 다녀왔다. 그런데 집에 와서 보니 바지에 가시 끝이 갈고리 모양인 열매가 군데군데 붙어 있었다.

보기

ㄱ ▲ 선풍기 날개   ㄴ ▲ 찍찍이 테이프   ㄷ ▲ 낙하산

( )

18 동아, 금성, 아이스크림, 천재

오른쪽과 같이 빙글빙글 돌며 날아가는 단풍나무 열매의 특징을 모방해 활용한 것은 어느 것입니까? ( )

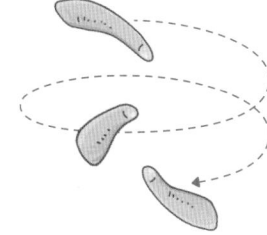

① 가시철조망
② 헬리콥터 날개
③ 물에 잘 뜨는 튜브
④ 비에 젖지 않는 우산
⑤ 독특한 향기가 나는 방향제

19 천재

사막을 굴러다니는 오른쪽 식물의 특징을 모방하여 동그란 행성 탐사 로봇을 만들었습니다. 이 식물의 이름을 쓰시오.

( )

20 서술형 동아, 금성, 김영사, 비상, 아이스크림, 천재

다음은 비가 온 뒤 연잎에 고인 물방울의 모습입니다. 이것을 통해 알 수 있는 연잎의 특징을 우리 생활에서 모방한 예와 함께 쓰시오.

▲ 연잎

_____

_____

평가 주제	잎의 생김새에 따라 분류하기
평가 목표	잎의 생김새에 따른 분류 기준을 세워 분류할 수 있다.

[1-3] 다음 여러 가지 식물의 잎을 보고, 물음에 답하시오.

1 위 (가)~(바) 잎의 생김새를 관찰하고, 끝부분의 모양이 어떠한지 각각 쓰시오.

(가) (라)

(나) (마)

(다) (바)

2 위 1번에서 정리한 잎의 끝부분 모양을 참고하여 분류 기준에 따라 잎을 분류하시오.

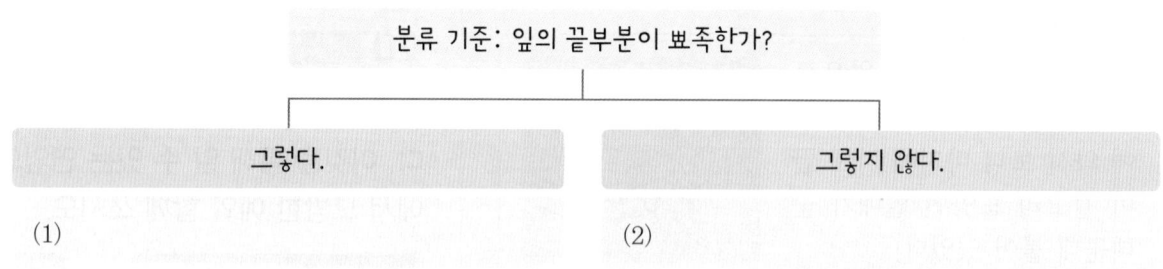

분류 기준: 잎의 끝부분이 뾰족한가?

그렇다. 그렇지 않다.

(1) (2)

3 위 잎을 분류할 때 '잎의 크기가 큰가?'라는 분류 기준은 적당하지 않습니다. 그 까닭은 무엇 인지 쓰시오.

_____

_____

평가 주제	다양한 환경에 사는 식물의 생김새와 특징
평가 목표	다양한 환경에 사는 식물의 생김새와 생활 방식이 환경에 적응했음을 알 수 있다.

[1-3] 다음은 다양한 환경에서 사는 식물입니다. 물음에 답하시오.

(가) ▲ 수련 (나) ▲ 소나무 (다) ▲ 강아지풀 (라) ▲ 금호선인장

(마) ▲ 부레옥잠 (바) ▲ 용설란 (사) ▲ 바오바브나무 (아) ▲ 토끼풀

1 위 (가)~(아) 식물이 사는 환경에 따라 분류하여 기호를 쓰시오.

들이나 산에 사는 식물	강이나 연못에 사는 식물	사막에 사는 식물
(1)	(2)	(3)

2 위 (마) 식물의 특징을 환경에 적응한 점과 관련지어 한 가지 쓰시오.

_____

_____

3 위 (사) 식물이 사는 환경의 특징을 두 가지 쓰시오.

_____

_____

✏️ 빈칸에 알맞은 답을 쓰세요.

1 고체 상태의 물을 무엇이라고 합니까?

2 물이 서로 다른 상태로 변하는 것을 무엇이라고 합니까?

3 물이 얼어 얼음이 되면 부피는 줄어듭니까, 늘어납니까?

4 액체인 물이 표면에서 기체인 수증기로 상태가 변하는 현상을 무엇이라고 합니까?

5 온도가 낮을 때와 온도가 높을 때 중 증발이 더 잘 일어나는 경우는 언제입니까?

6 물이 끓고 난 후 물의 높이는 물이 끓기 전보다 높아집니까, 낮아집니까?

7 물을 끓일 때 보이는 하얀 김은 물입니까, 수증기입니까?

8 기체인 수증기가 액체인 물로 상태가 변하는 현상을 무엇이라고 합니까?

9 수증기가 높은 하늘에서 응결해 작은 물방울 상태로 떠 있는 기상 현상은 무엇입니까?

10 가습기는 물이 무엇으로 변하는 상태 변화를 이용한 것입니까?

✏️ 빈칸에 알맞은 답을 쓰세요.

1 기체 상태의 물을 무엇이라고 합니까?

2 물이 얼어 얼음이 되면 무게는 변합니까, 변하지 않습니까?

3 물에 젖은 화장지가 마르는 까닭은 물이 무엇으로 변해 공기 중으로 날아갔기 때문입니까?

4 펼쳐 놓은 물휴지와 접어 놓은 물휴지 중 더 빨리 마르는 것은 어느 것입니까?

5 물의 표면뿐만 아니라 물속에서도 액체인 물이 기체인 수증기로 상태가 변하는 현상을 무엇이라고 합니까?

6 증발과 끓음 중 물의 양이 더 빨리 줄어드는 현상은 어느 것입니까?

7 증발과 끓음 모두 물이 무엇으로 상태가 변하는 것입니까?

8 냉장고에서 차가운 음료수 캔을 꺼내 놓으면 캔 표면에 무엇이 생깁니까?

9 새벽에 차가워진 나뭇가지나 풀잎 등에 수증기가 응결해 생긴 작은 물방울을 무엇이라고 합니까?

10 스키장에서 인공 눈을 만드는 것은 물이 무엇으로 상태가 변하는 현상을 이용한 것입니까?

[1-2] 다음은 물의 세 가지 상태에 따른 특징을 나타낸 것입니다. 물음에 답하시오.

구분	㉠	㉡	㉢
모양	일정함.	일정하지 않음.	일정하지 않음.
특징	단단함.	흘러내림.	우리 눈에 보이지 않음.

1 ⊕ 7종 공통

위 ㉠～㉢에 해당하는 물의 상태를 옳게 짝 지은 것은 어느 것입니까? (   )

	㉠	㉡	㉢
①	물	얼음	수증기
②	물	수증기	얼음
③	얼음	물	수증기
④	얼음	수증기	물
⑤	수증기	물	얼음

2 ⊕ 7종 공통

위 ㉠～㉢에 대해 옳게 말한 사람의 이름을 쓰시오.

- 예나: 겨울에 내리는 눈은 ㉢ 상태야.
- 재성: 목이 마를 때 마시는 물은 ㉠ 상태야.
- 은희: 주전자에 물을 끓일 때 주전자 입구에서 하얗게 보이는 것은 ㉡ 상태야.
- 미란: ㉠에서 ㉡으로 상태가 변할 수 있지만, ㉡에서 ㉠으로 상태가 변할 수는 없어.

(   )

[3-4] 다음 실험 과정을 보고, 물음에 답하시오.

1 시험관에 물을 넣고 마개로 막은 다음 파란색 유성 펜으로 물의 높이를 표시한다.
2 전자저울로 1의 시험관의 무게를 측정한다.
3 소금을 섞은 얼음이 든 비커에 2의 시험관을 꽂는다.
4 물이 완전히 얼면 시험관을 꺼내 빨간색 유성 펜으로 얼음의 높이를 표시하고, 전자저울로 무게를 측정한다.

3 ⊕ 7종 공통

위 실험에서 알아보고자 하는 것은 무엇인지 골라 기호를 쓰시오.

㉠ 물이 얼 때의 온도 변화
㉡ 물이 얼 때의 부피와 무게 변화
㉢ 얼음이 녹을 때의 부피와 무게 변화
㉣ 물의 무게 변화에 따른 시험관의 부피 변화

(   )

4 서술형 ⊕ 7종 공통

위 4 과정에서 측정한 얼음의 높이와 무게는 처음 측정한 물의 높이와 무게에 비해 어떻게 변하였는지 쓰시오.

_____

_____

5 ⊕ 7종 공통

얼음이 녹을 때의 변화에 대한 설명으로 옳은 것에 ◯표 하시오.

(1) 얼음이 녹으면 부피가 늘어난다. (   )
(2) 얼음이 녹아도 무게는 변하지 않는다. (   )
(3) 얼음이 녹을 때 부피와 무게가 모두 줄어든다.
(   )

6 서술형 동아, 비상, 지학사, 천재

다음과 같은 현상이 일어나는 공통적인 까닭은 무엇인지 쓰시오.

한겨울 수도 계량기가 터진다.

겨울철 물을 가득 담아 둔 장독이 깨진다.

_____

_____

7 ➕ 7종 공통

얼린 생수병을 따뜻한 곳에 놓아두었더니 볼록하던 생수병이 줄어들었습니다. 그 까닭은 무엇입니까?
( )

① 물이 얼어 무게가 늘어났기 때문이다.
② 물이 얼어 부피가 줄어들었기 때문이다.
③ 얼음이 녹아 부피가 늘어났기 때문이다.
④ 얼음이 녹아 부피가 줄어들었기 때문이다.
⑤ 얼음이 녹아 무게가 줄어들었기 때문이다.

8 동아, 김영사, 아이스크림, 지학사

다음 ( ) 안에 들어갈 알맞은 말을 각각 쓰시오.

비커에 물을 넣고 며칠 뒤 관찰하면 물의 양이 줄어든 것을 확인할 수 있다. 이처럼 액체인 물이 표면에서 기체인 (㉠)(으)로 상태가 변하는 현상을 (㉡)(이)라고 한다.

㉠ ( ), ㉡ ( )

9 ➕ 7종 공통

보기 중 증발 현상과 관련 있는 경우를 골라 기호를 쓰시오.

보기
㉠ 고드름이 녹는다.
㉡ 겨울이 되면 강물이 언다.
㉢ 운동을 한 후 흐르는 땀이 마른다.

( )

10 ➕ 7종 공통

다음과 같이 젖은 빨래나 오징어를 넣어 놓으면 마르는 까닭은 무엇입니까? ( )

젖은 빨래를 햇볕에 널어 말린다.

오징어를 햇볕에 널어 말린다.

① 얼음이 녹아 부피가 줄어들었기 때문이다.
② 얼음이 녹아 물로 상태가 변했기 때문이다.
③ 물이 얼어 얼음으로 상태가 변했기 때문이다.
④ 수증기가 물로 상태가 변해 물방울로 맺혔기 때문이다.
⑤ 물이 수증기로 상태가 변해 공기 중으로 날아갔기 때문이다.

11 아이스크림

크기와 모양이 같은 물휴지 두 장을 준비해 하나는 펼치고, 다른 하나는 작게 접어 같은 장소에 두었습니다. 이 실험에 대한 설명으로 옳은 것을 골라 기호를 쓰시오.

> ㉠ 증발과 끓음을 비교하기 위한 실험이다.
> ㉡ 두 장의 물휴지가 다 마르는 데 걸리는 시간이 같다.
> ㉢ 펼쳐 놓은 물휴지가 접어 놓은 물휴지보다 빨리 마른다.

(   )

12 ✚ 7종 공통

물이 끓을 때 ㉠과 같은 기포가 발생하는 것과 관계 있는 물의 상태 변화는 어느 것입니까? (   )

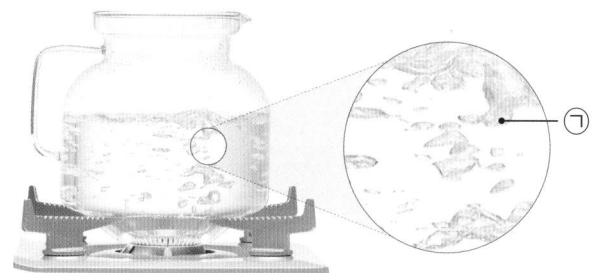

① 얼음 → 물
② 물 → 얼음
③ 수증기 → 물
④ 물 → 수증기
⑤ 얼음 → 수증기

13 아이스크림, 천재

세 명의 학생이 각자 비커에 물을 넣고 물의 높이를 측정한 후 5분 동안 가열하여 끓였습니다. 실험 결과를 <u>잘못</u> 기록한 학생은 누구인지 이름을 쓰시오.

구분	가열하기 전 물의 높이(cm)	가열한 후 물의 높이(cm)
찬양	8	7.5
나리	6	5
미나	7	7.5

(   )

14 ✚ 7종 공통

두 개의 비커에 같은 양의 물을 넣고 물의 높이를 표시한 뒤 하나는 그대로 두고, 다른 하나는 가열해 끓였을 때 결과가 다음과 같았습니다. 가열해 끓인 비커의 모습을 골라 ○표 하시오.

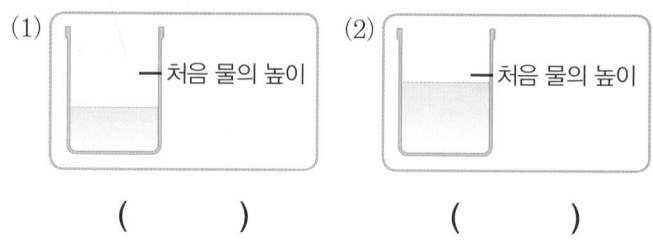

(1) ─ 처음 물의 높이
(2) ─ 처음 물의 높이

(   )   (   )

15 서술형 ✚ 7종 공통

다음과 같이 감을 말려 곶감을 만들고, 달걀을 삶는 과정에서 일어나는 물의 상태 변화의 공통점을 한 가지 쓰시오.

감을 말려 곶감을 만든다.   끓은 불에 달걀을 넣어 삶는다.

_____

_____

[16-18] 플라스틱 컵에 주스와 얼음을 넣고 뚜껑을 덮은 뒤 페트리 접시에 올려 전자저울로 무게를 측정하였습니다. 물음에 답하시오.

뚜껑

주스+얼음

페트리 접시

16 동아, 금성, 김영사, 천재

위 실험에 대한 설명으로 옳지 <u>않은</u> 것은 어느 것입니까? (   )

① 컵 표면에 액체 방울이 생긴다.
② 컵 표면에 생긴 액체는 색깔이 없다.
③ 컵 표면에 생긴 액체는 주스 맛이 난다.
④ 컵 표면에 생긴 액체는 흘러내려 페트리 접시에 고인다.
⑤ 시간이 지난 뒤 무게를 다시 측정하면 처음보다 무게가 늘어난다.

17 ➕ 7종 공통

위 플라스틱 컵의 표면에서 일어나는 물의 상태 변화를 무엇이라고 하는지 쓰시오.

(   )

18 아이스크림, 천재

위 실험과 같은 원리로 일어나는 현상을 두 가지 고르시오. (   )

① 가뭄에 논 바닥이 갈라진다.
② 겨울철 지붕 밑에 고드름이 생긴다.
③ 맑은 날 아침 풀잎에 이슬이 맺힌다.
④ 추운 날 유리창 안쪽에 물방울이 맺힌다.
⑤ 물이 담긴 페트병을 냉동실에 넣어 두면 페트병이 볼록해진다.

[19-20] 다음은 일상생활에서 물의 상태 변화를 이용한 예입니다. 물음에 답하시오.

(가)

▲ 음식 찌기

(나)

▲ 이글루 만들기

(다)

▲ 인공 눈 만들기

(라)
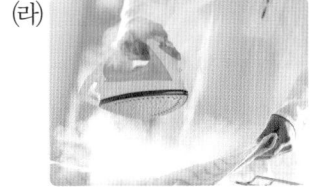
▲ 스팀다리미 이용하기

19 ➕ 7종 공통

위 (가)~(라)에서 이용된 물의 상태 변화가 같은 것끼리 분류하여 기호를 쓰시오.

물이 얼음으로 상태가 변하는 것을 이용	물이 수증기로 상태가 변하는 것을 이용
(1)	(2)

20 서술형 ➕ 7종 공통

우리 생활에서 위 (가)와 같은 물의 상태 변화를 이용하는 경우를 한 가지 쓰시오.

_____

_____

[1-2] 다음은 물의 세 가지 상태를 나타낸 것입니다. 물음에 답하시오.

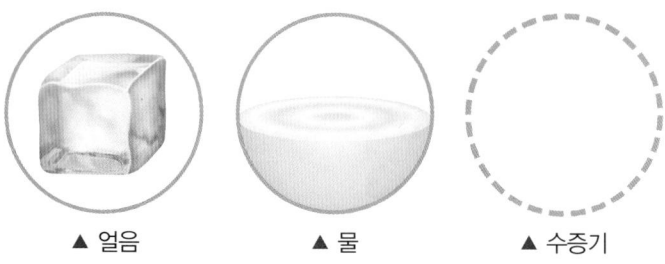

▲ 얼음   ▲ 물   ▲ 수증기

1 ⊕ 7종 공통

위 물의 세 가지 상태에 대해 **잘못** 말한 사람의 이름을 쓰시오.

> • 윤아: 얼음은 눈에 보이지만, 수증기는 눈에 보이지 않아.
> • 시원: 얼음은 고체 상태, 물은 액체 상태, 수증기는 기체 상태야.
> • 재준: 물은 모양이 일정하지만, 수증기는 모양이 일정하지 않아.
> • 수정: 얼음은 단단해서 손으로 잡을 수 있지만, 물은 흘러서 손으로 잡을 수 없어.

(   )

2 서술형   ⊕ 7종 공통

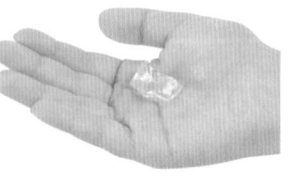

위 얼음을 손바닥에 올려놓으면 시간이 지나면서 얼음이 녹아 물이 됩니다. 덜 녹은 얼음을 내려놓고, 시간이 지나면 손에 묻은 물이 어떻게 되는지 쓰시오.

_____

_____

3 ⊕ 7종 공통

물이 들어 있는 페트병(㉠)과 냉동실에 넣어 얼린 뒤에 꺼낸 페트병(㉡)의 모습입니다. ㉠과 ㉡에 대한 설명으로 옳은 것은 어느 것입니까? (   )

㉠   얼린다.   ㉡

① ㉠과 ㉡의 무게는 같다.
② ㉠과 ㉡의 부피는 같다.
③ ㉠보다 ㉡이 더 무겁다.
④ ㉡보다 ㉠이 더 무겁다.
⑤ ㉡보다 ㉠의 부피가 더 크다.

4 동아, 금성, 김영사, 비상, 아이스크림, 천재

물이 가득 담긴 유리병을 냉동실에 넣으면 위험한 까닭으로 (   ) 안에 들어갈 알맞은 말을 쓰시오.

> 물이 얼면 (   )이/가 늘어나 유리병이 깨질 수 있기 때문이다.

(   )

5 ⊕ 7종 공통

(   ) 안에 들어갈 알맞은 말을 골라 각각 쓰시오.

> 얼음이 녹아 물이 되면 부피는 ㉠ (늘어나고, 줄어들고) 무게는 ㉡ (변한다, 변하지 않는다).

㉠ (   ), ㉡ (   )

6 아이스크림

다음과 같이 크기가 같은 시험관에 물과 얼음이 각각 같은 높이로 들어 있을 때 두 시험관을 옳게 비교한 것을 두 가지 고르시오. (   )

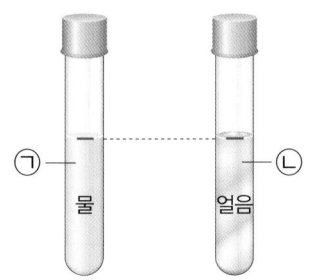

① ㉠과 ㉡의 무게는 같다.
② ㉠이 ㉡보다 더 무겁다.
③ ㉡이 ㉠보다 더 무겁다.
④ ㉡의 얼음이 완전히 녹으면 ㉠의 물보다 높이가 낮아진다.
⑤ ㉡의 얼음이 완전히 녹으면 ㉠의 물보다 높이가 높아진다.

7 ➕ 7종 공통

세 친구가 페트병에 각각 다른 양의 물을 넣고 얼려 무게를 측정한 뒤, 다시 완전히 녹여 무게를 측정하였습니다. 다음 표를 보고 옳게 측정한 사람의 이름을 쓰시오.

구분	얼렸을 때의 무게(g)	녹은 후의 무게(g)
미래	375	369
기준	409	409
하은	250	257

(   )

[8-9] 다음과 같이 화장지 한 칸을 떼어 내어 분무기로 물을 한 번 뿌려 적신 후 관찰하였습니다. 물음에 답하시오.

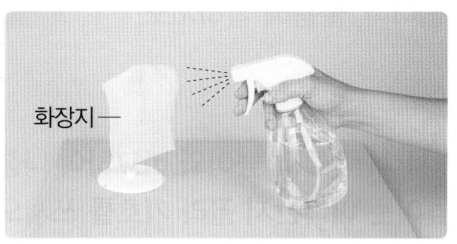

화장지

8 아이스크림, 천재

시간이 지나면서 화장지의 변화를 관찰한 내용으로 옳은 것을 골라 기호를 쓰시오.

> ㉠ 시간이 지나도 화장지에는 변화가 없다.
> ㉡ 시간이 지나면서 화장지의 물기가 점점 많아진다.
> ㉢ 시간이 지나면서 화장지의 물기가 거의 없어진다.

(   )

9 서술형 ➕ 7종 공통

위 **8**번 답과 같은 변화가 나타나는 까닭은 무엇인지 쓰시오.

_____

_____

10 ➕ 7종 공통

증발에 대한 설명으로 옳은 것에 ○표, 옳지 않은 것에 ✕표 하시오.

(1) 기체인 수증기가 액체인 물로 상태가 변한다.
(   )

(2) 겨울에 수도 계량기가 터지는 것은 증발 현상 때문이다.
(   )

(3) 공기 중에 있는 수증기의 양이 적을수록 증발이 잘 일어난다.
(   )

[11-12] 오른쪽과 같이 비커에 물을 넣어 물의 높이를 표시하고, 가열하여 끓인 뒤 다시 물의 높이를 표시하였습니다. 물음에 답하시오.

처음 물의 높이

11 ⊕ 7종 공통

위 실험에서 처음 물의 높이와 비교하여 나중에 측정한 물의 높이는 어떠한지 골라 기호를 쓰시오.

> ㉠ 처음과 같다.
> ㉡ 처음보다 낮아진다.
> ㉢ 처음보다 높아진다.

(   )

12 ⊕ 7종 공통

위 실험에서 물이 끓을 때의 변화를 옳게 설명한 것은 어느 것입니까? (   )

① 물이 양이 늘어난다.
② 물 표면이 울퉁불퉁해진다.
③ 물속에서는 아무 변화도 일어나지 않는다.
④ 공기 중의 수증기가 물속으로 들어가 기포가 생긴다.
⑤ 물이 끓기 전에는 기포가 많이 생기지만, 물이 끓을 때는 기포가 생기지 않는다.

13 서술형 ⊕ 7종 공통

일상생활에서 볼 수 있는 끓음과 관련된 예를 두 가지 쓰시오.

_____

_____

14 ⊕ 7종 공통

증발과 끓음의 차이점을 비교하여 정리한 표입니다. 빈칸에 들어갈 알맞은 말끼리 짝 지은 것은 어느 것입니까? (   )

구분	증발	끓음
상태 변화가 일어나는 곳	(㉠)	물 표면과 물속
물이 줄어드는 빠르기	끓음보다 (㉡).	증발보다 (㉢).

	㉠	㉡	㉢
①	물 표면	느림	빠름
②	물 표면	빠름	느림
③	물속	느림	빠름
④	물속	빠름	느림
⑤	물 표면과 물속	느림	빠름

15 동아, 김영사, 지학사, 천재

설명에 해당하는 기상 현상을 보기 에서 찾아 이름을 쓰시오.

> **보기**
> 이슬, 안개, 구름

(1) 수증기가 높은 하늘에서 응결해 작은 물방울 상태로 떠 있는 현상 (   )
(2) 새벽에 차가워진 나뭇가지나 풀잎 등에 수증기가 응결해 생긴 작은 물방울 (   )
(3) 수증기가 지표면 근처에서 응결해 공기 중에 작은 물방울 상태로 떠 있는 현상 (   )

[16-17] 다음 실험 과정을 보고, 물음에 답하시오.

> **1** 플라스틱 컵에 주스와 얼음을 넣은 후 뚜껑을 덮는다.
> **2** **1**의 컵을 페트리 접시에 올려놓고 전자저울로 무게를 측정한다.
> **3** 시간이 지난 뒤에 페트리 접시에 올려진 컵의 무게를 측정하고 처음 측정한 무게와 비교한다.

16 ⊕ 7종 공통

위 실험에서 알아보고자 하는 현상은 어느 것인지 골라 기호를 쓰시오.

> ㉠ 수증기가 응결하는 현상
> ㉡ 물이 얼어 얼음이 되는 현상
> ㉢ 물이 끓어 수증기가 되는 현상

( )

17 동아, 금성, 김영사, 천재

위 실험 과정 **2**에서 측정한 무게가 236.0 g이었을 때, **3**에서 측정한 무게로 가장 알맞은 것은 어느 것입니까? ( )

① 118.0 g ② 230.0 g ③ 236.0 g
④ 237.0 g ⑤ 472.0 g

18 서술형 ⊕ 7종 공통

오른쪽과 같이 냄비에 국을 끓이면 냄비 뚜껑 안쪽에 물방울이 맺히는 과정에서 일어나는 물의 상태 변화 두 가지를 설명하시오.

_____

_____

19 ⊕ 7종 공통

다음 중 나머지와 다른 물의 상태 변화를 이용한 경우는 어느 것입니까? ( )

①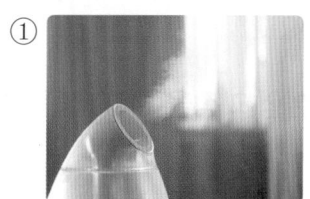
▲ 가습기 이용하기

②
▲ 얼음 작품 만들기

③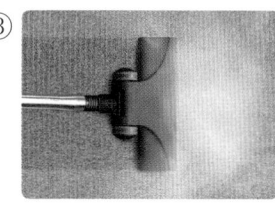
▲ 스팀 청소기 이용하기

④
▲ 음식 찌기

20 ⊕ 7종 공통

다음 과학 정리 노트를 읽고, 잘못된 문장을 찾아 번호를 쓰시오.

> 제목: 놀라운 물의 변신
> ① 과학 시간에 물은 세 가지 상태로 있고, 서로 다른 상태로 변할 수 있다고 배웠다.
> ② 집에 와서 보니 다양한 물의 상태 변화를 생활에 이용하고 있었다.
> ③ 엄마는 물을 얼려 만든 얼음을 갈아 팥빙수를 만들어 주셨다.
> ④ 그리고 스팀다리미에 수증기를 넣어 물로 변화시켜 구겨진 옷을 다리셨다.
> ⑤ 물의 상태가 변하지 않는다면 우리 생활이 많이 불편해질 것 같다고 생각했다.

( )

2
단원

| 평가 주제 | 얼음이 녹을 때의 부피와 무게 변화 알기 |
| 평가 목표 | 얼음이 녹아 물이 될 때 부피와 무게의 변화를 설명할 수 있다. |

[1-2] 다음 실험 과정을 보고, 물음에 답하시오.

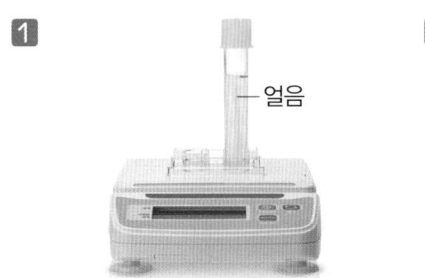

1 물이 얼어 있는 플라스틱 시험관에 얼음의 높이를 빨간색 유성 펜으로 표시하고, 전자저울로 무게를 측정한다.

2 물이 얼어 있는 플라스틱 시험관을 따뜻한 물이 든 비커에 넣는다.

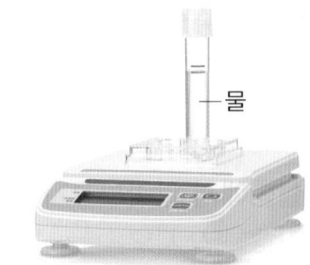

3 얼음이 완전히 녹으면 물의 높이를 파란색 유성 펜으로 표시하고, 전자저울로 무게를 측정한다.

1 다음은 위 실험 결과를 정리한 것입니다. 실험 결과를 통해 알 수 있는 사실을 쓰시오.

부피(얼음과 물의 높이)		무게(g)	
녹기 전	녹은 후	녹기 전	녹은 후
		35.0	35.0

_____

_____

2 위 1번과 같이 얼음이 녹을 때의 부피 변화와 관련된 생활 속의 예를 두 가지 쓰시오.

_____

_____

_____

평가 주제	우리 생활에서 물의 상태 변화를 이용한 예 알기
평가 목표	물이 얼음으로 상태가 변하는 예와 물이 수증기로 상태가 변하는 예를 설명할 수 있다.

[1-2] 우리 생활에서 물의 상태 변화를 이용한 예입니다. 물음에 답하시오.

(가)
▲ 스키장에서 인공 눈을 만들 때

(나)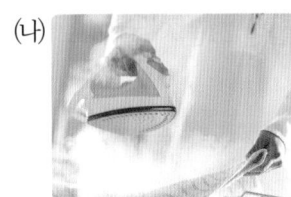
▲ 스팀다리미로 옷을 다릴 때

(다)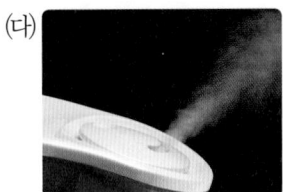
▲ 가습기를 이용할 때

(라)
▲ 얼음 스케이트장을 만들 때

1 보기 를 참고하여 위 (가)~(라)에 이용한 물의 상태 변화를 각각 쓰시오.

> 보기
>
> 팥빙수를 만들 때: 액체인 물이 고체인 얼음으로 변하는 상태 변화

(가) 스키장에서 인공 눈을 만들 때: _____

(나) 스팀다리미로 옷을 다릴 때: _____

(다) 가습기를 이용할 때: _____

(라) 얼음 스케이트장을 만들 때: _____

2 오른쪽은 여러 개의 얼음 조각으로 만든 작품입니다. 얼음 조각을 어떻게 붙였을지 물의 상태 변화와 관련지어 쓰시오.

_____

_____

_____

✏️ 빈칸에 알맞은 답을 쓰세요.

1 빛이 나아가다가 물체에 막혀 물체 뒤쪽에 생기는 어두운 부분을 무엇이라고 합니까?

2 유리컵 그림자와 종이컵 그림자 중 더 진한 그림자는 어느 것입니까?

3 빛이 곧게 나아가는 성질을 무엇이라고 합니까?

4 물체와 스크린은 그대로 두고 손전등을 물체에 가까이 하면 그림자의 크기는 어떻게 됩니까?

5 그림자의 크기를 작게 하려면 손전등을 물체에 가까이 합니까, 멀리 합니까?

6 거울에 비친 물체의 모습은 상하가 바뀌어 보입니까, 좌우가 바뀌어 보입니까?

7 숫자 4, 6, 8 중 거울에 비추어 보았을 때, 거울에 비친 숫자의 모습이 실제 숫자의 모습과 같은 것은 어느 것입니까?

8 빛이 나아가다가 거울에 부딪쳐서 거울에서 빛의 방향이 바뀌는 성질을 무엇이라고 합니까?

9 빛의 반사를 이용해 물체의 모습을 비추는 도구는 무엇입니까?

10 자동차의 뒷거울로 뒤에 있는 구급차를 보았을 때 '119 구급대' 글자가 바르게 보이게 하려면 구급차의 앞부분에 글자의 좌우와 상하 중 무엇을 바꾸어 써야 합니까?

✏ 빈칸에 알맞은 답을 쓰세요.

1 그림자가 생기기 위해서 반드시 필요한 두 가지는 무엇입니까?

2 도자기 컵과 유리컵 중 빛이 대부분 통과하는 물체는 어느 것입니까?

3 도자기 컵과 유리컵 중 불투명한 물체는 어느 것입니까?

4 손전등과 스크린은 그대로 두고 물체를 손전등에 가까이 하면 그림자의 크기는 어떻게 됩니까?

5 손전등과 물체는 그대로 두고 스크린을 물체에 가까이 하면 그림자의 크기는 어떻게 됩니까?

6 거울에 비친 물체의 색깔과 실제 물체의 색깔은 같습니까, 다릅니까?

7 '웅', '산', '몸' 글자 중 거울에 비추어 보았을 때, 거울에 비친 글자의 모습이 실제 글자의 모습과 다른 것은 어느 것입니까?

8 빛이 나아가다가 거울에 부딪치면 거울에서 빛의 무엇이 바뀝니까?

9 옷 가게에서 자신의 모습을 비추어 보거나 자동차 운전자가 뒤에 오는 차의 모습을 보기 위해 공통적으로 이용하는 도구는 무엇입니까?

10 주로 잠수함에서 사용되며, 두 개의 거울을 이용해 눈으로 직접 볼 수 없는 곳에 있는 물체를 볼 수 있게 해 주는 도구는 무엇입니까?

1 동아, 금성, 김영사, 비상, 지학사, 천재

공을 흰 종이 앞에 놓은 뒤 불을 켠 손전등을 다음과 같이 네 방향으로 비추어 보았을 때 흰 종이에 공의 그림자가 생기는 경우는 어느 것입니까? (　　　)

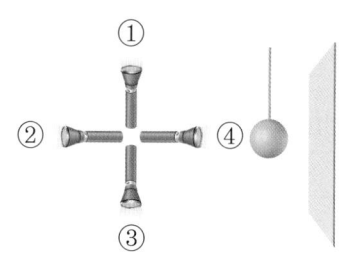

2 동아, 금성, 김영사, 비상, 지학사, 천재

다음과 같이 손전등의 빛을 비추었을 때 ㉠~㉢ 중 어느 곳에 물체를 놓아야 그림자가 생기는지 골라 기호를 쓰시오.

(　　　　　　　　)

3 서술형 ➕ 7종 공통

그림자가 생기는 원리는 무엇인지 보기 의 용어를 모두 사용하여 설명하시오.

보기 ●
　　　물체, 빛, 뒤쪽, 어두운 부분, 그림자

_____

_____

_____

[4-5] 다음과 같이 장치하고 유리컵과 도자기 컵의 그림자를 만드는 실험을 하였습니다. 물음에 답하시오.

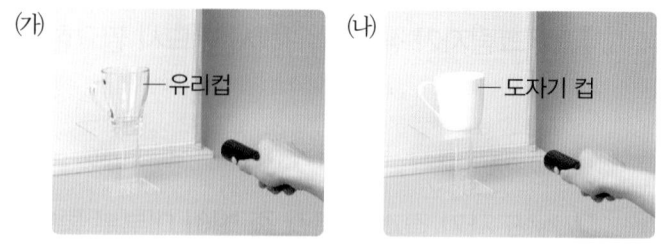

4 김영사, 비상, 천재

위에서 손전등으로 빛을 비추었을 때의 결과로 옳은 것에 모두 ○표 하시오.

(1) ㈎는 진한 그림자가 생긴다. 　　　　　(　　　)
(2) ㈎는 연한 그림자가 생긴다. 　　　　　(　　　)
(3) ㈏는 진한 그림자가 생긴다. 　　　　　(　　　)
(4) ㈏는 연한 그림자가 생긴다. 　　　　　(　　　)

5 김영사, 비상, 천재

위 **4**번 답과 같은 결과가 나타나는 까닭을 옳게 말한 사람의 이름을 쓰시오.

- 은성: 유리컵은 무겁고, 도자기 컵은 가볍기 때문이야.
- 채윤: 유리컵은 불투명하고, 도자기 컵은 투명하기 때문이야.
- 재민: 유리컵은 깨지기 쉽고, 도자기 컵은 깨지지 않기 때문이야.
- 가희: 유리컵은 빛을 대부분 통과시키고, 도자기 컵은 빛을 통과시키지 못하기 때문이야.

(　　　　　　　　)

6 서술형 동아, 금성, 김영사, 비상, 천재

우리 생활에서 투명한 물체와 불투명한 물체를 이용하여 빛의 세기를 조절하는 예를 각각 한 가지씩 쓰시오.

(1) 투명한 물체를 이용하는 예

_____

_____

(2) 불투명한 물체를 이용하는 예

_____

_____

_____

7 ➕ 7종 공통

오른쪽과 같이 종이의 모양과 그림자 모양이 비슷한 까닭은 빛의 어떤 성질 때문입니까?

( )

① 빛이 휘어지는 성질
② 빛이 곧게 나아가는 성질
③ 빛이 종이에 흡수되는 성질
④ 빛이 종이를 통과하는 성질
⑤ 빛이 종이에 닿으면 강해지는 성질

8 동아, 김영사, 지학사

오른쪽 실험 결과를 통해 알 수 있는 사실에 ○표 하시오.

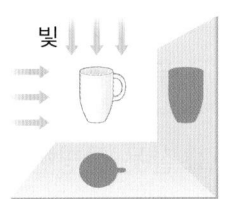

(1) 물체를 놓는 방향에 따라 그림자의 모양이 달라지기도 한다. ( )

(2) 빛을 비추는 방향에 따라 그림자의 모양이 달라지기도 한다. ( )

9 천재

스크린과 손전등 사이에 둥근 기둥 모양 블록을 놓고, 블록의 방향을 바꾸어 가며 만들 수 있는 그림자의 모양이 아닌 것은 어느 것입니까? ( )

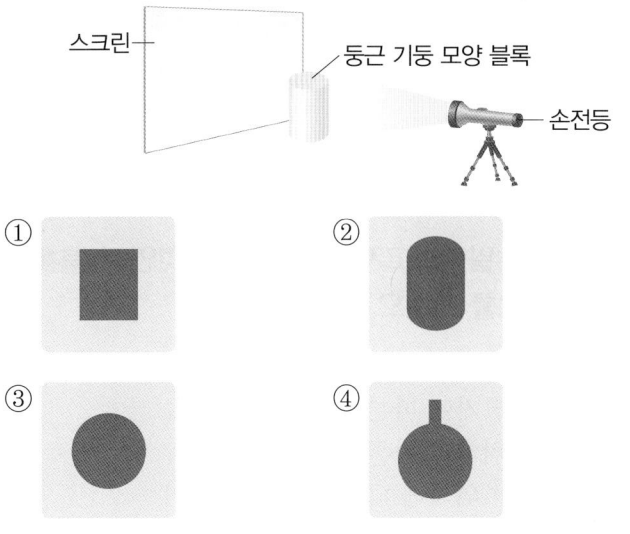

10 ➕ 7종 공통

손잡이가 달린 컵이 놓인 방향을 다르게 하여 손전등 빛을 비추었을 때 생기는 그림자를 찾아 선으로 이으시오.

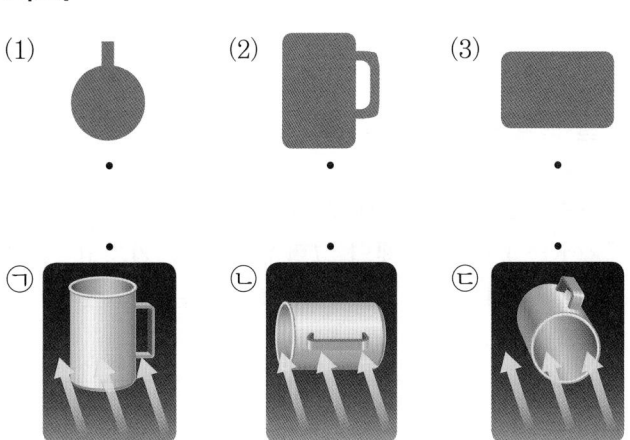

[11-13] 다음과 같이 장치하고 종이 인형의 그림자를 관찰하였습니다. 물음에 답하시오.

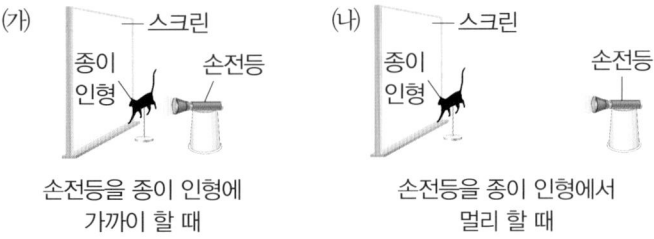

(가) 손전등을 종이 인형에 가까이 할 때

(나) 손전등을 종이 인형에서 멀리 할 때

11 ⊕ 7종 공통

위 실험에서 알아보고자 하는 것은 무엇인지 보기 에서 찾아 기호를 쓰시오.

보기

㉠ 물체의 크기에 따른 그림자의 크기
㉡ 물체의 위치에 따른 그림자의 크기
㉢ 손전등의 위치에 따른 그림자의 크기
㉣ 스크린의 위치에 따른 그림자의 크기

( )

12 ⊕ 7종 공통

위 (가)와 (나) 중 손전등을 켰을 때 스크린에 생기는 그림자의 크기가 더 큰 경우는 어느 것인지 기호를 쓰시오.

( )

13 ⊕ 7종 공통

다음은 위 실험 결과를 정리한 것입니다. ㉠과 ㉡에 들어갈 알맞은 말을 각각 쓰시오.

물체와 스크린은 그대로 두고 손전등을 물체에 (㉠) 하면 물체의 그림자 크기가 커지고, 손전등을 물체에서 (㉡) 하면 물체의 그림자 크기가 작아진다.

㉠ ( ), ㉡ ( )

14 ⊕ 7종 공통

손전등과 스크린 사이에 고양이 모양 종이 인형을 놓고 종이 인형을 손전등에 가까이 할 때, 그림자에 대한 설명으로 옳은 것은 어느 것입니까? ( )

고양이 모양 종이 인형 → 손전등

① 그림자가 사라진다.
② 그림자가 두 개 생긴다.
③ 그림자의 크기가 커진다.
④ 그림자의 크기가 작아진다.
⑤ 그림자의 크기에 변화가 없다.

15 서술형 동아, 금성, 김영사, 비상, 지학사, 천재

거울에 비친 물체의 모습을 **잘못** 설명한 사람의 이름을 모두 쓰고, 그렇게 생각한 까닭을 쓰시오.

• 석훈: 거울에 비친 물체는 상하가 바뀌어 보여.
• 루나: 거울에 비친 물체는 좌우가 바뀌어 보여.
• 유리: 거울에 비친 물체의 색깔은 실제 물체의 색깔과 같아.
• 보영: 거울에 비친 물체의 모습은 상하좌우가 모두 바뀌어 보여.

(1) 잘못 설명한 사람: ( )

(2) 그렇게 생각한 까닭: _____

_____

_____

16 동아, 금성, 김영사, 비상, 지학사, 천재

다음 글자 카드 중 거울 앞에 세워 비추었을 때 거울에 비친 글자가 바르게 보이는 것을 골라 기호를 쓰시오.

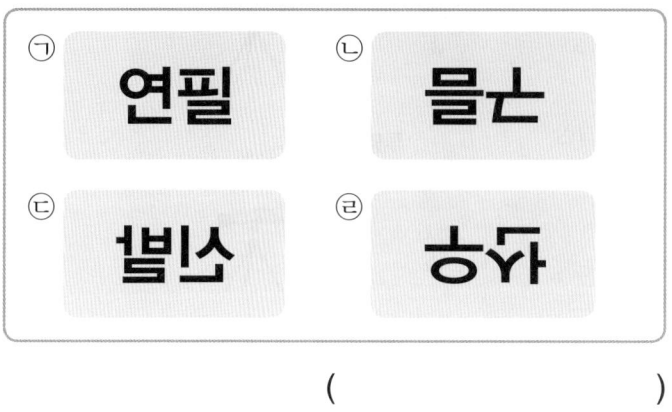

( )

17 아이스크림

다음과 같이 거울 앞에 주사위가 놓여 있을 때 거울에 비친 주사위의 모습이 <u>잘못된</u> 것은 어느 것입니까? (단, 주사위의 마주 보는 면에 있는 점의 개수의 합은 7입니다.) ( )

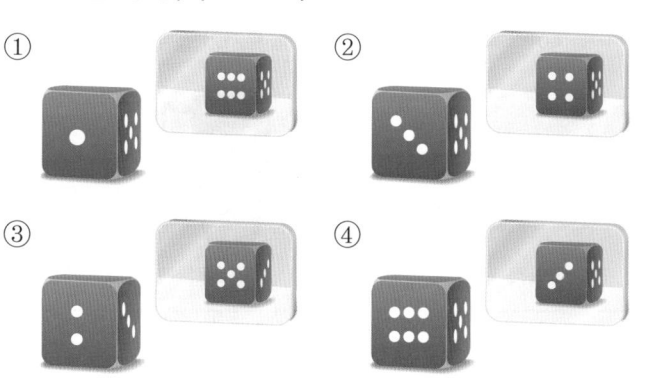

18 ➕ 7종 공통

치과에서 잘 보이지 않는 치아의 안쪽면을 거울로 볼 수 있는 까닭으로 옳은 것은 어느 것입니까? ( )

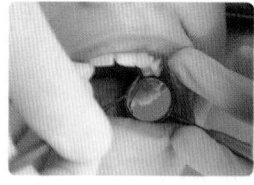

① 거울이 빛을 반사하기 때문이다.
② 빛은 거울에 대부분 흡수되기 때문이다.
③ 빛이 거울에 닿으면 사라지기 때문이다.
④ 빛이 거울에 닿으면 거울을 그대로 통과하기 때문이다.
⑤ 거울이 있으면 빛이 없어도 물체를 볼 수 있기 때문이다.

19 ➕ 7종 공통

잠수함에서 물 위의 모습을 관찰하는 데 주로 사용되며, 두 개의 거울을 이용해 눈으로 직접 볼 수 없는 곳에 있는 물체를 볼 수 있게 해 주는 도구의 이름을 쓰시오.

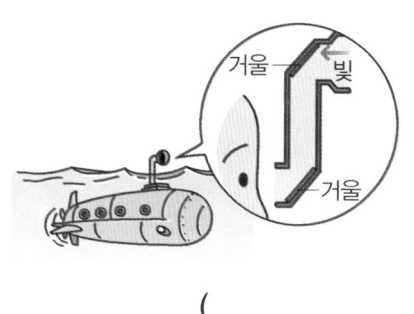

( )

20 서술형 ➕ 7종 공통

다음과 같이 자동차에 뒷거울과 옆 거울이 있어 좋은 점은 무엇인지 쓰시오.

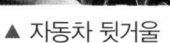

▲ 자동차 뒷거울　　　　　　▲ 자동차 옆 거울

_____

_____

1 ➕ 7종 공통

그림자가 생기기 위해 반드시 필요한 것은 어느 것입니까? (　　　)

① 물　　　　　　　② 빛
③ 공기　　　　　　④ 거울
⑤ 수증기

2 동아, 금성, 김영사, 비상, 지학사, 천재

다음 중 손전등을 켜서 스크린에 공의 그림자를 만들수 있는 경우에 ○표 하시오.

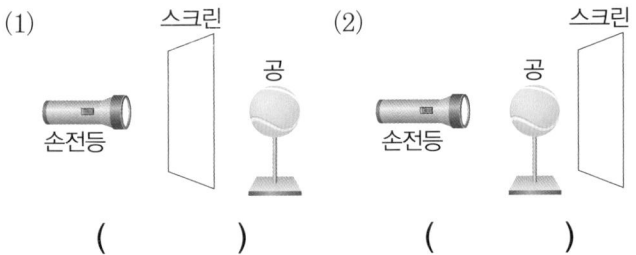

(1)　　　　　　　　　　　(2)

스크린　　　공　　　공　　　스크린
손전등　　　　　　　　손전등

(　　　　)　　　(　　　　)

3 김영사, 아이스크림, 천재

오른쪽 안경에 빛을 비추었을 때 관찰한 내용으로 옳은 것은 어느 것입니까? (　　　)

① 안경테 부분은 투명하다.
② 안경알 부분은 불투명하다.
③ 안경알 부분은 빛이 대부분 통과한다.
④ 안경알 부분의 그림자가 진하게 생긴다.
⑤ 안경테 부분의 그림자가 연하게 생긴다.

[4-5] 다음과 같이 장치하고 손전등을 켰습니다. 물음에 답하시오.

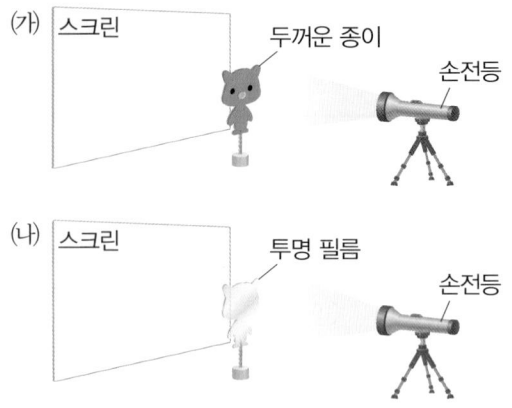

(가) 스크린　　　　두꺼운 종이　　　손전등

(나) 스크린　　　　투명 필름　　　손전등

4 서술형 동아, 금성, 비상, 아이스크림, 천재

위 실험에서 (가)와 (나) 스크린에 생기는 그림자의 차이점을 쓰시오.

_____

_____

5 김영사, 비상, 천재

다음 중 손전등 빛을 비추어 그림자를 만들었을 때, 위 (나) 그림자와 비슷한 결과가 나타나는 물체를 골라 기호를 쓰시오.

ⓐ 종이컵　　　　　ⓑ 도자기 컵

ⓒ 유리컵　　　　　ⓓ 금속컵

(　　　　　　　)

6 서술형 동아, 금성, 김영사, 비상, 천재

커튼, 모자, 색안경의 공통점을 빛과 관련지어 쓰시오.

 커튼  모자  색안경

_____

_____

7 아이스크림

햇빛이 비치는 창가에 있는 유리컵에 우유를 부으면서 유리컵의 그림자를 관찰했을 때의 설명으로 옳은 것은 어느 것입니까? ( )

① 컵 위쪽부터 그림자가 진해진다.
② 컵 위쪽부터 그림자가 연해진다.
③ 컵 아래쪽부터 그림자가 진해진다.
④ 컵 아래쪽부터 그림자가 연해진다.
⑤ 그림자에 변화가 없다.

8 ➕ 7종 공통

오른쪽과 같이 공에 손전등 빛을 비추었더니 원 모양 그림자가 생겼습니다. 공의 방향을 돌려 가며 그림자를 만들었을 때 만들 수 있는 그림자 모양을 그리시오.

 공 손전등

9 동아, 금성, 김영사, 아이스크림, 지학사, 천재

스크린과 손전등 사이에 물체를 놓고, 물체의 방향을 바꾸어 가며 그림자를 만들었을 때, 사각형 그림자를 만들 수 없는 물체는 어느 것입니까? ( )

①  ②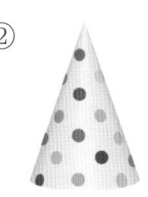

③ 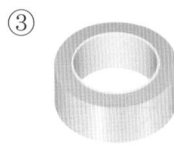 ④ 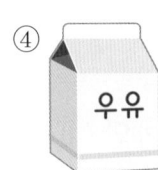 우유

10 동아, 금성, 김영사, 아이스크림, 지학사

그림자에 대한 대화를 읽고, 잘못 말한 사람의 이름을 쓰시오.

재원: 그림자의 모양은 물체의 모양과 비슷해.

세미: 그 까닭은 빛이 직진하기 때문이야.

시우: 하지만 물체의 방향을 바꾸어 빛을 비추면 그림자의 모양이 달라지기도 해.

유라: 아니야. 물체의 방향이 아니라 빛의 방향을 바꾸어야 그림자의 모양이 달라져.

( )

[11-12] 다음과 같이 장치하고 종이 인형의 그림자를 관찰하였습니다. 물음에 답하시오.

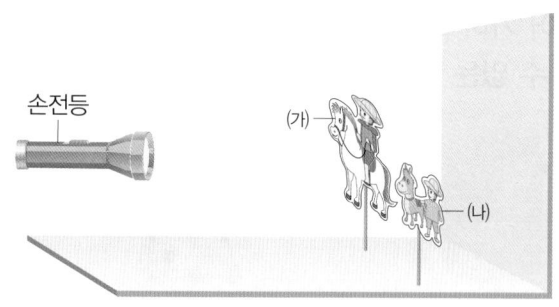

손전등 (가) (나)

11 ✚ 7종 공통

다음 보기 중 (가)와 (나) 종이 인형의 그림자를 동시에 작아지게 하는 방법으로 옳은 것을 골라 기호를 쓰시오.

보기

㉠ 손전등을 (가)와 (나)에 가깝게 한다.
㉡ 스크린을 (가)와 (나)에서 멀게 한다.
㉢ (가)와 (나)를 손전등에 가깝게 한다.
㉣ (가)와 (나)를 손전등에서 멀게 한다.

( )

12 서술형 ✚ 7종 공통

위 (가) 종이 인형의 그림자 크기만 커지게 하기 위한 방법을 쓰시오.

13 ✚ 7종 공통

다음 빈칸에 들어갈 수 있는 말을 보기 에서 모두 찾아 ○표 하시오.

물체의 그림자 크기를 변화시키려면 ( )의 위치를 조절한다.

보기

물체, 손전등, 스크린

14 ✚ 7종 공통

거울에 대한 설명으로 옳은 것을 두 가지 고르시오.

( )

① 거울은 투명한 물체이다.
② 거울은 빛을 통과시키는 성질이 있다.
③ 거울을 사용해서 빛이 나아가는 방향을 바꿀 수 있다.
④ 거울은 빛의 반사를 이용해 물체의 모습을 비추는 도구이다.
⑤ 빛이 나아가다가 거울에 부딪치면 빛의 색깔이 바뀌어 계속 나아간다.

15 동아, 금성, 김영사, 비상, 지학사, 천재

다음과 같이 거울에 오른손을 비추어 보았습니다. 거울에 비친 손의 모습은 오른손과 왼손 중 어느 손처럼 보이는지 쓰시오.

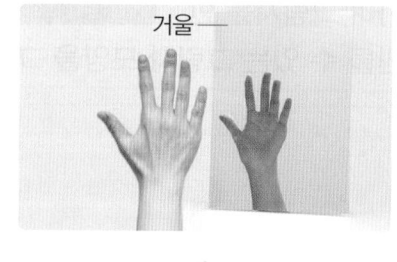

거울

( )

[16-17] 다음은 좌우를 바꾸어 쓴 글자 카드의 모습입니다. 물음에 답하시오.

> .요이꾸바 이향방 면치닷부 에울거 은빛
>
> ?요까쁠 라리아앗무 을장생 의빛 런이

16 동아, 금성, 김영사, 비상, 지학사, 천재

위 글자 카드를 쉽게 읽는 데 도움을 줄 수 있는 도구는 어느 것입니까? (   )

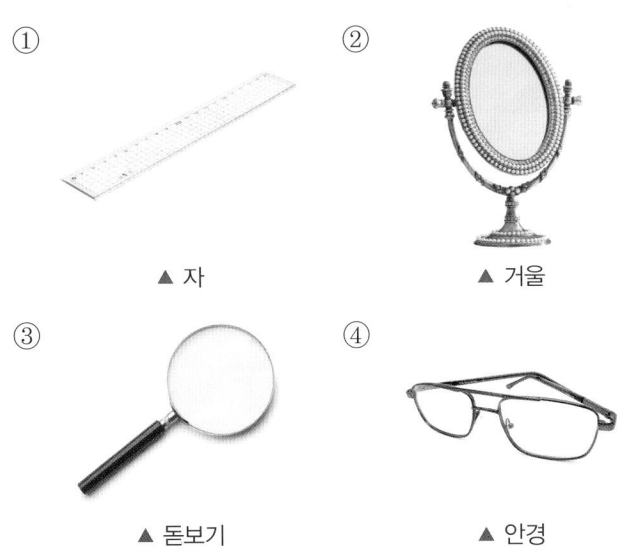

① ▲ 자

② ▲ 거울

③ ▲ 돋보기

④ ▲ 안경

17 동아, 금성, 김영사, 비상, 지학사, 천재

위 **16**번 답의 도구를 사용하여 글자 카드를 읽었을 때 글자 카드의 질문에 알맞은 답은 무엇인지 쓰시오.

(   )

18 동아, 금성, 김영사, 비상, 지학사, 천재

오른쪽 글자 카드를 거울에 비추어 보았을 때 거울에 보이는 글자의 모습을 그리시오.

주유소

19 서술형 금성, 김영사, 비상, 아이스크림

굽어진 복도의 ㉠에 있는 친구가 손전등으로 ㉡에 있는 친구에게 빛을 보낼 수 있는 방법을 쓰시오.

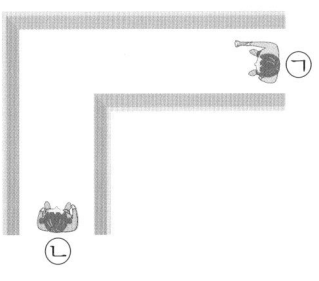

㉠

㉡

20 ✚ 7종 공통

우리 생활에서 거울을 이용하는 경우가 <u>아닌</u> 것은 어느 것입니까? (   )

① 치과에서 치아의 안쪽을 살펴볼 때
② 작은 개미의 모습을 자세히 관찰할 때
③ 미용실에서 자신의 머리 모양을 볼 때
④ 신발 가게에서 신발을 신은 모습을 볼 때
⑤ 운전하면서 뒤쪽에서 오는 자동차의 위치를 확인할 때

3 단원

평가 주제	그림자의 모양으로 물체의 모양 추리하기
평가 목표	그림자의 모양과 물체의 모양이 비슷한 까닭을 설명할 수 있다.

[1-3] 여러 가지 물체 중에서 하나를 골라 그림자를 만들고, 어떤 물체인지 맞히는 놀이를 하였습니다. 물음에 답하시오.

(가)
▲ 컵

(나)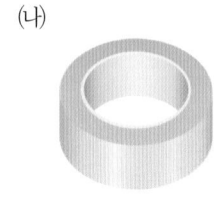
▲ 테이프

(다)
▲ 공책

(라)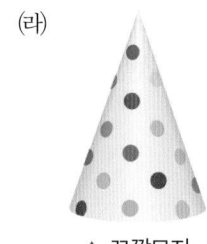
▲ 꼬깔모자

1 위 물체 중 하나를 골라 오른쪽과 같이 그림자 맞히기 놀이를 하였습니다. 어떤 물체를 골랐는지 기호를 쓰시오.

( )

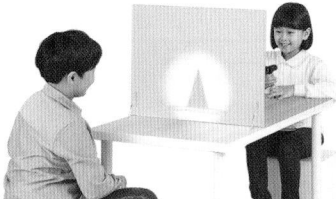

2 위 **1**번과 같이 그림자의 모양을 보고 물체를 맞힐 수 있는 까닭은 물체의 모양과 그림자의 모양이 비슷하기 때문입니다. 그 까닭은 무엇인지 쓰시오.

_____

_____

3 위 (가) 물체로 다음과 같이 여러 가지 모양의 그림자를 만들려면 어떻게 해야 하는지 쓰시오.

_____

_____

| 평가 주제 | 빛이 거울에 부딪쳐 나아가는 모습 알기 |
| 평가 목표 | 거울을 사용해 빛의 방향을 바꿀 수 있다. |

[1-3] 오른쪽과 같이 종이 상자를 만들어 종이 상자 입구에 손전등 빛을 비추었습니다. 물음에 답하시오.

1 종이 상자 입구에 손전등 빛을 비추어 종이 상자 속 꽃에 손전등 빛을 보내려면 거울이 최소 몇 개가 필요한지 쓰시오.

(   )개

3
단원

2 위 **1**번 답과 같이 거울의 위치를 표시하고, 손전등 빛이 나아가는 모습을 그림으로 그리시오.

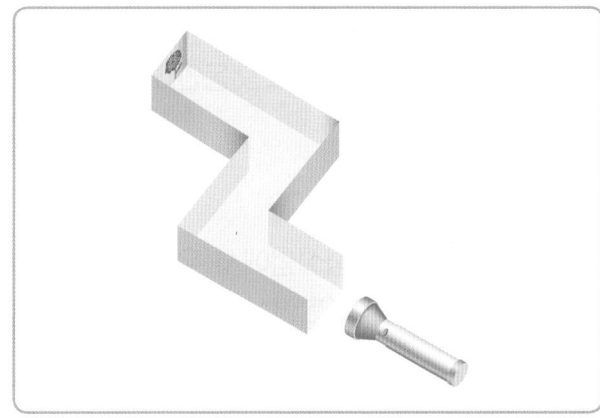

3 위 **2**번 답과 같이 거울을 이용해 빛을 꽃에 보낼 수 있는 까닭은 무엇인지 빛의 성질과 관련지어 쓰시오.

_____

_____

✏ 빈칸에 알맞은 답을 쓰세요.

1 땅속의 마그마가 지표 밖으로 분출하여 생긴 지형을 무엇이라고 합니까?

2 화산 활동으로 나오는 여러 가지 물질을 무엇이라고 합니까?

3 마그마가 지표로 분출하면서 화산 가스 등의 기체 물질이 빠져나간 액체 상태의 물질을 무엇이라고 합니까?

4 현무암과 화강암 중 땅속 깊은 곳에서 천천히 식어 만들어진 암석은 무엇입니까?

5 화산 분출물 중에서 비행기의 운항을 어렵게 하여 피해를 주기도 하지만, 쌓이고 오랜 시간이 지나면 땅을 비옥하게 하는 것은 무엇입니까?

6 땅이 지구 내부에서 작용하는 힘을 오랫동안 받아 끊어지면서 흔들리는 것을 무엇이라고 합니까?

7 우드록을 이용한 지진 발생 모형실험에서 우드록이 끊어질 때 손에 느껴지는 떨림은 실제의 어떤 자연 현상에 비교할 수 있습니까?

8 규모의 숫자가 클수록 강한 지진입니까, 약한 지진입니까?

9 학교에 있을 때 지진이 발생하면 책상 아래로 들어가 무엇을 보호해야 합니까?

10 건물 안에 있을 때 지진이 발생하면 승강기와 계단 중에서 무엇을 이용해서 대피해야 합니까?

✏️ 빈칸에 알맞은 답을 쓰세요.

1 화산의 크기와 생김새는 모두 같습니까? 다양합니까?

2 대부분 수증기로 이루어진 화산 가스는 어떤 상태의 화산 분출물입니까?

3 화강암이나 현무암처럼 마그마가 식어서 굳어져 만들어진 암석을 무엇이라고 합니까?

4 화강암과 현무암 중에서 암석을 이루고 있는 알갱이의 크기가 작은 것은 어느 것입니까?

5 화산 주변 땅속의 높은 열을 우리 생활에 이용하는 예에는 어떤 것이 있습니까?

6 우드록을 이용한 지진 발생 모형실험에서 우드록을 양손으로 미는 힘은 실제 지진에서 무엇을 의미합니까?

7 우드록을 양손으로 잡고 힘을 주어 수평 방향으로 서서히 밀면 우드록이 어떻게 됩니까?

8 규모 2.0 지진과 규모 3.2 지진 중 더 강한 지진은 어느 것입니까?

9 지진이 발생하기 전, 지진 발생에 대처하기 위해 무엇을 미리 준비해 두어야 합니까?

10 바닷가에 있을 때 지진이 발생하면 낮은 곳과 높은 곳 중에서 어디로 대피해야 합니까?

4 단원

1 ➕ 7종 공통

화산에 대한 설명으로 옳지 <u>않은</u> 것은 어느 것입니까? (   )

① 생김새가 다양하다.
② 주변 지형보다 높다.
③ 분화구가 있는 것도 있다.
④ 마그마가 분출하지 않은 화산도 있다.
⑤ 땅속의 마그마가 분출하여 생긴 지형이다.

2 서술형   김영사, 비상, 아이스크림, 천재

화산이 아닌 산을 골라 기호를 쓰고, 그렇게 생각한 까닭을 쓰시오.

ⓐ ▲ 후지산   ⓑ ▲ 킬라우에아산   ⓒ ▲ 설악산

(1) 화산이 아닌 산: (   )

(2) 그렇게 생각한 까닭: _____

_____

3 ➕ 7종 공통

다음 (   ) 안에 들어갈 알맞은 말을 쓰시오.

> 화산에는 (ⓐ)이/가 분출한 (ⓑ)이/가 있는 것이 있다. 이 (ⓑ)에는 물이 고여 호수가 만들어지기도 한다.

ⓐ (   ), ⓑ (   )

[4-6] 다음은 화산이 활동하는 모습을 그림으로 나타낸 것입니다. 물음에 답하시오.

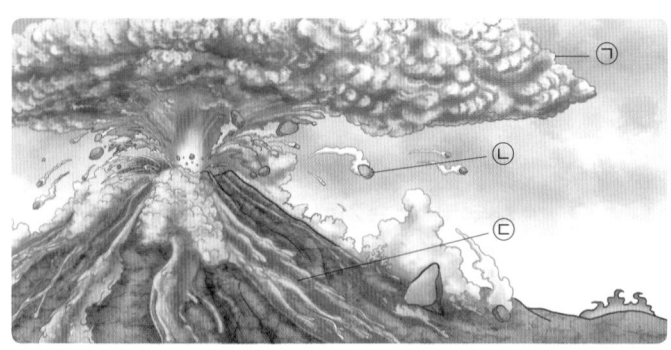

4 ➕ 7종 공통

위 ⓐ~ⓒ 중 액체 상태의 화산 분출물을 골라 기호와 이름을 쓰시오

(   )

5 ➕ 7종 공통

오른쪽은 위 ⓐ 화산 분출물의 실제 모습입니다. ⓐ에 대한 설명으로 옳은 것은 어느 것입니까? (   )

① 액체 상태이다.
② 크기가 매우 크다.
③ 지표면을 따라 흐른다.
④ 흘러내린 뒤 식으면서 굳는다.
⑤ 크기가 매우 작은 화산재이다.

6 서술형 ➕ 7종 공통

앞 ⓛ 화산 분출물의 특징을 크기를 포함하여 쓰시오.

_____

_____

_____

9 김영사, 비상, 아이스크림, 천재

앞 화산 활동 모형실험과 실제 화산 활동을 비교하여 관계있는 것끼리 선으로 이으시오.

(1) 연기 •   • ㉠ 용암

(2) 굳은
마시멜로 •   • ㉡ 화산 가스

(3) 흘러나오는
마시멜로 •   • ㉢ 화산 암석
조각

[7-9] 다음은 화산 활동 모형실험에서 관찰할 수 있는 모습입니다. 물음에 답하시오.

㉠

녹은 마시멜로가
흘러나옴.

㉡

마시멜로가
식어서 굳음.

㉢

연기가
피어오름.

㉣

알루미늄 포일이
들썩거림.

7 김영사, 비상, 아이스크림, 천재

위 화산 활동 모형실험에서 나타나는 모습의 순서대로 기호를 쓰시오.

㉣ → (   ) → (   ) → (   )

10 ➕ 7종 공통

현무암과 화강암에 대한 설명으로 옳은 것은 어느 것입니까? (   )

① 화강암은 현무암보다 색깔이 밝다.

② 화강암은 화산재가 굳어져 만들어진 암석이다.

③ 화강암은 색깔이 어둡고, 표면에 구멍이 있는 것도 있다.

④ 현무암은 화강암보다 암석을 이루는 알갱이의 크기가 크다.

⑤ 현무암은 마그마가 땅속에서 천천히 식어서 만들어진 암석이다.

8 김영사, 비상, 아이스크림, 천재

위 ㉠~㉣ 중 실제 화산 활동에서 용암이 흐르는 모습과 비교할 수 있는 것의 기호를 쓰시오.

(   )

4 단원

[11-12] 다음은 화성암이 만들어지는 장소를 나타낸 것입니다. 물음에 답하시오.

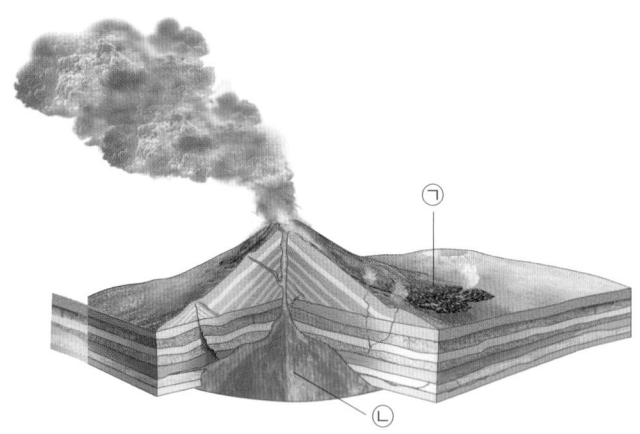

11 ➕ 7종 공통

위 ㉠과 ㉡ 중 색깔이 어둡고, 표면에 구멍이 있는 것도 있는 암석이 만들어지는 장소로 알맞은 곳의 기호와 그 암석의 이름을 쓰시오.

(1) 암석이 만들어지는 곳: (　　　　　　　　　)

(2) 암석의 이름: (　　　　　　　　)

12 서술형　동아, 금성, 비상

다음은 경주의 불국사에 있는 돌계단입니다. 이 돌계단은 위 ㉠과 ㉡ 중 어느 곳에서 만들어진 암석을 이용한 것인지 기호와 그렇게 생각한 까닭을 쓰시오.

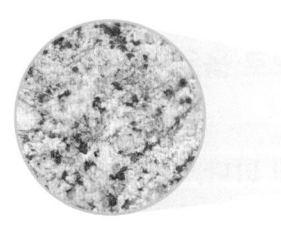

(1) 암석이 만들어지는 곳: (　　　　　　　)

(2) 그렇게 생각한 까닭: _____

_____

13 동아, 금성, 김영사, 아이스크림, 천재

용암이 우리 생활에 주는 피해로 알맞은 것은 어느 것입니까? (　　　)

① 태양 빛을 가린다.

② 산불을 발생시킨다.

③ 온천을 개발할 수 있다.

④ 지진의 발생을 막아 준다.

⑤ 전기를 얻을 수 있게 한다.

14 ➕ 7종 공통

화산 활동이 주는 이로움이 <u>아닌</u> 것은 어느 것입니까? (　　　)

①
▲ 온천

②
▲ 지열 발전

③
▲ 관광 자원

④
▲ 꽃놀이

15 ➕ 7종 공통

다음은 우드록을 이용한 지진 발생 모형실험에 대한 설명입니다. ㉠~㉢ 중 실제 지진에 비교할 수 있는 것을 골라 기호를 쓰시오.

> ㉠ 우드록의 가운데가 휘어진다.
> ㉡ 우드록을 양손으로 잡고 서서히 민다.
> ㉢ 우드록이 끊어질 때 손에 떨림이 느껴진다.

(　　　　　　　　)

16 ✚ 7종 공통

다음은 지진 발생 모형실험과 실제 지진을 비교한 것입니다. ( ) 안의 알맞은 말에 ○표 하시오.

> 지진 발생 모형실험에서는 작은 힘이 ㉠ (짧은, 오랜) 시간 동안 작용하여도 우드록이 끊어지지만, 실제 지진은 지구 내부에서 작용하는 힘이 ㉡ (짧은, 오랜) 시간 동안 작용하여 발생한다.

17 ✚ 7종 공통

지진의 피해 사례에 대해 조사하려고 합니다. 조사할 내용으로 옳지 <u>않은</u> 것은 어느 것입니까? ( )

① 지진의 규모
② 지진 발생 위치
③ 지진 발생 날짜
④ 지진 발생 지역의 날씨
⑤ 지진으로 인한 피해 정도

18 서술형 ✚ 7종 공통

다음은 우리나라에서 발생한 지진의 피해 사례를 정리한 것입니다. 규모는 무엇을 나타내는지 쓰고, 규모의 숫자에 따라 어떤 차이가 있는지 쓰시오.

발생 지역	연도	규모	피해 사례
경상북도 포항시	2018년	4.6	부상자 발생함.
경상북도 포항시	2017년	5.4	부상자 및 이재민 발생함.
경상북도 경주시	2016년	5.8	건물 균열, 부상자 발생함.

_____

_____

19 ✚ 7종 공통

지진이 발생했을 때의 대처 방법으로 옳은 것은 어느 것입니까? ( )

① 화장실 근처로 간다.
② 책장 옆에 서 있는다.
③ 책상 아래로 들어가 몸을 보호한다.
④ 승강기를 이용해 옥상으로 대피한다.
⑤ 지진으로 흔들리는 동안에만 움직여서 이동한다.

20 ✚ 7종 공통

지진이 발생한 후의 대처 방법으로 옳은 것에 ○표, 옳지 <u>않은</u> 것은 ×표 하시오.

(1) 다친 사람을 살피고 구조 요청을 한다. ( )
(2) 지진 정보를 확인하고 정보에 따라 행동한다.
( )
(3) 지진으로 인해 화재가 발생한 곳을 발견하면 직접 불을 끈다. ( )

4 단원

1 ✚ 7종 공통

다음은 화산에 대한 설명입니다. ( ) 안에 들어갈 알맞은 말을 쓰시오.

> 땅속 깊은 곳에서 암석이 녹은 ( )이/가 지표 밖으로 분출하여 생긴 지형을 화산이라고 한다.

( )

2 동아, 비상, 아이스크림, 천재

다음 마그마가 분출한 흔적이 있는 두 산에 대한 설명으로 옳지 <u>않은</u> 것은 어느 것입니까? ( )

① 꼭대기 모습이 다르다.
② 두 산의 경사가 다르다.
③ 두 산의 생김새가 다르다.
④ 마그마가 다시 분출할 수도 있다.
⑤ ㉠은 화산이고, ㉡은 화산이 아니다.

3 김영사, 비상, 아이스크림, 천재

다음은 화산 활동 모형실험에서 관찰할 수 있는 모습입니다. ㉠~㉢과 실제 화산 분출물을 옳게 짝 지은 것은 어느 것입니까? ( )

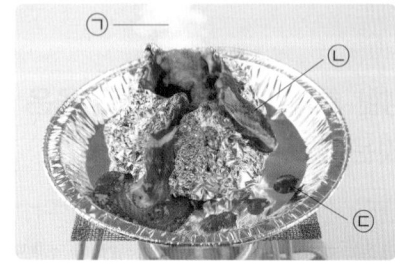

① ㉠ – 화산 암석 조각   ② ㉡ – 용암
③ ㉡ – 화산 가스   ④ ㉢ – 수증기
⑤ ㉢ – 화산 분화구

[4-5] 다음은 화산 분출물의 모습입니다. 물음에 답하시오.

▲ 용암

▲ 화산재

▲ 화산 가스

▲ 화산 암석 조각

4 ✚ 7종 공통

위 ㉠~㉣ 중 액체 상태의 화산 분출물을 골라 기호를 쓰시오.

( )

5 ✚ 7종 공통

위 ㉠~㉣ 중 다음과 같은 특징이 있는 것을 골라 기호를 <u>쓰고</u> 어떤 상태의 화산 분출물인지 골라 ○표 하시오.

> 대부분 수증기이며, 여러 가지 기체가 포함되어 있다.

(1) 기호: ( )
(2) 화산 분출물의 상태

      기체,   액체,   고체

6 ✚ 7종 공통

다음에서 설명하는 암석의 이름을 쓰시오.

- 마그마가 식어서 굳어져 만들어진다.
- 표면에 구멍이 있는 것도 있고 구멍이 없는 것도 있다.
- 암석을 이루는 알갱이의 크기가 맨눈으로 잘 보이지 않을 정도로 작고, 색깔이 어둡다.

(   )

7 서술형 ✚ 7종 공통

위 6번 답의 암석을 이루는 알갱이의 크기가 작은 까닭을 쓰시오.

_____

_____

8 ✚ 7종 공통

다음 ( ) 안에 들어갈 알맞은 말에 ○표 하시오.

화강암은 마그마가 땅속 깊은 곳에서 ㉠ (천천히, 빠르게) 식어서 만들어져 암석을 이루는 알갱이의 크기가 ㉡ (작다, 크다).

9 동아, 금성, 김영사, 비상

화강암을 우리 생활에 이용하는 모습으로 알맞은 것을 골라 기호를 쓰시오.

㉠
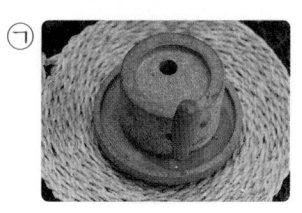
▲ 맷돌

㉡

▲ 비석

㉢

▲ 도로

㉣

▲ 돌하르방

(   )

10 ✚ 7종 공통

다음은 화산 활동이 우리 생활에 미치는 영향입니다. 화산 활동이 주는 피해와 이로움으로 구분하여 각각 기호를 쓰시오.

㉠ 화산재가 태양 빛을 가린다.
㉡ 용암이 흘러 산불이 발생한다.
㉢ 화산재가 쌓인 주변의 땅이 비옥해진다.
㉣ 온천을 개발해 관광 자원으로 활용한다.

(1) 피해: (   )
(2) 이로움: (   )

4
단원

11 서술형 ⊕ 7종 공통

다음은 우리 생활에서 볼 수 있는 모습입니다. 두 지형의 공통점을 쓰시오.

▲ 온천

▲ 화산 지형(용암 동굴)

_____

_____

[12-14] 다음은 지진 발생 모형실험을 하는 모습입니다. 물음에 답하시오.

㉠

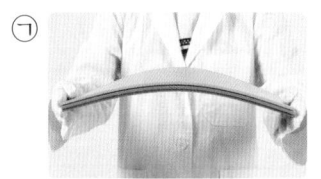

우드록이 볼록하게 올라오며 휘어짐.

㉡

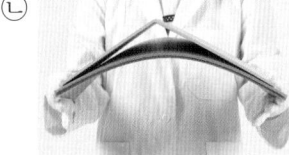

우드록이 끊어지며 떨림.

12 ⊕ 7종 공통

위 실험에서 이용한 우드록은 실제 지진과 비교하였을 때 어떤 것에 해당하는지 쓰시오.

( )

13 ⊕ 7종 공통

위 ㉠과 ㉡을 실제 지진과 비교하여 옳게 말한 사람의 이름을 쓰시오.

- 지한: ㉠은 지진이 발생한 후의 모습이야.
- 규연: ㉡은 땅이 끊어져 흔들릴 때의 모습이야.
- 아린: ㉡은 지구 내부의 힘이 작용하기 전의 모습이야.

( )

14 ⊕ 7종 공통

앞 실험을 통해 알 수 있는 사실로 옳은 것은 어느 것입니까? ( )

① 지진이 발생하면 땅이 흔들린다.
② 지진은 높은 산 위에서만 발생한다.
③ 지진은 지구 내부에서 작용하는 힘과는 관련이 없다.
④ 지진은 짧은 시간 동안 가해진 작은 힘에 의해서 발생한다.
⑤ 지진이 발생하는 까닭은 땅속 마그마의 높은 열 때문이다.

15 ⊕ 7종 공통

다음은 우리나라에서 발생한 지진 피해 사례를 나타낸 것입니다. 이 내용을 보고 알 수 있는 사실로 옳지 <u>않은</u> 것은 어느 것입니까? ( )

발생 지역	연도	규모	피해 사례
경상북도 포항시	2018년	4.6	부상자 발생함.
경상북도 포항시	2017년	5.4	부상자 및 이재민 발생, 건물 훼손됨.
경상북도 경주시	2016년	5.8	부상자 발생, 건물 균열 생김.

① 지진으로 인해 부상자가 발생했다.
② 규모 5.0 이상의 지진도 두 차례 발생했다.
③ 우리나라도 지진에 대비하는 자세가 필요하다.
④ 위 사례 중 가장 강한 지진이 발생한 지역은 경상북도 경주시이다.
⑤ 우리나라에서는 강한 지진이 발생하지 않으므로 지진에 안전한 지역이라고 할 수 있다.

16 ⊕ 7종 공통

지진에 대한 설명으로 옳은 것을 두 가지 고르시오.

( )

① 지진의 세기는 규모로 나타낸다.
② 규모의 숫자가 작을수록 강한 지진이다.
③ 지진의 규모가 같으면 피해 정도도 같다.
④ 지진이 발생하면 건물이 무너지기도 한다.
⑤ 지표의 약한 부분에서는 지진이 발생하지 않는다.

17 ⊕ 7종 공통

지진이 발생하기 전에 해야 할 일로 알맞은 것을 보기에서 골라 기호를 쓰시오.

┌─ 보기 ●─────────────────────────┐
│ ㉠ 구조 요청을 한다.   │
│ ㉡ 다친 사람을 살핀다.   │
│ ㉢ 비상용품과 구급약품을 준비한다.   │
│ ㉣ 건물 옥상 등의 높은 곳으로 대피한다.   │
└──────────────────────────────┘

( )

18 ⊕ 7종 공통

지진이 발생했을 때 화재를 예방하기 위한 대처 방법으로 옳은 것에 ○표 하시오.

(1) 계단을 이용해 대피한다. ( )
(2) 부상자를 살펴 응급 처치를 한다. ( )
(3) 전깃불을 끄고 가스 밸브를 잠근다. ( )

19 서술형 ⊕ 7종 공통

다음과 같이 학교 교실 안에 있을 때 지진이 발생할 경우의 대처 방법을 한 가지 쓰시오.

땅이 흔들리네!

─────────────────────────────

─────────────────────────────

20 ⊕ 7종 공통

마트에 있을 때 지진이 발생할 경우의 대처 방법으로 가장 옳은 것을 보기에서 골라 기호를 쓰시오.

┌─ 보기 ●─────────────────────────┐
│ ㉠ 크게 소리를 지른다.   │
│ ㉡ 코를 막고 입으로 숨을 쉰다.   │
│ ㉢ 넘어질 수 있는 선반은 몸으로 지탱한다.   │
│ ㉣ 떨어질 물건으로부터 머리와 몸을 보호한다.   │
└──────────────────────────────┘

( )

4
단원

평가 주제	화강암과 현무암 알아보기
평가 목표	화강암과 현무암의 생성 과정과 특징, 우리 생활에서 사용되는 예를 알 수 있다.

[1-3] 다음은 화성암이 만들어지는 장소를 나타낸 것입니다. 물음에 답하시오.

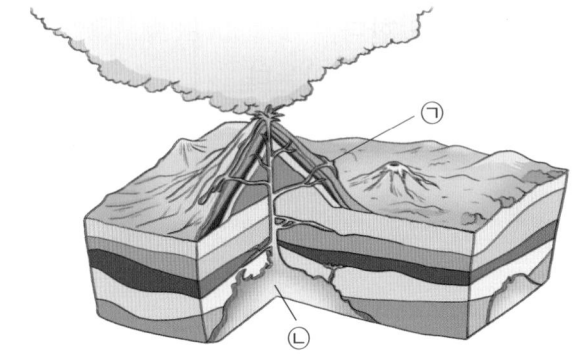

1 다음 두 암석이 만들어지는 장소의 기호와 암석의 이름을 각각 쓰시오.

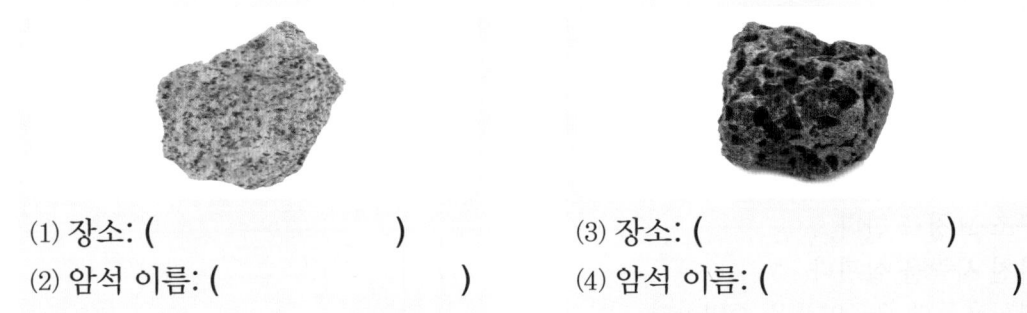

(1) 장소: (   )   (3) 장소: (   )

(2) 암석 이름: (   )   (4) 암석 이름: (   )

2 위 1번의 두 암석을 이루는 알갱이의 크기를 비교하여 ○ 안에 >, =, <로 나타내고, 알갱이의 크기가 다른 까닭을 암석이 만들어지는 장소와 관련지어 쓰시오.

(1) 알갱이의 크기 비교하기

(2) 알갱이의 크기가 다른 까닭: _____

_____

_____

3 오른쪽 건축물은 위 1번의 두 암석 중 하나를 이용하여 만들었습니다. 이 암석에 대한 설명으로 옳은 것에 ○표 하시오.

(1) 암석을 이루는 알갱이의 크기가 매우 작다.   (   )

(2) 마그마가 식어서 굳어져 만들어진 암석이다.   (   )

(3) 대체로 색깔이 어둡고, 표면에 구멍이 많이 뚫려 있다.   (   )

▲ 석굴암

평가 주제	지진 발생 시 대처 방법 알아보기
평가 목표	지진 피해 사례를 통해 지진 발생 시 대처 방법의 중요성을 알고, 올바른 지진 대처 방법을 설명할 수 있다.

[1-3] 다음은 지진 관련 영화를 만든 영화 감독과의 인터뷰 장면입니다. 물음에 답하시오.

1 위 영화 내용에서 발생한 지진의 세기를 쓰시오.

(　　　　　　　　　　)

2 위 영화 내용과 같이 바닷가에 있을 때 지진이 발생한 경우, 대피 방법으로 알맞은 것을 골라 기호를 쓰고, 그렇게 생각한 까닭을 쓰시오.

㉠ 주변의 가장 높은 곳으로 대피함.	㉡ 가장 가까운 곳에 멈춰 있는 배에 탐.	㉢ 가까운 건물의 지하 주차장에서 흔들림이 멈출 때까지 기다림.

⑴ 알맞은 대피 방법: (　　　　　　　　　　)

⑵ 그렇게 생각한 까닭: _____

_____

3 위 영화 장면에서 정훈이의 행동으로 <u>잘못된</u> 점을 찾아 바르게 고쳐 쓰시오.

_____

_____

✏️ 빈칸에 알맞은 답을 쓰세요.

1 우리 주변에서 볼 수 있는 물에는 어떤 것이 있습니까?

2 물이 상태가 변하면서 지구 여러 곳을 끊임없이 돌고 도는 과정을 무엇이라고 합니까?

3 물은 지구에서 몇 가지 상태로 존재합니까?

4 공기 중에 있는 수증기가 하늘 높이 올라가서 구름이 될 때와 관련있는 현상은 증발입니까, 응결입니까?

5 공기 중에 있는 기체 상태의 물을 무엇이라고 합니까?

6 물이 순환하면서 지구 전체 물의 양은 어떻게 변합니까?

7 목이 마를 때나 손을 씻을 때, 농작물을 키울 때에는 무엇을 이용합니까?

8 생명을 유지하는 데 물이 필요한 것은 식물입니까, 동물입니까, 모든 생물입니까?

9 물이 부족한 까닭은 인구가 감소했기 때문입니까, 증가했기 때문입니까?

10 물 부족 현상을 해결하기 위해 샤워 시간을 줄여야 합니까, 늘려야 합니까?

1 ⊕ 7종 공통

지구에 있는 물에 대한 설명으로 옳은 것에 ○표 하시오.

(1) 물은 다른 곳으로 이동하지 않는다. ( )
(2) 지구 전체 물의 양은 변하지 않는다. ( )

2 ⊕ 7종 공통

다음 ( ) 안에 들어갈 알맞은 말을 순서대로 옳게 짝 지은 것은 어느 것입니까? ( )

- 땅에 내린 빗물이 (㉠)하면 수증기로 변한다.
- 구름은 증발한 수증기가 (㉡)하여 만들어진다.

	㉠	㉡		㉠	㉡
①	증발	부족	②	증발	응결
③	응결	증발	④	증가	활발
⑤	이동	축소			

3 서술형 ⊕ 7종 공통

'물의 순환'이란 무엇을 의미하는지 쓰시오.

_____

_____

[4-5] 다음은 물의 이동 과정을 알아보는 실험 장치입니다. 물음에 답하시오.

4 지학사, 천재

위 장치의 열 전구를 켜고, 10분 후 관찰한 내용으로 옳은 것은 어느 것입니까? ( )

① 아무 변화도 없다.
② 얼음이 녹지 않고 그대로 있다.
③ 처음보다 얼음의 양이 많아졌다.
④ 컵 안쪽 뚜껑 밑면에 물방울이 맺혔다.
⑤ 플라스틱 컵 안쪽에 물이 전혀 남아 있지 않다.

5 지학사, 천재

처음 위 실험 장치의 물의 양과 30분 후 실험 장치의 물의 양을 비교하여 ○ 안에 >, =, <로 나타내시오. (단, 물의 양에는 물의 모든 상태를 포함합니다.)

처음 물의 양		30분 후 물의 양

6 ✚ 7종 공통

다음 중 우리 주변에서 물을 이용하는 모습이 <u>아닌</u> 것은 어느 것입니까? (   )

① 세수할 때
② 요리할 때
③ 청소할 때
④ 책을 읽을 때
⑤ 생선을 신선하게 보관할 때

7 ✚ 7종 공통

우리가 마신 물에 대한 설명으로 옳은 것을 보기 에서 골라 기호를 쓰시오.

보기
㉠ 몸속에서 모두 없어진다.
㉡ 땀의 형태로만 몸 밖으로 빠져나간다.
㉢ 몸속을 순환하면서 영양분을 전달하는 등 생명을 유지시켜 준다.

(   )

8 ✚ 7종 공통

물의 중요성에 대한 설명으로 옳지 <u>않은</u> 것은 어느 것입니까? (   )

① 나무와 풀을 자라게 한다.
② 물을 이용하여 전기를 만들 수 있다.
③ 모든 생물의 생명 유지에 반드시 필요하다.
④ 우리 생활에서 다양하게 이용되므로 중요하다.
⑤ 고체 상태의 물이 액체 상태의 물보다 중요하다.

9 ✚ 7종 공통

물 부족 현상을 해결하기 위해 우리가 실천할 수 있는 일을 옳게 말한 사람의 이름을 쓰시오.

• 미란: 양치를 하루에 한 번만 하자.
• 탐희: 세제를 최대한 많이 사용해야 해.
• 윤호: 샤워할 때 물을 계속 틀어 놓지 않도록 해.

(   )

10 동아, 김영사, 비상, 지학사

다음은 아프리카의 어느 마을에 설치된 와카워터의 모습입니다. 이 장치에 대한 설명으로 옳은 것은 어느 것입니까? (   )

① 물을 모으는 장치이다.
② 비가 오도록 하는 장치이다.
③ 물을 깨끗하게 하는 정화 장치이다.
④ 물을 땅속에서 끌어올리는 장치이다.
⑤ 오염된 공기를 깨끗하게 하는 공기 청정 장치이다.

1 ➕ 7종 공통

물을 볼 수 있는 곳에 대해 옳게 말한 사람의 이름을 쓰시오.

> • 준서: 구름 속에만 물이 있어.
> • 호율: 강이나 호수에서만 볼 수 있어.
> • 아민: 땅 위, 공기, 땅속 등 지구 곳곳에서 볼 수 있어.

(　　　　　)

2 ➕ 7종 공통

다음은 물의 순환 과정을 나타낸 것입니다. ㉠~㉣은 각각 무엇에 해당하는지 들어갈 알맞은 말을 보기 에서 골라 빈칸에 써넣으시오.

> 보기 ●
> 비, 태양, 구름, 바닷물, 수증기

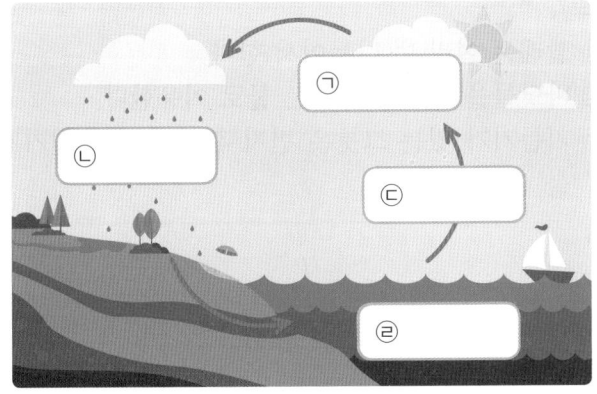

3 ➕ 7종 공통

물의 순환에 대한 설명으로 옳지 않은 것을 보기 에서 골라 기호를 쓰시오.

> 보기 ●
> ㉠ 물은 상태가 변하면서 이동한다.
> ㉡ 물은 여러 곳을 끊임없이 돌고 돈다.
> ㉢ 물의 상태에 관계없이 물이 머무르는 위치는 일정하다.

(　　　　　)

[4-5] 다음은 물의 순환 과정을 알아보는 실험 장치를 꾸미는 과정입니다. 물음에 답하시오.

> 1️⃣ 식물을 심은 작은 컵을 물과 얼음이 담긴 컵에 넣는다.
> 2️⃣ 다른 컵을 1️⃣의 컵 위에 거꾸로 올리고, 컵과 컵 사이를 테이프로 붙인다.
> 3️⃣ 햇빛이 드는 창가에 컵을 두고 컵 안에서 일어나는 변화를 관찰한다.

4 동아, 김영사, 아이스크림

완성된 위 실험 장치에서 일어나는 변화로 옳지 않은 것은 어느 것입니까? (　　　)

① 컵 안의 얼음이 녹아 물이 된다.
② 물의 일부는 증발하여 얼음이 된다.
③ 물의 일부는 식물의 뿌리에서 흡수된다.
④ 컵 안의 수증기가 응결하여 컵의 안쪽 벽면에 맺힌다.
⑤ 컵의 안쪽 벽면에 맺힌 물방울이 점점 커져서 벽면을 타고 아래로 흘러내린다.

5 동아, 김영사, 아이스크림

위 실험 장치에서 컵의 안쪽 벽면에 맺힌 물방울이 벽면을 타고 아래로 흘러내리는 것은 실제 지구에서 볼 수 있는 물의 순환 과정 중에서 무엇에 해당하는지 쓰시오.

(　　　　　)

6 서술형 금성

다음은 지퍼 백을 이용하여 물의 순환 과정을 알아보는 실험 장치입니다. 이 지퍼 백을 햇빛이 드는 유리창에 붙이고 2~3일 동안 관찰한 결과를 쓰시오.

 →

_____

_____

_____

7 ⊕ 7종 공통

물이 우리 생활에서 중요한 까닭으로 옳은 것에 모두 ○표 하시오.

(1) 빗물이 땅속에 스며들면서 나무와 풀을 자라게 한다. ( )

(2) 흐르는 물이 지표면의 모양을 변하지 않도록 유지시킨다. ( )

(3) 식물이나 동물의 몸속을 순환하면서 생명을 유지하게 한다. ( )

8 ⊕ 7종 공통

물의 이용에 대한 설명으로 옳은 것은 어느 것입니까? ( )

① 물은 공장에서 물건을 만들 때에만 이용된다.

② 우리가 이용할 수 있는 물은 한 가지 형태뿐이다.

③ 우리가 이용한 물은 돌고 돌아 다시 이용할 수 있다.

④ 인구가 증가함에 따라 이용할 수 있는 물도 점점 늘어난다.

⑤ 식물의 뿌리에서 흡수된 물은 식물의 줄기에 계속 머문다.

9 ⊕ 7종 공통

물 부족 현상을 해결하기 위한 방법으로 옳은 것을 보기 에서 골라 기호를 쓰시오.

보기
㉠ 빨래는 여러 번 나누어서 한다.
㉡ 바닷물을 그대로 마시는 물로 이용한다.
㉢ 기름기가 있는 그릇은 먼저 휴지로 닦고 설거지를 한다.

( )

10 ⊕ 7종 공통

물 부족 현상을 해결하기 위해 물을 모으기 위한 방법을 옳게 말한 사람의 이름을 쓰시오.

안개가 발생하는 곳에 그물을 설치해 물을 얻을 수 있어.
루민

정수기의 물을 여러 개의 물병에 나누어 담으면 돼.
하연

( )

평가 주제 물의 순환 알아보기

평가 목표 물의 순환 과정을 알아보는 실험을 통해 물의 순환을 지표면, 생명체, 공기 중에서 일어나는 여러 가지 현상으로 설명할 수 있다.

[1-2] 오른쪽과 같이 물의 순환 과정을 알아보는 실험 장치를 꾸미고, 햇빛이 드는 창가에 두었습니다. 물음에 답하시오.

컵 ─
식물
물과 얼음

1 다음은 위 실험 장치에서 일어나는 현상을 설명한 것입니다. ( ) 안에 들어갈 알맞은 말을 보기 에서 각각 골라 기호를 쓰시오.

- 실험 장치 안에 있는 얼음은 햇빛이 비추는 열로 인해 ((가)).
- 식물의 뿌리에서 흡수된 물은 잎에서 ((나)).
- 실험 장치 안의 수증기는 컵 안쪽 벽면에 ((다)).

┌─ 보기 ●
㉠ 녹아서 물이 된다.
㉡ 응결하여 물방울로 맺힌다.
㉢ 수증기로 나와 공기 중에 머무른다.

(가) ( ), (나) ( ), (다) ( )

2 위 **1**번과 관련지어 오른쪽 그림에서 볼 수 있는 지구에서의 물의 순환 과정을 보기 의 단어를 모두 포함하여 쓰시오.

┌─ 보기 ●
중발, 응결, 비나 눈, 땅, 식물, 공기

_____

_____

_____

5 단원

평가 주제	물이 중요한 까닭 알아보기
평가 목표	우리 주변에서 물이 이용되고 있는 예를 통해 물의 중요성을 알고, 물을 소중히 여겨야 하는 까닭을 이해할 수 있다.

[1-3] 다음은 우리 주변에서 물을 이용하는 여러 가지 모습을 나타낸 것입니다. 물음에 답하시오.

ⓐ    ⓑ    ⓒ

ⓓ    ⓔ    ⓕ

1 위 ㉠~㉫ 중 물이 생물의 생명 유지를 위해서 이용되는 모습인 것을 골라 기호를 쓰시오.

(   )

2 다음 설명에 해당하는 모습으로 알맞은 것을 위 ㉠~㉫에서 골라 각각 기호를 쓰시오.

(1) 취미 생활에 물이 이용되기도 한다. (   )
(2) 공장에서 물건을 만들 때 물을 이용한다. (   )
(3) 물이 떨어지는 높이 차이를 이용하여 전기를 만들 수 있다. (   )

3 물이 중요한 까닭에 대한 설명으로 옳은 것에 ○표, 옳지 않은 것에 ×표 하시오.

(1) 물은 모든 생물이 생명을 유지하는 데 없어서는 안 되기 때문이다.

(2) 지구 전체에 있는 물의 양이 10년 전에 비해 절반으로 줄어들었기 때문이다.

(3) 우리가 쓸 수 있는 물이 점점 부족해지면서 어려움을 겪는 곳이 많아지고 있기 때문이다.

(   )   (   )   (   )

동아출판

초고필로
중학교 성적이
바뀐다!

초등 고학년을 위한 중학교 필수 영역 초고필

국어
비문학 독해 1·2 / 문학 독해 1·2 / 국어 어휘 / 국어 문법

수학
유리수의 사칙연산 / 방정식 / 도형의 각도

한국사
한국사 1권 / 한국사 2권

평가북

초등학교　　　　학년　　　　반　　　　번　　　　이름

강의가 더해진, **교과서 맞춤 학습**

백점

과학 4·2

모바일
빠른 정답

친절한 해설북

- 한눈에 보이는 **정확한 답**
- 한번에 이해되는 **자세한 풀이**

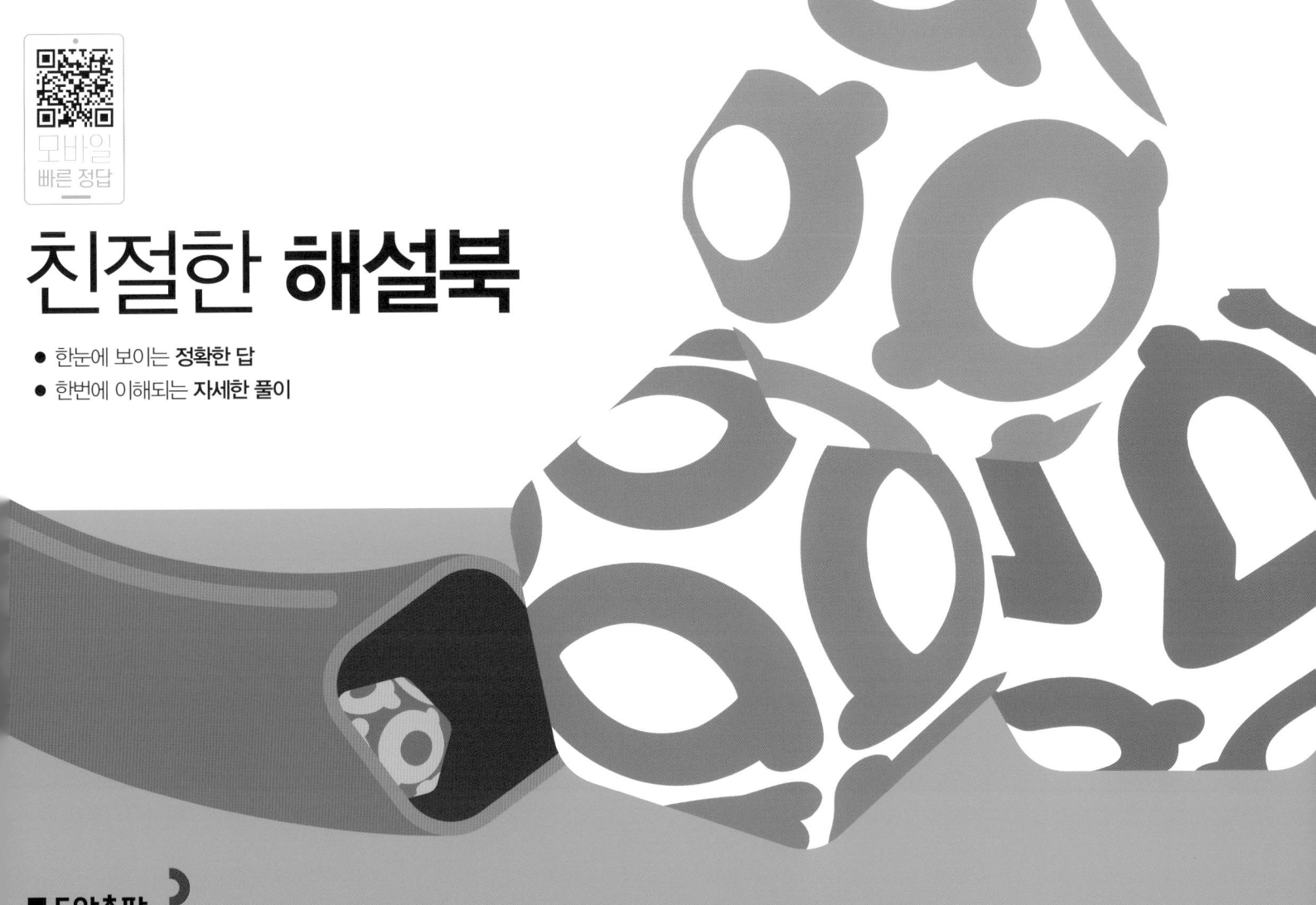

동아출판

친절한 해설북 구성과 특징

1 해설로 개념 다시보기
- 문제와 관련된 해설을 다시 한번 확인하면서 학습 내용에 대해 깊이 있게 이해할 수 있습니다.

2 서술형 채점 TIP
- 서술형 문제 풀이에는 채점 기준과 채점 TIP을 구체적으로 제시하고 있습니다.

차례

백점 과학 빠른 정답

QR코드를 찍으면 **정답과 해설**을 쉽고 빠르게 확인할 수 있습니다.

모바일
빠른 정답

1. 식물의 생활

① 들이나 산에 사는 식물, 식물의 잎 분류

1 풀, 나무 **2** 뿌리 **3** 풀 **4** 여러해살이 **5** 무궁화 **6** (1) 풀 (2) 나무 (3) 풀 (4) 나무 **7** (2) ○
8 ㉡ **9** (1) ㉡ (2) ㉠ **10** ④ **11** ② **12** 잣나무, 강아지풀 **13** 잣나무, 토끼풀 **14** (1) 예 매끈합니다. (2) 예 울퉁불퉁합니다.

6 해바라기와 쑥은 풀이고, 단풍나무와 소나무는 나무입니다.

7 토끼풀은 들이나 산에 사는 풀입니다. 잎은 보통 세 장씩 달리고, 흰색 꽃이 둥근 모양으로 핍니다. 땅을 뒤덮을 정도로 키가 작습니다.

8 들이나 산에는 다양한 종류의 풀과 나무가 삽니다. 풀은 한해살이 또는 여러해살이이고, 나무는 모두 여러해살이입니다.

9 풀은 보통 나무보다 키가 작고, 줄기가 가늡니다. 나무는 풀보다 키가 크고 줄기가 굵습니다.

10 ① 감나무 잎과 토끼풀 잎은 둘 다 잎 가장자리가 갈라지지 않았습니다. ② 감나무 잎은 토끼풀 잎보다 크고 두껍습니다. ③ 감나무 잎은 끝부분이 뾰족하고, 토끼풀 잎은 끝부분이 둥근 모양입니다. ⑤ 감나무 잎은 가장자리가 매끈하지만, 토끼풀 잎은 가장자리가 톱니 모양입니다.

11 분류 기준을 정할 때에는 '크다, 무겁다, 예쁘다, 아름답다' 등과 같이 사람마다 다르게 분류할 수 있는 기준은 세우지 않습니다.

12 잣나무와 강아지풀 잎의 전체 모양은 길쭉합니다.

13 잣나무는 잎이 한곳에 다섯 개가 뭉쳐나고, 토끼풀은 잎이 한곳에 세 개가 납니다.

14 잎의 가장자리 모양을 기준으로 다섯 가지 잎을 분류했을 때, 감나무, 강아지풀, 잣나무의 잎은 가장자리 모양이 매끈하고, 해바라기, 떡갈나무의 잎은 가장자리 모양이 울퉁불퉁합니다.

채점 tip 감나무, 강아지풀, 잣나무의 잎은 가장자리가 매끈하고, 해바라기, 떡갈나무의 잎은 가장자리가 울퉁불퉁하다는 내용을 쓰면 정답으로 합니다.

② 강이나 연못에 사는 식물

1 뿌리 **2** 뿌리 **3** 적응 **4** 잎자루 **5** 공기 방울
6 (2) ○ (3) ○ **7** ㉣ **8** ④ **9** (1) (다) (2) (가), (나), (라), (마), (바) **10** 나사말 **11** 우혁 **12** (1) 잎자루
(2) 예 잎자루에 공기주머니가 있어서 물에 떠서 살기에 적합합니다. **13** (1) ○ **14** ③

6 연꽃은 잎이 물 위로 높이 자랍니다. 수련은 잎과 꽃이 물 위에 떠 있습니다.

7 잎이 물 위로 높이 자라는 식물은 뿌리는 물속이나 물가의 땅에 있으며, 대부분 키가 크고 줄기가 단단합니다. 연꽃, 부들, 창포, 갈대 등이 있습니다.

8 물속에 잠겨서 사는 식물은 줄기가 부드럽고 잎이 가늘어서 흐르는 물에 줄기와 잎이 잘 구부려져 쉽게 꺾이지 않습니다. ②는 잎이 물에 떠 있는 식물, ③은 잎이 물 위로 높이 자라는 식물, ⑤는 물에 떠서 사는 식물의 공통점입니다.

9 물수세미는 잎이 물속에 있는 식물이고, 부들, 갈대, 개구리밥, 마름, 물상추는 잎이 물 위에 있는 식물입니다.

10 물수세미와 나사말은 물속에 잠겨서 사는 식물입니다. 줄기와 잎이 좁고 긴 모양이며, 줄기와 잎이 물의 흐름에 따라 잘 휘어지는 특징이 있어 물속에 잠겨서 살기에 적합합니다.

11 부들과 갈대는 잎이 물 위로 높이 자라는 식물이고, 개구리밥은 물에 떠서 사는 식물입니다. 마름은 잎이 물에 떠 있는 식물이고, 물상추는 물에 떠서 사는 식물입니다.

12 부레옥잠이 잎자루에 공기주머니가 있어서 물에 뜰 수 있는 것은 물이 많은 환경에 적응한 것입니다.

채점 tip 잎자루에 공기주머니가 있어 물에 떠서 살기에 적합하다는 내용을 쓰면 정답으로 합니다.

13 부레옥잠의 잎자루를 가로로 자른 면은 속이 꽉 차 있지 않고, 구멍이 많이 있습니다.

14 검정말은 줄기와 잎이 가늘고 부드러워서 물속에서 힘을 덜 받기 때문에 쉽게 꺾이지 않아 물속에 살기에 알맞습니다.

❸ 특수한 환경에 사는 식물, 식물의 활용

| 16쪽~17쪽 | 문제 학습 |

1 줄기 **2** 잎 **3** 바닷가 **4** 바람 **5** 회전초
6 ③ **7** 선우, 미희 **8** 예 화장지에 물이 묻습
니다. **9** ②, ④ **10** ㉢ **11** ㉣ **12** ㉮ **13** ㉯
14 (1) ㉡ (2) ㉠

6 사막은 낮에는 햇빛이 강해서 뜨겁고, 낮과 밤의 온
도 차가 큽니다. 비가 적게 오고 건조하여 물이 적
은 환경입니다.

7 선인장의 잎이 가시 모양이라서 물을 필요로 하는
동물의 공격과 물이 밖으로 빠져나가는 것을 막을
수 있습니다.

8 선인장의 줄기를 자른 면은 미끄럽고 축축합니다.
줄기를 자른 면에 마른 화장지를 대면 물이 묻어 젖
습니다.

> **채점 tip** 화장지에 물이 묻는다고 쓰거나 화장지가 물에 젖는다는
> 내용을 쓰면 정답으로 합니다.

9 용설란, 기둥선인장, 메스키트나무는 덥고 건조한
사막에 적응하여 사는 식물입니다. 북극버들, 남극
개미자리는 춥고 바람이 많이 부는 극지방에 적응
하여 사는 식물입니다.

10 덥고 비가 많이 오는 곳에 사는 식물은 일 년 내내
잎이 푸르고, 잎이 길고 끝이 뾰족한 모양이 많습니
다. 잎이 잘 휘어져서 빗방울을 쉽게 흘려보냅니다.
햇빛이 강하고 비가 많이 와서 매우 크게 자라는 나
무가 많습니다.

11 회전초는 사막에 사는 식물이고, 북극이끼장구채와
남극구슬이끼는 극지방에 사는 식물입니다.

12 도꼬마리 열매 가시 끝이 갈고리처럼 굽어져 있어
동물의 털이나 사람의 옷에 잘 붙는 특징을 활용하
여 찍찍이 테이프를 만들었습니다.

13 바람을 타고 빙글빙글 돌며 떨어지는 단풍나무 열
매의 특징을 활용하여 회전하는 드론, 헬리콥터 날
개, 선풍기 날개 등을 만들었습니다.

14 물에 젖지 않는 연잎의 특징을 활용하여 물이 스며
들지 않는 옷감을 만들었습니다. 사람이나 동물이
접근하기 어려운 장미 가시의 생김새를 활용하여
철조망을 만들었습니다.

| 18쪽~19쪽 | 교과서 통합 핵심 개념 |

❶ 여러해 ❷ 적응 ❸ 잎자루 ❹ 줄기 ❺ 잎
❻ 물

| 20쪽~22쪽 | 단원 평가 ❶회 |

1 토끼풀 **2** (1) 쑥, 토끼풀, 민들레 (2) 감나무, 단
풍나무, 잣나무 **3** ① **4** ① **5** ㉡ **6** ③, ⑤
7 ㉢, 예 줄기가 부드럽고 잎이 가늘어서 물의 흐름
에 따라 잘 휘어져 쉽게 꺾이지 않습니다. **8** ㉠ 환
경 ㉡ 적응 **9** 예 물속에서 잎자루를 누르면 공기
방울이 나와 물 위로 올라갑니다. **10** 희수 **11** ㉡,
㉢ **12** ㉠ 잎 ㉡ 물 **13** 예 키가 작아서 낮은 기온
과 차고 강한 바람을 견딜 수 있습니다. **14** 예 회전
하는 드론, 선풍기 날개, 헬리콥터 날개 **15** (1) ㉠
(2) ㉢ (3) ㉡

1 토끼풀은 주로 들이나 산에 살고, 땅을 뒤덮을 정도
로 키가 작습니다. 잎은 보통 세 장씩 달리고, 흰색
꽃이 둥근 모양으로 핍니다.

2 쑥, 토끼풀, 민들레는 풀이고, 감나무, 단풍나무, 잣
나무는 나무입니다.

3 들이나 산에 사는 식물은 잎, 줄기, 뿌리가 있고, 줄
기에는 잎, 꽃, 열매가 달립니다.

4 분류 기준으로 크다, 무겁다, 예쁘다 등과 같이 사
람마다 다르게 분류할 수 있는 기준은 적합하지 않
습니다.

5 해바라기와 감나무 잎은 잎의 전체 모양이 넓적한
것이고, 강아지풀과 잣나무 잎은 잎의 전체 모양이
길쭉한 것입니다.

해바라기   감나무

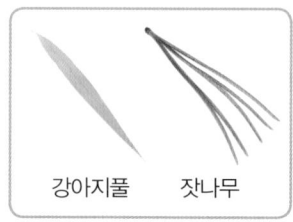

강아지풀   잣나무

6 ㉮ 마름은 잎이 물에 떠 있는 식물이고, ㉯ 개구리
밥은 물에 떠서 사는 식물입니다. ㉢ 나사말은 물속
에 잠겨서 사는 식물이고, ㉣ 부들은 잎이 물 위로
높이 자라는 식물입니다.

7 나사말은 줄기가 부드럽고 잎이 가늘어서 흐르는 물에 줄기와 잎이 잘 구부러져 쉽게 꺾이지 않아 물 속에 잠겨서 살기에 적합합니다.

> **채점 tip** 줄기가 부드러워 물의 흐름에 따라 잘 휘어진다는 내용을 쓰면 정답으로 합니다.

8 식물의 생김새와 생활 방식은 그 식물이 사는 곳의 환경에 따라 다릅니다. 적응이란 생물이 오랜 기간 에 걸쳐 주변 환경에 적합하게 변화되어 가는 것을 말합니다.

9 자른 부레옥잠의 잎자루를 물속에서 누르면 공기 방울이 생기면서 위로 올라가고, 세게 누르면 더 많 은 공기 방울이 생깁니다.

> **채점 tip** 공기 방울이 나온다는 내용을 쓰면 정답으로 합니다.

10 물속에서 부레옥잠의 잎자루를 누르면 공기 방울이 나오는 것을 통해 잎자루 속에 공기가 들어 있다는 것을 알 수 있습니다.

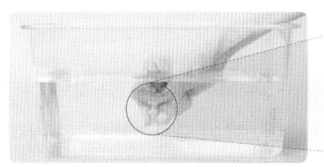 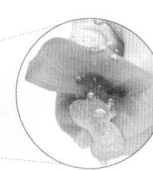

11 야자나무는 덥고 비가 많이 오는 곳에 사는 식물이 고, 갯방풍은 바닷가에 사는 식물입니다.

12 선인장의 잎은 가시 모양이라서 물을 필요로 하는 동물의 공격과 물이 밖으로 빠져나가는 것을 막을 수 있습니다. 또한 선인장은 굵은 줄기에 물을 저장 하여 사막에서 살 수 있습니다.

13 극지방에 사는 식물은 키가 작아서 추위와 바람의 영향을 적게 받습니다.

> **채점 tip** 키가 작아서 추위를 견딜 수 있다는 내용을 쓰면 정답으 로 합니다.

14 단풍나무 열매가 떨어지면서 바 람을 타고 빙글빙글 회전하는 특징을 모방한 물체에는 회전하 는 드론, 선풍기 날개, 헬리콥터 날개 등이 있습니다.

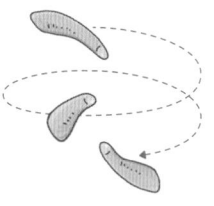

15 천에 붙으면 잘 떨어지지 않는 도꼬마리 열매의 특 징을 활용하여 찍찍이 테이프를 만들었습니다. 태 양열 발전소의 거울을 해바라기 꽃의 모양을 따라 설치하여 더 많은 빛을 모을 수 있습니다. 사막을 굴러다니는 회전초의 모습을 본떠 동그란 행성 탐 사 로봇을 만들었습니다.

---

1 유진 **2** 예 풀과 나무는 필요한 양분을 스스로 만듭니다. **3** ㉠ 풀 ㉡ 나무 **4** ⑤ **5** ㉠ 잎맥 ㉡ 잎몸 **6** ④ **7** (1) 개구리밥 (2) 마름 (3) 검정말 (4) 창포 **8** 예 키가 크고, 줄기가 단단합니다. **9** ④ **10** (1) 연꽃 (2) 수련 **11** 예 선인장은 굵은 줄기에 물을 저장하여 사막에서 살기에 알맞게 적응하였습 니다. **12** (3) ◯ **13** ㉢ **14** ㉮ ㉠ ㉯ ㉣ **15** (2) ✕

1 일반적으로 나무는 소나무, 은행나무 등과 같이 키가 크지만, 개나리와 같이 키가 작은 나무도 있습니다.

2 풀과 나무는 광합성을 통해 필요한 양분을 스스로 만듭니다.

> **채점 tip** 필요한 양분을 스스로 만든다는 내용을 쓰면 정답으로 합니다.

3 풀은 대부분 한해살이 식물이며, 나무보다 키가 작 고 줄기가 가늡니다. 나무는 모두 여러해살이 식물 이며, 풀보다 키가 크고 줄기가 굵습니다.

4 장미와 토끼풀 잎은 한곳에 나는 잎의 개수가 여러 개이고, 시금치와 감자 잎은 한곳에 나는 잎의 개수 가 한 개입니다.

5 ㉠은 잎맥, ㉡은 잎몸입니다. 잎맥은 잎에서 선처럼 보이 는 부분이고, 잎몸은 잎맥 이 퍼져 있는 잎의 납작한 부분입니다.

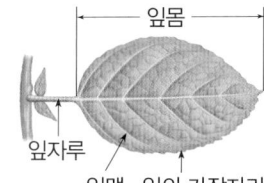

6 연꽃, 물상추, 물수세미는 강이나 연못에 사는 식물 이고, 용설란은 사막에 사는 식물입니다.

7 창포는 잎이 물 위로 높이 자라는 식물이고, 검정말 은 물속에 잠겨서 사는 식물입니다. 마름은 잎이 물 에 떠 있는 식물이고, 개구리밥은 물에 떠서 사는 식 물입니다.

8 부들, 갈대, 연꽃, 창포, 줄 등과 같이 잎이 물 위로 높이 자라는 식물은 대부분 키가 크고, 줄기가 단단 합니다.

> **채점 tip** 키가 크고, 줄기가 단단하다는 내용을 쓰면 정답으로 합 니다.

9 부레옥잠은 잎자루에 있는 공기주머니의 공기 때문 에 물에 떠서 살 수 있습니다.

BOOK ❶ 개념북

1단원

10 수련은 잎과 꽃이 물 위에 떠 있고, 뿌리는 물속의 땅에 있습니다. 연꽃은 잎이 물 위로 높이 자라는 식물입니다. 뿌리는 물속이나 물가의 땅에 있으며, 키가 크고 줄기가 단단합니다.

11 선인장의 줄기를 자른 면에 화장지를 대면 물이 묻어 나오는 것을 통해 선인장의 줄기에 물이 있다는 것을 알 수 있습니다.

> **채점 tip** 선인장의 줄기에 물을 저장한다는 내용을 쓰면 정답으로 합니다.

12 극지방에 사는 식물에는 남극좀새풀, 남극개미자리, 남극구슬이끼, 북극다람쥐꼬리, 북극이끼장구채, 북극버들 등이 있습니다. 바오바브나무는 사막에 사는 식물이고, 갈대는 강이나 연못에 사는 식물입니다. 야자나무는 덥고 비가 많이 오는 곳에 사는 식물입니다.

13 사막에 사는 선인장은 잎이 가시 모양이어서 물이 쉽게 빠져나가는 것을 막을 수 있습니다.

14 동물의 털이나 사람의 옷에 붙으면 잘 떨어지지 않는 도꼬마리 열매의 특징을 활용하여 찍찍이 테이프를 만들었습니다. 물에 젖지 않는 연잎의 특징을 활용하여 물이 스며들지 않는 옷감을 만들었습니다.

15 생활에서 식물의 생김새나 생활 방식 등 다양한 특징을 모방해 활용합니다. 단풍나무 열매를 모방해 활용한 선풍기 날개, 헬리콥터 날개, 회전하는 드론 등 한 가지 식물의 특징을 다양한 물체에 활용할 수 있습니다.

26쪽 **수행 평가 ❶회**

1 (1) (가), (다), (라) / (나), (마), (바) (2) **예** 풀은 대부분 한해살이 식물이고, 나무는 모두 여러해살이 식물입니다.
2 (1) (나), (다), (라), (바) (2) (가), (마)

1 들이나 산에 사는 식물은 크게 풀과 나무로 분류할 수 있습니다. 토끼풀, 강아지풀, 국화는 풀이고, 단풍나무, 잣나무, 떡갈나무는 나무입니다. 풀은 대부분 한해살이 식물이지만, 여러해살이풀도 있습니다. 나무는 모두 여러해살이 식물입니다.

> **채점 tip** 풀은 대부분 한해살이 식물이고, 나무는 모두 여러해살이 식물이라고 쓰면 정답으로 합니다.

2 토끼풀과 잣나무 잎은 한곳에 나는 잎이 여러 개입니다. 단풍나무, 강아지풀, 국화, 떡갈나무는 한곳에 나는 잎이 한 개입니다.

27쪽 **수행 평가 ❷회**

1 (1) 검정말, 물수세미 (2) **예** 줄기가 가늘고 부드러워 물속에서 힘을 덜 받기 때문에 쉽게 꺾이지 않습니다.
2 (1) 부레옥잠 (2) **예** 잎자루에 있는 공기주머니의 공기 때문에 물에 떠서 살 수 있습니다.
3 **예** 선인장과 바오바브나무는 굵은 줄기에 물을 저장하고, 용설란은 두꺼운 잎에 물을 저장합니다.

1 물속에 잠겨서 사는 식물은 줄기가 가늘고 부드러워 물의 흐름에 따라 잘 휘어집니다.

> **채점 tip** 줄기가 가늘고 부드러워 물속에서 잘 휘어진다는 내용을 쓰면 정답으로 합니다.

2 부레옥잠은 잎자루 안의 공기주머니에 공기가 들어 있기 때문에 물에 떠서 살 수 있습니다.

> **채점 tip** 잎자루에 공기주머니가 있기 때문이라는 내용을 쓰면 정답으로 합니다.

3 사막은 햇빛이 강하고 물이 적은 환경입니다. 사막에 사는 바오바브나무와 선인장은 굵은 줄기에 물을 저장하고, 용설란은 두꺼운 잎에 물을 저장합니다.

> **채점 tip** 선인장과 바오바브나무는 줄기에 물을 저장하고, 용설란은 잎에 물을 저장한다는 내용을 쓰면 정답으로 합니다.

28쪽 **쉬어가기**

2. 물의 상태 변화

① 물의 세 가지 상태, 물이 얼 때와 얼음이 녹을 때의 변화

32쪽~33쪽 문제 학습

1 액체 **2** 수증기 **3** 상태 변화 **4** 부피 **5** 30.0
6 (가) **7** (가) **8** (1) ㉡ (2) ㉢ (3) ㉠ **9** ㉠
10 변화가 없다 **11** ㉡ **12** (1) ○ **13** 15.0
14 ㉔ 얼음과자의 부피가 줄어들었기 때문입니다.

6 고체인 얼음은 손으로 잡을 수 있고, 모양이 일정하며 단단합니다. 액체인 물은 손으로 잡을 수 없고, 모양이 일정하지 않습니다.

7 눈은 얼음과 같은 고체 상태입니다.

8 물은 고체인 얼음, 액체인 물, 기체인 수증기의 세 가지 상태로 있고, 서로 다른 상태로 변할 수 있습니다. 이것을 물의 상태 변화라고 합니다.

9 물이 얼어 얼음이 되면 부피는 늘어나지만 무게는 변하지 않습니다. 페트병에 물을 가득 넣어 얼리면 물의 부피가 늘어 페트병이 커집니다.

10 물이 얼어 얼음이 되어도 무게는 변하지 않습니다.

11 추운 겨울날 수도 계량기가 터지거나 유리병에 물을 가득 넣어 얼리면 유리병이 깨지는 것은 물이 얼어 부피가 늘어났기 때문에 발생하는 현상입니다.

12 얼음이 녹아 물이 되면 부피는 줄어듭니다.

13 얼음이 녹아 물이 되어도 무게는 변하지 않습니다.

14 얼음이 녹아 물이 되면 부피가 줄어듭니다. 용기를 가득 채우고 있던 얼음과자가 녹으면 부피가 줄어들어 빈 공간이 생기게 됩니다.

채점 tip 얼음과자의 부피가 줄어들었기 때문이라는 내용을 쓰면 정답으로 합니다.

② 물이 증발할 때의 변화

36쪽~37쪽 문제 학습

1 수증기 **2** 증발 **3** 작습니다 **4** 햇볕에 놓아둔 물휴지 **5** 증발 **6** ㉡ **7** 수증기 **8** (4) ○ **9** ㉢
10 증발 **11** ㉢ **12** ④ **13** ③ **14** ㉔ 바닷물을 증발시켜 물이 수증기로 변해 공기 중으로 날아가면 소금을 얻을 수 있습니다.

6 처음에는 물휴지에 물기가 가득하지만, 시간이 지나면 물휴지에 있던 물이 말라 덜 축축해집니다.

7 시간이 지나면서 물휴지에 있던 물이 수증기로 변해 공기 중으로 흩어졌기 때문에 물휴지가 처음보다 덜 축축해집니다.

8 공기와의 접촉면이 넓을수록, 온도가 높을수록 증발이 잘 일어나기 때문에 펼쳐서 햇볕에 놓아둔 물휴지가 가장 빨리 마릅니다.

9 시간이 지나면 비커의 물이 점점 줄어들어 물의 높이가 낮아집니다. 그러므로 며칠 뒤 관찰했을 때 비커의 물의 높이는 처음에 검은색 유성 펜으로 표시한 물의 높이보다 낮은 ㉢입니다.

10 액체인 물이 표면에서 기체인 수증기로 상태가 변하는 현상을 증발이라고 합니다.

11 ㉠은 액체인 물이 얼어 고체인 얼음으로 상태가 변한 것입니다. ㉡은 고체인 얼음이 녹아 액체인 물로 상태가 변한 것입니다. ㉢은 액체인 물이 기체인 수증기로 상태가 변하는 증발 현상을 나타낸 것입니다.

12 ①, ②, ③은 액체인 물이 기체인 수증기로 상태가 변하는 증발 현상을 이용한 예입니다. ④는 액체인 물이 고체인 얼음으로 상태가 변하는 예입니다.

13 증발은 액체인 물이 표면에서 기체인 수증기로 상태가 변하는 현상입니다.

14 바닷물을 모아 햇볕에 증발시키면 물이 수증기로 변해 공기 중으로 날아가고, 소금이 남습니다.

채점 tip 바닷물을 증발시켜 소금을 얻는다는 내용을 쓰면 정답으로 합니다.

③ 물이 끓을 때의 변화

40쪽~41쪽 문제 학습

1 기포 **2** 끓음 **3** 수증기 **4** 끓음 **5** 공기
6 ㉢ **7** 액체(물) **8** ③ **9** (나) **10** 수증기
11 (1) (나) (2) (가) **12** ③ **13** ④ **14** 수현, ㉔ 증발은 물 표면에서만 상태 변화가 일어나.

6 물을 가열하면 처음에는 변화가 없는 것처럼 보입니다. 시간이 지나면서 작은 기포가 조금씩 생기고, 기포가 물 표면으로 올라와 터지며 물 표면이 울퉁불퉁해집니다. 계속 가열하면 큰 기포가 계속 생겨납니다.

7 물이 끓을 때 보이는 하얀 김은 수증기가 공기 중에서 냉각되어 액체 상태의 작은 물방울로 변한 것입니다.

8 물이 끓을 때 물속에서 생기는 기포는 물이 수증기로 변한 것으로, 위로 올라와 터지면서 공기 중으로 날아갑니다.

9 ㈎ 비커에서는 물 표면에서 증발만 일어나기 때문에 변화가 없는 것처럼 보입니다. ㈏ 비커에서는 물이 끓으면서 기포가 생기고, 보글보글 소리가 납니다.

10 물을 계속 가열하면 물속에서 기포가 생깁니다. 이 기포는 물이 수증기로 변한 것입니다.

11 물을 그대로 놓아두어 증발시켰을 때에는 물의 양이 매우 천천히 줄어들고, 물을 가열했을 때에는 증발할 때보다 물의 양이 빠르게 줄어듭니다.

12 오징어 말리기는 물의 증발을 이용하는 경우입니다.

13 증발과 끓음은 액체인 물이 기체인 수증기로 상태가 변하는 현상입니다.

14 증발은 물의 표면에서 액체인 물이 기체인 수증기로 상태가 변하는 현상이고, 끓음은 물의 표면과 물속에서 모두 액체인 물이 기체인 수증기로 상태가 변하는 현상입니다.

> 채점 **tip** '수현'을 쓰고, 증발은 물 표면에서만 상태 변화가 일어난다는 내용을 쓰면 정답으로 합니다.

❹ 수증기의 응결, 물의 상태 변화 이용

> **44쪽~45쪽** 문제 학습
>
> **1** 물방울(물) **2** 응결 **3** 구름 **4** 얼음 **5** 가습기 **6** ㉠ 수증기 ㉡ 응결 **7** 연수 **8** < **9** ⑤ **10** 응결 **11** ㉡ **12** ⑴ ○ **13** ② **14** 예 물이 얼음으로 변하는 상태 변화를 이용했습니다.

6 기체인 수증기가 차가운 물체의 표면에 닿으면 액체인 물로 상태가 변하는 현상을 응결이라고 합니다.

7 차가운 컵 표면에 생긴 물질을 휴지로 닦으면 휴지가 젖고, 아무 색깔도 나타나지 않는 것으로 보아 주스가 빠져나온 것이 아님을 확인할 수 있습니다.

8 공기 중의 수증기가 차가운 음료수 캔 표면에 닿아 물방울로 맺힙니다. 따라서 맺힌 물방울의 무게만큼 무게가 늘어납니다.

9 추운 겨울날 밖에 있다가 실내로 들어오면 안경알이 뿌옇게 되거나, 욕실의 차가운 거울 표면에 물방울이 맺히는 것은 수증기가 응결하기 때문입니다.

10 냄비에 국을 끓이면 수증기가 냄비 뚜껑 안쪽에서 응결하여 물방울이 맺힙니다. 맑은 날 아침에 수증기가 응결하여 거미줄이나 풀잎에 물방울이 맺힙니다.

11 이슬은 새벽에 차가워진 나뭇가지나 풀잎 등에 수증기가 응결해 생긴 작은 물방울입니다. 구름은 수증기가 높은 하늘에서 응결해 작은 물방울 상태로 떠 있는 현상입니다.

12 스팀다리미는 물을 가열하여 만들어진 수증기로 옷의 주름을 폅니다. 얼음 스케이트장을 만들 때는 물이 얼음으로 상태가 변하는 현상을 이용합니다.

13 가습기는 물을 수증기로 변화시켜 공기 중으로 내보내 건조함을 줄여주는 장치입니다.

14 이글루, 얼음 작품, 팥빙수는 물이 얼음으로 변하는 상태 변화를 이용하는 예입니다.

> 채점 **tip** 물이 얼음으로 변하는 상태 변화를 이용했다는 내용을 쓰면 정답으로 합니다.

> **46쪽~47쪽** 교과서 통합 핵심 개념
>
> ❶ 수증기 ❷ 변화 없음 ❸ 끓음 ❹ 증발 ❺ 응결

> **48쪽~50쪽** 단원 평가 ❶회
>
> **1** ② **2** ⑵ ○ **3** 찬희 **4** 예 물이 얼어 얼음으로 상태가 변할 때 부피가 늘어나기 때문에 유리병이 깨집니다. **5** ㉢ **6** ⑴ ㉡ ⑵ 예 물의 표면에서 액체인 물이 기체인 수증기로 변해 공기 중으로 날아갔기 때문입니다. 물의 표면에서 증발이 일어나 물이 수증기로 변했기 때문입니다. **7** ⑴ ○ ⑷ ○ **8** ⑤ **9** ④ **10** ② **11** ㉠ 수증기 ㉡ 증발 ㉢ 끓음 **12** ③ **13** 예 맑은 날 아침 풀잎이나 열매에 물방울이 맺힙니다. 추운 겨울 유리창 안쪽에 물방울이 맺힙니다. **14** ㉡ **15** ⑴ ㉡ ⑵ ㉠

1 얼음은 고체 상태로, 모양이 일정하고 단단합니다. 손으로 만져보면 차갑고, 잡을 수 있습니다.

2 물이 얼고 난 후의 높이가 높아진 것을 통해 물이 얼면서 부피가 늘어난다는 것을 알 수 있습니다.

3 물이 얼어 얼음이 되어도 무게는 변하지 않습니다.

4 물을 냉동실에 넣어 두면 물이 얼음으로 상태가 변합니다. 물이 얼면서 부피가 늘어나 유리병이 깨집니다.

채점 tip 물이 얼음으로 상태가 변하면서 부피가 늘어나기 때문이라는 내용을 쓰면 정답으로 합니다.

5 포도와 건포도는 색깔이 다르고, 건포도는 포도보다 크기가 작습니다. 건포도는 표면에 물기가 거의 없습니다. 이렇게 차이가 있는 까닭은 포도를 말려 건포도를 만들 때 포도 속의 물이 증발하기 때문입니다.

6 물이 담긴 비커를 그대로 놓아두면 시간이 지날수록 물의 표면에서 물이 수증기로 변해 공기 중으로 날아가기 때문에 물의 높이가 점점 낮아집니다.

채점 tip 물의 표면에서 물이 수증기로 변했기 때문이라는 내용을 쓰면 정답으로 합니다.

7 온도가 높을수록, 공기 중에 있는 수증기의 양이 적을수록(건조할수록), 바람이 많이 불수록, 공기와의 접촉면이 넓을수록 증발이 잘 일어납니다.

8 액체인 물이 표면에서 기체인 수증기로 상태가 변하는 현상을 증발이라고 합니다.

9 물을 계속 가열하면 물이 끓으면서 물속에서 기포가 생겨 위로 올라와 터집니다. 이 기포는 물이 수증기로 변한 것입니다.

10 물의 표면뿐만 아니라 물속에서도 물이 수증기로 상태가 변하는 현상을 끓음이라고 합니다. ①, ③, ④는 증발의 예입니다.

11 증발은 물의 양이 매우 천천히 줄어들지만, 끓음은 물의 양이 빠르게 줄어듭니다.

12 공기 중의 수증기가 차가운 플라스틱 컵 표면에 닿아 물방울로 맺힙니다. 따라서 맺힌 물방울의 무게만큼 무게가 늘어납니다.

13 이외에도 다양한 예가 있습니다. 겨울철 밖에서 따뜻한 실내로 들어오면 안경알이 뿌옇게 됩니다. 욕실의 차가운 거울 표면에 물방울이 맺힙니다.

채점 tip 우리 생활에서 볼 수 있는 응결의 예를 한 가지 쓰면 정답으로 합니다.

14 ㉠, ㉣은 물이 얼음으로 변하는 상태 변화를 이용한 예입니다. ㉢은 물이 수증기로 변하는 상태 변화를 이용한 예입니다. 제습기는 공기 중의 수증기를 물로 변화시켜 방 안 습기를 없애는 장치입니다.

15 스키장에서 인공 눈을 만들거나 이글루를 만들 때 물이 얼음으로 변하는 상태 변화를 이용합니다. 음식을 찌거나 가습기를 이용할 때 물이 수증기로 변하는 상태 변화를 이용합니다.

51쪽~53쪽 **단원 평가 ❷회**

1 가빈 2 **예** 고체인 얼음이 녹아 액체인 물이 되고, 물은 기체인 수증기로 변해 공기 중으로 날아갑니다. 3 ① 4 ㉠ 줄어들고 ㉡ 변화가 없다 5 ③
6 ㉡ 7 (1) ㉠, ㉢ (2) ㉡, ㉣ 8 ㉠, **예** 물이 끓으면 액체인 물이 기체인 수증기로 변한다. 9 **예** 줄어듭니다. 낮아집니다. 10 (1) 증발 (2) 끓음 (3) 증발 11 < 12 ⑤ 13 (1) 물이 수증기로 변하는 상태 변화 (2) 물이 얼음으로 변하는 상태 변화
14 (3) ○ 15 **예** 가습기는 물을 수증기로 변화시켜 공기 중으로 내보내 실내의 건조함을 줄여줍니다.

1 수증기는 기체 상태로, 우리 눈에 보이지 않습니다.

2 얼음을 공기 중에 놓아두면 녹아 물이 되고, 물은 수증기로 변해 공기 중으로 날아갑니다.

채점 tip 얼음이 녹아 물이 되고, 물이 수증기로 변한다는 내용을 쓰면 정답으로 합니다.

3 뚫린 구멍 안에 있던 물이 얼면서 부피가 늘어나기 때문에 바위가 쪼개집니다.

4 얼음이 녹아 물이 되면 부피는 줄어들고, 무게는 변화가 없습니다.

5 오징어나 생선을 햇볕에 말리는 것은 물이 수증기로 상태가 변하는 증발 현상을 이용한 것입니다.

6 색 도화지가 마르는 것은 물이 표면에서 수증기로 변해 공기 중으로 날아갔기 때문입니다.

7 빨래를 햇볕에 널어 말리거나 젖은 머리카락을 머리 말리개로 말리는 것은 증발, 라면이나 국을 끓이기 위해 물을 가열하는 것은 끓음을 이용한 예입니다.

8 물이 끓으면 물의 표면뿐만 아니라 물속에서도 액체인 물이 기체인 수증기로 상태가 변합니다.

채점 tip ㉠을 쓰고, 물이 끓으면 액체인 물이 기체인 수증기로 변한다고 쓰면 정답으로 합니다.

9 어항 속의 물의 높이가 점점 낮아지는 까닭은 어항 속의 물이 증발하여 공기 중으로 날아가기 때문입니다.

10 증발은 물 표면에서 물이 수증기로 상태가 변하는 현상이고, 끓음은 물 표면과 물속에서 모두 물이 수증기로 상태가 변하는 현상입니다. 증발은 물의 양이 매우 천천히 줄어들지만, 끓음은 빠르게 줄어듭니다.

11 주스와 얼음이 담긴 컵은 차갑기 때문에 공기 중의 수증기가 차가운 컵 표면에 닿아 물방울로 맺힙니다. 따라서 맺힌 물방울의 무게만큼 무게가 늘어납니다.

12 얼음물이 담긴 컵 표면에 맺힌 물방울은 공기 중의 수증기가 차가운 컵 표면에 닿아 액체인 물로 상태가 변한 것입니다.

13 물을 끓이면 물이 수증기로 변하는 것을 이용해 음식을 찝니다. 물을 얼려 팥빙수를 만들어 먹습니다.

14 눈이 적게 내리면 스키장에서는 액체인 물을 고체인 얼음으로 바꾸어 인공 눈을 만듭니다.

15 가습기는 실내가 건조할 때 물을 수증기로 변화시켜 뿜어냄으로써 습도를 조절해 주는 전기 기구입니다.

채점 **tip** 물을 수증기로 변화시켜 공기 중으로 내보낸다는 내용을 쓰면 정답으로 합니다.

54쪽 수행 평가 ❶회

1 예 **1**에서 측정한 물의 높이보다 **3**에서 측정한 얼음의 높이가 더 높습니다.
2 예 물이 얼어 얼음이 되면 부피가 늘어나기 때문입니다.
3 예 페트병에 물을 가득 넣어 얼리면 페트병이 커집니다. 유리병에 물을 가득 넣어 얼리면 유리병이 깨집니다. 한겨울에 수도 계량기가 얼어서 터집니다.

1 물이 얼기 전 물의 높이보다 완전히 얼고 난 후 얼음의 높이가 더 높아집니다.

채점 **tip** 물이 얼기 전 물의 높이보다 얼고 난 후 얼음의 높이가 높아진다는 내용을 쓰면 정답으로 합니다.

2 물이 얼어 얼음이 되면 부피가 늘어나기 때문에 물이 얼기 전보다 얼고 난 후 높이가 더 높아집니다.

채점 **tip** 물이 얼어 얼음이 되면 부피가 늘어난다는 내용을 쓰면 정답으로 합니다.

3 페트병에 물을 가득 넣어 얼리면 페트병이 커지고, 유리병에 물을 가득 넣어 얼리면 유리병이 깨집니다. 한겨울에 수도관에 설치된 계량기가 터지기도 하는데, 이것은 물이 얼어 부피가 늘어나기 때문에 나타나는 현상입니다.

채점 **tip** 이외에도 물이 얼어 얼음이 되면서 부피가 늘어나기 때문에 나타나는 현상을 두 가지 쓰면 정답으로 합니다.

55쪽 수행 평가 ❷회

1 예 처음에는 변화가 없다가 시간이 지나면서 물속에서 작은 기포가 조금씩 생깁니다. 계속 가열하면 물이 끓으면서 물속에서 기포가 많이 생기고 위로 올라와 터지면서 물 표면이 울퉁불퉁해집니다.
2 예 액체인 물이 기체인 수증기로 상태가 변합니다.
3 ㈎, 예 빨래를 햇볕에 널어 말립니다. 머리를 감은 뒤 젖은 머리를 말립니다. 염전에서 소금을 얻습니다.

1 물을 가열하면 시간이 지나면서 작은 기포가 조금씩 생기고, 기포가 물 표면으로 올라와 터지며 물 표면이 울퉁불퉁해집니다.

채점 **tip** 물속에서 기포가 생겨 물 표면으로 올라와 터져 물 표면이 울퉁불퉁해진다는 내용을 쓰면 정답으로 합니다.

2 증발과 끓음 모두 액체인 물이 기체인 수증기로 상태가 변하는 현상입니다.

채점 **tip** 물이 수증기로 상태가 변한다는 내용을 쓰면 정답으로 합니다.

3 비가 와서 젖은 운동장의 물이 마르는 것은 물이 수증기로 변해 공기 중으로 날아갔기 때문입니다.

채점 **tip** 이외에도 물의 증발 현상을 이용하는 예를 쓰면 정답으로 합니다.

56쪽 쉬어가기

3. 그림자와 거울

① 그림자가 생기는 조건, 투명한 물체와 불투명한 물체의 그림자

1 그림자 2 빛 3 유리컵 4 통과 5 안경테
6 ㉠ 7 ㉢ 8 ㈏ 9 ⑩ 유리컵은 빛이 대부분 통과하기 때문에 연한 그림자가 생기고, 도자기 컵은 빛이 통과하지 못해 진한 그림자가 생깁니다.
10 ③ 11 래아 12 ㉠ 투명한 ㉡ 연한 13 ㉣

6 빛이 비치는 곳에 물체가 있으면 물체 뒤쪽에는 빛이 닿지 않아 어두운 부분이 생기는데, 이 어두운 부분이 그림자입니다.

7 그림자가 생기려면 빛과 물체가 있어야 하고, 물체를 바라보는 방향으로 빛을 비추어야 합니다. ㉠과 ㉣은 빛이 없기 때문에 그림자가 생기지 않습니다. ㉡은 물체가 없기 때문에 그림자가 생기지 않습니다.

8 유리컵에 빛을 비추면 연한 그림자가 생기고, 도자기 컵에 빛을 비추면 진한 그림자가 생깁니다.

9 빛이 나아가다가 투명한 물체를 만나면 빛이 대부분 통과해 연한 그림자가 생깁니다. 빛이 나아가다가 불투명한 물체를 만나면 빛이 통과하지 못해 진한 그림자가 생깁니다.

채점 tip 유리컵은 빛이 대부분 통과하기 때문에 연한 그림자가 생기고, 도자기 컵은 빛이 통과하지 못해 진한 그림자가 생긴다고 쓰면 정답으로 합니다.

10 물, 유리컵, 안경알, 유리 어항은 투명한 물체이고, 공책, 나무판, 캔, 종이컵, 안경테, 지우개는 불투명한 물체입니다.

11 나무판과 같이 불투명한 물체에 빛을 비추면 진한 그림자가 생기고, 투명 플라스틱 판과 같이 투명한 물체에 빛을 비추면 연한 그림자가 생깁니다.

12 투명한 물체는 빛이 대부분 통과해 연한 그림자가 생기고, 불투명한 물체는 빛이 통과하지 못해 진한 그림자가 생깁니다.

13 우리 생활에서 물체의 그림자가 생기는 것을 이용해 생활을 편리하게 한 예로는 그늘막, 색안경, 모자, 양산, 커튼 등이 있습니다. 유리온실은 빛이 잘 들어와 식물이 자라는 데 도움을 줍니다.

② 물체 모양과 그림자 모양

1 직진 2 사각형, 원 3 직진 4 빛 5 원
6 ㉢ 7 ⑤ 8 ⑴ ○ 9 ⑩ 같은 물체라도 물체를 놓는 방향에 따라 그림자의 모양이 달라지기도 합니다. 10 ④ 11 ⑴ ㉢ ⑵ ㉠ ⑶ ㉡ 12 빛의 직진 13 ⑩ 직진하는 빛이 물체를 통과하지 못하기 때문입니다.

6 스크린과 손전등 사이에 삼각형 모양 종이를 놓고 손전등 빛을 비추면 스크린에 삼각형 모양 그림자가 생깁니다.

7 곧게 나아가던 빛이 삼각형 모양 종이를 통과하지 못해 종이의 모양과 비슷한 모양의 그림자가 생깁니다.

8 물체에 빛을 비추면 물체의 모양과 비슷한 모양의 그림자가 생깁니다. 제시된 그림은 우유갑을 다양한 방향으로 놓았을 때의 그림자 모양입니다.

9 같은 물체라도 빛을 비추는 방향이 달라지거나 물체를 빛 앞에 놓는 방향이 달라지면 그림자 모양이 달라지기도 합니다. 빛이 직진하기 때문에 물체에 빛을 비추면 물체에 빛이 닿은 모양과 닮은 그림자가 생깁니다.

채점 tip 물체를 놓는 방향이 달라지면 그림자의 모양이 달라지기도 한다는 내용을 쓰면 정답으로 합니다.

10 손잡이 달린 컵은 손전등 빛을 비추었을 때 컵의 방향을 바꾸어도 손잡이가 있기 때문에 원 모양 그림자를 만들 수 없습니다.

11 물체 모양과 그림자 모양은 비슷합니다.

12 빛은 곧게 나아가는 성질이 있는데, 이것을 빛의 직진이라고 합니다.

13 태양이나 전등에서 나오는 빛은 사방으로 곧게 나아가는데, 이렇게 빛이 곧게 나아가는 성질을 빛의 직진이라고 합니다. 빛이 직진하다가 물체를 만나면 빛이 물체를 통과하지 못해 물체의 모양과 비슷한 모양의 그림자가 생깁니다.

채점 tip 직진하는(곧게 나아가는) 빛이 물체를 통과하지 못하기 때문이라는 내용을 쓰면 정답으로 합니다.

③ 그림자의 크기 변화

68쪽~69쪽 문제 학습

1 물체 2 커집니다 3 작아집니다 4 커집니다
5 스크린 6 ㄹ 7 커집니다. 8 (2) ○ 9 ②
10 **예** 물체를 ㉠ 방향으로 이동시키면 그림자의 크기가 작아지고, ㉡ 방향으로 이동시키면 그림자의 크기가 커집니다. 11 ㉠ 커지고 ㉡ 작아진다
12 ㉡ 13 윤정

6 물체의 그림자 크기를 변화시키기 위해서는 손전등의 위치, 물체의 위치, 스크린의 위치를 조절합니다. 손전등과 물체 사이의 거리를 조절하여 그림자의 크기를 변화시킬 수 있습니다.

7 스크린과 종이 인형을 그대로 두었을 때 손전등을 종이 인형에 가깝게 하면 그림자의 크기가 커집니다.

8 손전등과 스크린을 그대로 두었을 때 물체의 그림자 크기를 크게 만들려면 물체를 손전등에 가깝게 합니다.

9 손전등과 스크린을 그대로 두었을 때 물체의 위치를 이동시키며 그림자의 크기 변화를 알아보는 실험입니다.

10 손전등과 스크린은 그대로 두고 물체를 손전등에서 멀리 하면(㉠ 방향) 그림자의 크기가 작아지고, 물체를 손전등에 가까이 하면(㉡ 방향) 그림자의 크기가 커집니다.

채점 tip 물체를 ㉠ 방향으로 이동시키면 그림자의 크기가 작아지고, ㉡ 방향으로 이동시키면 그림자의 크기가 커진다고 쓰면 정답으로 합니다.

11 손전등과 물체 사이의 거리가 가까울수록 그림자의 크기는 커지고, 손전등과 물체 사이의 거리가 멀수록 그림자의 크기는 작아집니다.

12 손전등과 물체는 그대로 두고 스크린을 물체에 가까이 하면 그림자의 크기가 작아지고, 스크린을 물체에서 멀리 하면 그림자의 크기가 커집니다.

13 그림자 연극은 전등 앞에 여러 가지 인형을 세우고 스크린에 생긴 그림자로 이야기를 만들어 공연하는 것입니다. 호랑이 그림자와 소녀 그림자를 동시에 커지게 하려면 전등을 종이 인형 쪽으로 가까이 가져가면 됩니다.

④ 거울의 성질과 이용

72쪽~73쪽 문제 학습

1 파란색 2 좌우 3 빛의 반사 4 거울 5 거울
6 ① 7 ㉠, ㉡ 8 ④ 9 **예** 거울에 비친 글자는 좌우가 바뀌어 보이기 때문에 앞에 가는 자동차의 뒷거울로 구급차를 보았을 때 글자가 똑바로 보이게 하기 위해서입니다. 10 방향 11 3(개)

12

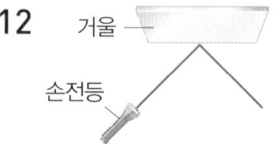

13 **예** 세면대의 거울로 세수를 하거나 양치질을 할 때 자신의 모습을 확인할 수 있습니다. 현관 앞 거울로 외출하기 전 내 모습을 확인할 수 있습니다.

6 물체를 거울에 비추면 물체의 좌우가 바뀌어 보입니다. 실제 인형은 왼쪽 팔을 올리고 있기 때문에 거울에 비친 인형은 오른쪽 팔을 들고 있는 모습입니다.

7 거울에 비친 물체의 색깔은 실제 물체의 색깔과 같습니다. 물체를 거울에 비추어 보면 물체의 상하는 바뀌어 보이지 않고, 좌우는 바뀌어 보입니다.

8 글자를 거울에 비춰 보면 좌우가 바뀌어 보입니다.

9 구급차에 '119 구급대'를 좌우로 바꾸어 쓴 까닭은 앞에 가는 자동차의 뒷거울로 구급차를 보았을 때 글자가 똑바로 보이게 하기 위해서입니다.

채점 tip 앞에 가는 자동차의 뒷거울로 구급차를 보았을 때 글자가 똑바로 보이게 하기 위해서라고 쓰면 정답으로 합니다.

10 빛이 나아가다가 거울에 부딪치면 거울에서 빛의 방향이 바뀌어 나오는 현상을 빛의 반사라고 합니다.

11 빛의 방향을 세 번 바꿔야 하기 때문에 거울은 최소한 3개가 필요합니다.

12 손전등 빛을 거울에 비추면 빛은 직진하다가 거울에 부딪쳐 방향이 바뀌어 다시 직진합니다.

13 이외에도 화장대 거울로 머리 손질을 하며 자신의 모습을 확인할 때도 거울을 사용합니다.

채점 tip 집에서 거울을 사용하는 예를 쓰면 정답으로 합니다.

74쪽~75쪽 교과서 통합 핵심 개념

❶ 그림자 ❷ 물체 ❸ 진한 ❹ 빛의 직진
❺ 커짐 ❻ 작아짐 ❼ 반사

단원 평가 ❶회

1 생기지 않습니다. 例 물체가 빛을 가릴 때 물체 뒤쪽의 스크린에 그림자가 생기기 때문에 손전등, 인형, 스크린 순서로 놓아야 그림자가 생깁니다. **2** (1) ㉠ (2) ㉡ **3** > **4** 例 곧게 나아가던 빛이 종이를 통과하지 못해 종이의 모양과 비슷한 모양의 그림자가 생깁니다. **5** 빛의 직진 **6** ④ **7** 아영 **8** ㉠ **9** 例 동물 모양 종이에서 멀게 합니다. **10** (2) ○ **11** 例 거울에 비친 물체의 모습은 실제 물체와 색깔은 같고, 좌우가 바뀌어 보입니다. **12** ② **13** 거울 **14** ① **15** (1) ㉡ (2) ㉢ (3) ㉠

1 인형에 손전등 빛을 비추면 빛이 나아가다가 인형을 통과하지 못해 스크린에 그림자가 생깁니다.

채점 tip 그림자가 생기지 않는다고 쓰고, 물체가 빛을 가려 물체 뒤쪽에 그림자가 생기기 때문이라는 내용을 쓰면 정답으로 합니다.

2 투명 플라스틱 컵은 연한 그림자가 생기고, 종이컵은 진한 그림자가 생깁니다.

3 투명한 물체는 빛이 대부분 통과해 연한 그림자가 생기고, 불투명한 물체는 빛이 통과하지 못해 진한 그림자가 생깁니다.

4 종이의 모양과 그림자의 모양이 비슷한 까닭은 곧게 나아가던 빛이 종이를 통과하지 못하기 때문입니다.

채점 tip 빛이 곧게 나아가다가 종이를 통과하지 못해 종이의 모양과 비슷한 모양의 그림자가 생긴다는 내용을 쓰면 정답으로 합니다.

5 빛이 곧게 나아가는 성질을 빛의 직진이라고 합니다.

6 컵을 눕혀 놓았을 때 생긴 그림자는 손잡이 부분의 그림자가 위쪽으로 생긴 ④입니다.

7 스크린 앞에 공을 놓고 나란하게 손전등 빛을 비추면 공을 돌려 방향을 바꾸어도 그림자는 원 모양입니다.

8 물체와 스크린은 그대로 두고 손전등을 물체에 가까이 하면 그림자의 크기가 커집니다.

9 물체와 스크린은 그대로 두고 손전등을 물체에서 멀리 하면 그림자의 크기가 작아집니다.

10 손전등과 물체 사이의 거리가 가까워지면 그림자의 크기가 커지고, 손전등과 물체 사이의 거리가 멀어지면 그림자의 크기가 작아집니다.

11 거울에 비친 물체의 색깔은 실제 물체의 색깔과 같고, 좌우는 바뀌어 보입니다.

채점 tip 공통점과 차이점 중 한 가지만 써도 정답으로 합니다.

12 '응', '표', '봄' 등의 글자는 좌우가 바뀌어도 원래 글자와 같은 글자로 보입니다.

13 빛이 나아가다가 거울에 부딪치면 거울에서 빛의 방향이 바뀌어 나오는 현상을 빛의 반사라고 합니다.

14 빛이 나아가다가 거울에 부딪치면 거울에서 빛의 방향이 바뀌어 다시 나아갑니다.

15 세면대 거울로 세수를 하거나 양치질을 할 때 자신의 모습을 확인할 수 있습니다. 자동차 뒷거울로 자동차 뒤의 도로 상황을 알 수 있습니다. 치과용 거울로 안쪽의 치아를 볼 수 있습니다.

단원 평가 ❷회

1 ⑤ **2** ㉠ 투명 ㉡ 불투명 **3** ③ **4** 例 종이(물체)의 모양과 그림자의 모양이 비슷합니다. **5** ④ **6** 나래 **7** ③ **8** ㉠, ㉢ **9** 例 스크린을 동물 모양 종이 인형에서 멀게 합니다. **10** 거리 **11** 소연 **12** SCIENCE **13** ④ **14** ① **15** 例 승강기 내부 공간이 넓어 보이게 합니다. 승강기 안에서 자신의 모습을 볼 수 있습니다.

1 물체를 바라보는 방향으로 빛을 비추면 물체의 뒤쪽에 그림자가 생깁니다.

2 빛이 나아가다가 투명한 물체를 만나면 빛이 대부분 통과해 연한 그림자가 생기지만, 불투명한 물체를 만나면 빛이 통과하지 못해 진한 그림자가 생깁니다.

3 투명한 물체는 빛을 대부분 통과시킵니다.

4 종이의 모양과 그림자의 모양이 비슷한 까닭은 곧게 나아가던 빛이 종이를 통과하지 못하기 때문입니다.

채점 tip 종이의 모양과 그림자의 모양이 비슷하다는 내용을 쓰면 정답으로 합니다.

5 블록의 왼쪽에서 손전등 빛을 비추면 ▌ 모양의 그림자가 생깁니다.

6 같은 물체라도 물체를 놓는 방향이나 빛을 비추는 방향에 따라 그림자의 모양이 달라지기도 합니다.

7 손잡이가 있는 컵은 방향을 다르게 놓아도 원 모양 그림자는 만들 수 없습니다.

8 스크린을 그대로 두었을 때 그림자의 크기를 작게 하려면 물체와 손전등 사이의 거리를 멀게 합니다.

BOOK ❶ 개념북

❸ 단원

9 손전등과 물체는 그대로 두고 스크린을 물체에서 멀게 하면 그림자의 크기가 커집니다.

채점 tip 스크린을 종이 인형에서 멀게 한다고 쓰면 정답으로 합니다.

10 물체의 그림자 크기는 손전등과 물체, 스크린 사이의 거리에 따라 달라집니다.

11 거울에 비친 물체의 색깔은 실제 물체의 색깔과 같고, 좌우는 바뀌어 보입니다.

12 글자 카드를 거울에 비추면 좌우가 바뀌어 보입니다.

13 ④ 도형을 거울에 비추어 보면 화살표 방향이 좌우가 바뀌어 보입니다.

14 빛이 직진하다가 거울에 부딪치면 거울에서 빛의 방향이 바뀌어 다시 직진합니다.

15 승강기 거울로 공간을 넓어 보이게 할 수 있으며, 자신의 모습을 볼 수 있습니다.

채점 tip 공간을 넓어 보이게 하고, 자신의 모습을 볼 수 있다고 쓰면 정답으로 합니다.

82쪽 수행 평가 ❶회

1 ㉠ 손전등을 종이 인형 쪽으로 가까이 합니다. ㉠과 ㉡ 종이 인형을 동시에 손전등에 가까이 합니다. 스크린을 종이 인형에서 멀리 합니다.
2 ㉠ ㉡ 종이 인형을 손전등에서 멀리 합니다.
3 가까이(가깝게), 멀리(멀게)

1 물체와 스크린은 그대로 두고 손전등을 물체에 가까이 하면 그림자의 크기가 커집니다. 손전등과 스크린은 그대로 두고 물체를 손전등에 가까이 하면 그림자의 크기가 커집니다. 손전등과 물체는 그대로 두고 스크린을 물체에서 멀리 하면 그림자의 크기가 커집니다.

채점 tip 세 가지 방법 중 한 가지를 쓰면 정답으로 합니다.

2 ㉡ 종이 인형의 그림자만 작아지게 하려면 손전등과 스크린은 그대로 두고 ㉡ 종이 인형만 손전등에서 멀리 합니다. ㉡ 종이 인형을 스크린에 가까이 한다고 표현해도 됩니다.

채점 tip ㉡ 종이 인형을 손전등에서 멀리 한다고 쓰거나 ㉡ 종이 인형을 스크린에 가까이 한다고 쓰면 정답으로 합니다.

3 물체와 스크린은 그대로 두고 손전등을 물체에 가까이 하면 그림자 크기가 커지고, 손전등을 물체에서 멀리 하면 그림자 크기가 작아집니다.

83쪽 수행 평가 ❷회

1 1, 55
2 예 거울에 비친 물체의 모습은 좌우가 바뀌어 보이기 때문에 다시 좌우를 바꾸어 보면 원래 시계의 모습을 알 수 있기 때문입니다.
3 예 위급한 상황에서 앞에 가는 자동차의 뒷거울로 구급차를 보았을 때 글자가 똑바로 보여 길을 양보할 수 있습니다.

1 물체를 거울에 비추어 보면 물체의 상하는 바뀌어 보이지 않고, 좌우는 바뀌어 보입니다.

2 거울에 비친 시계의 모습의 좌우를 바꾸어 보면 실제 시계의 모습을 알 수 있습니다.

채점 tip 거울에 비친 물체의 모습은 좌우가 바뀌어 보인다는 내용을 쓰면 정답으로 합니다.

3 구급차의 앞부분에는 '119 구급대'라는 글자의 좌우가 바뀌어 있습니다. 이것은 위급한 상황에서 앞에 가는 자동차의 뒷거울로 구급차를 보았을 때 글자가 똑바로 보여 길을 양보할 수 있도록 하기 위함입니다.

채점 tip 앞에 가는 자동차의 뒷거울로 구급차를 보았을 때 글자가 바르게 보인다는 내용을 쓰면 정답으로 합니다.

84쪽 쉬어가기

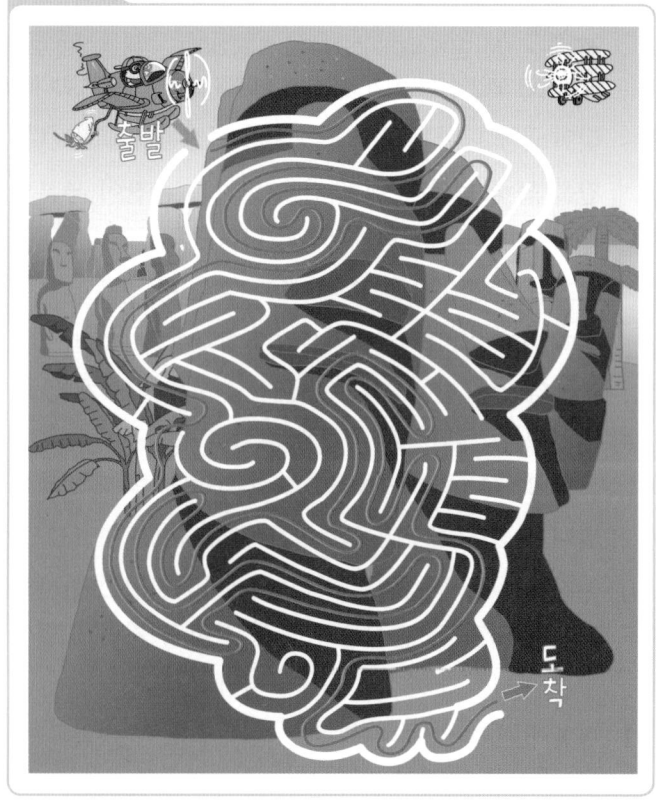

4. 화산과 지진

1 화산, 화산 활동으로 나오는 물질

88쪽~89쪽 문제 학습

1 화산 **2** 용암 **3** 분화구 **4** 화산 분출물 **5** 수증기 **6** ③ **7** ㉣ **8** 남준 **9** ④ **10** 화산 분출물 **11** (1) (나), (다) (2) ⑩ 화산재는 크기가 매우 작고, 화산 암석 조각은 크기가 다양합니다. **12** (2) ○ **13** ㉢ **14** 화산 가스

6 마그마는 땅속 깊은 곳에서 암석이 녹아 액체 상태로 있는 물질로 온도가 매우 높습니다. 용암은 마그마가 지표로 분출하면서 화산 가스 등의 기체 물질이 빠져나간 것입니다.

7 마그마가 지표 밖으로 분출하여 생긴 지형을 화산이라고 합니다. 들, 사막, 바다는 마그마가 지표 밖으로 분출하여 생긴 지형이 아닙니다.

8 세계에는 현재에도 활동 중인 화산(킬라우에아산, 시나붕산 등)이 있습니다. 화산은 땅속 깊은 곳의 마그마가 지표 밖으로 분출하여 만들어진 지형입니다.

9 화산은 땅속 깊은 곳에서 암석이 녹아 만들어진 마그마가 지표 밖으로 분출하여 생긴 지형입니다.

10 화산이 분출할 때 나오는 용암, 화산재, 화산 암석 조각 등을 화산 분출물이라고 합니다.

11 화산재는 크기가 매우 작은 고체 상태의 화산 분출물이고, 화산 암석 조각은 크기가 다양한 고체 화산 분출물입니다. 용암은 액체 상태의 화산 분출물입니다.

채점 tip (1)에 (나), (다)를 쓰고, (2)에 화산재는 크기가 매우 작고, 화산 암석 조각은 크기가 다양하다고 쓰면 정답으로 합니다.

12 용암은 땅속 마그마가 지표 밖으로 분출하면서 화산 가스 등의 기체 물질이 빠져나간 것으로, 지표면을 따라 흐르거나 폭발하듯 솟구쳐 오릅니다.

13 녹은 마시멜로가 알루미늄 포일(화산 모형) 윗부분에서 흘러나오며, 알루미늄 포일 밖으로 흘러나온 마시멜로는 시간이 지나면서 식어서 굳습니다.

14 화산 활동 모형실험에서 나오는 연기는 실제 화산 활동으로 나오는 화산 가스와 비교할 수 있습니다. 흘러나온 마시멜로는 용암에 해당합니다.

2 화강암과 현무암, 화산 활동이 미치는 영향

92쪽~93쪽 문제 학습

1 화성암 **2** 큽 **3** 구멍 **4** 화산재 **5** 전기 **6** ② **7** (1) ㉡ (2) ㉠ **8** ㉠ 현무암 ㉡ 화강암 **9** ⑩ 마그마가 땅속 깊은 곳에서 천천히 식어 굳어져서 만들어지기 때문에 알갱이의 크기가 큽니다. **10** 현무암 **11** ㉠, ㉡ **12** ㉠ **13** ㉠, ㉢ **14** (2) ○

6 화성암을 이루고 있는 알갱이의 크기는 마그마가 식는 빠르기에 따라 달라집니다. 마그마가 빨리 식으면 화성암을 이루고 있는 알갱이의 크기가 작고, 마그마가 천천히 식으면 화성암을 이루고 있는 알갱이의 크기가 큽니다.

7 (1) 현무암은 색깔이 어둡고, 암석을 이루고 있는 알갱이의 크기가 매우 작으며 표면에 구멍이 있는 것도 있습니다. (2) 화강암은 대체로 색깔이 밝고, 여러 가지 색깔의 알갱이가 섞여 있습니다. 또 암석을 이루고 있는 알갱이의 크기가 현무암보다 큽니다.

8 현무암은 마그마가 지표 가까이에서 빨리 식어 만들어지고, 화강암은 마그마가 땅속 깊은 곳에서 천천히 식어 만들어집니다.

9 화강암은 마그마가 땅속 깊은 곳에서 천천히 식어 굳어져서 만들어지기 때문에 알갱이의 크기가 큽니다.

채점 tip '땅속 깊은 곳에서 천천히 식어 굳는다.', '알갱이의 크기가 크다.'는 내용을 포함하여 옳게 쓰면 정답으로 합니다.

10 현무암으로 돌하르방, 돌담, 맷돌 등을 만들기도 합니다.

11 화산 주변 땅속의 높은 열을 이용한 지열 발전은 화산 활동이 주는 이로움입니다.

12 화산이 분출할 때 나오는 화산재는 피해를 주기도 하지만, 오랜 시간이 지나면 화산 주변의 땅을 비옥하게 만들기도 합니다.

13 화산 주변 온천을 개발하여 관광 자원으로 활용하고, 화산재가 쌓인 주변의 땅이 비옥해지는 것은 화산 활동이 주는 이로움입니다. ㉡ 산불은 용암으로 인한 화산 활동이 주는 피해이며, ㉢ 역시 화산 활동이 주는 피해입니다.

14 화산 주변 땅속의 열을 이용한 온천 개발이나 지열 발전은 화산 활동이 주는 이로움입니다.

③ 지진, 지진 발생 시 대처 방법

1 지진 2 내부 3 규모, 클 4 계단 5 머리
6 ③ 7 혜진 8 ① 9 (1) 땅 (2) 지구 내부에서
작용하는 힘 (3) 지진 10 ㉠ 11 ⑩ 지진의 세기
를 나타내는 규모의 숫자를 비교했을 때, 숫자가 클
수록 강한 지진입니다. 12 미국 13 ㉢ 14 ④

6 땅(지층)이 지구 내부에서 작용하는 힘을 오랫동안
받으면 휘어지거나 끊어지는데, 이렇게 땅(지층)이
끊어지면서 지진이 발생합니다.

7 지진은 땅(지층)이 지구 내부에서 작용하는 힘을 받
아 끊어질 때, 지하 동굴이 무너지거나 화산 활동이
일어날 때 등의 경우에 발생합니다.

8 양손으로 우드록을 잡고 수평 방향으로 서서히 밀
면 우드록이 휘어지고, 계속 힘을 주어 밀면 우드록
이 끊어집니다.

9 우드록은 땅, 우드록이 끊어질 때 손에 느껴지는 떨
림은 지진, 우드록을 양손으로 미는 힘은 지구 내부
에서 작용하는 힘에 해당합니다.

10 지진이 발생하면 땅이 흔들리고 갈라지며 산사태나
지진 해일이 발생하기도 합니다.

11 지진의 세기는 규모로 나타내며, 규모의 숫자가 클
수록 강한 지진입니다.

채점 tip 지진의 세기를 나타내는 규모의 숫자를 비교한다는 내용
을 포함하여 쓰면 정답으로 합니다.

12 지진의 세기를 나타내는 규모의 숫자가 클수록 강
한 지진이므로, 미국에서 발생한 지진이 대한민국
이나 일본에서 발생한 지진보다 강합니다.

13 지진이 발생하면 지진의 규모에 따라 건물과 도로
가 무너지는 등 인명과 재산 피해가 발생하기도 합
니다.

14 ① 지진이 발생하면 책상 아래로 들어가 머리와 몸
을 보호합니다.
② 지진이 발생하면 전기와 가스를 차단하고 밖으
로 나갈 수 있도록 문을 열어 둡니다.
③ 지진이 발생하면 승강기 대신에 계단을 이용하
여 대피합니다.
⑤ 흔들림이 멈추면 안전한 곳으로 대피합니다.

❶ 마그마 ❷ 화산 분출물 ❸ 용암 ❹ 화산 가스
❺ 화강암 ❻ 현무암 ❼ 지구

1 화산 2 (3) × 3 화산 암석 조각 4 (1) ㉠ (2)
용암 5 ⑩ 화산 가스에는 여러 가지 기체가 섞여
있습니다. 대부분 수증기입니다. 기체 상태입니다.
6 (가) 현무암 (나) 화강암 7 (나) 8 ⑩ (가) 암석은 ㉠
과 같이 지표면 가까이에서 빨리 식어서 만들어지고,
(나) 암석은 ㉡과 같이 땅속 깊은 곳에서 천천히 식어
서 만들어집니다. 9 (가) ㉡, ㉢ (나) ㉠, ㉣ 10 ①
11 ③, ④ 12 ⑩ 우드록이 끊어질 때 손에 떨림이
느껴집니다. 13 ④ 14 (2) ○ 15 ①, ④

1 땅속 깊은 곳에서 암석이 녹은 마그마가 지표 밖으
로 분출하여 생긴 지형을 화산이라고 합니다.

2 분화구는 화산의 꼭대기에 움푹 파인 곳으로, 분화
구가 있는 화산도 있고 없는 화산도 있습니다. 또 분
화구가 한 개인 화산이 있고 여러 개인 화산도 있습
니다.

3 화산 암석 조각은 화산 분출물 중 고체 물질로, 크
기가 매우 다양한 특징이 있습니다.

4 마그마가 지표 밖으로 분출하여 화산 가스 등의 기
체가 빠져 나간 것으로, 지표면을 따라 흐르는 화산
분출물은 용암입니다. 용암은 화산 활동 모형실험
에서 알루미늄 포일 밖으로 흘러나오는 마시멜로와
비교할 수 있습니다.

5 화산 가스는 기체 상태의 화산 분출물로, 대부분 수
증기이며 여러 가지 기체가 섞여 있습니다.

채점 tip '여러 가지 기체가 섞여 있다.', '대부분 수증기이다.', '기
체 상태이다.' 등 화산 가스의 특징을 한 가지 옳게 쓰면 정답으로
합니다.

6 (가)는 겉모습으로 보아 어두운색인 현무암이고, (나)
는 대체로 밝은색을 띠는 화강암입니다.

7 (나) 화강암이 (가) 현무암보다 암석을 이루는 알갱이
의 크기가 큽니다.

8 ㈎ 현무암은 지표면 가까이에서 빨리 식어서 만들어집니다. ㈏ 화강암은 땅속 깊은 곳에서 천천히 식어서 만들어집니다.

> **채점 tip** ㈎ 암석(현무암)은 지표면 가까이(㉠)에서 만들어지고, ㈏ 암석(화강암)은 땅속 깊은 곳(㉡)에서 만들어진다는 내용으로 옳게 쓰면 정답으로 합니다.

9 온천 개발과 비옥한 농토는 화산 활동이 우리 생활에 주는 이로움입니다. 용암에 의한 산불과 화산재에 의한 항공기 운항 취소는 화산 활동이 우리 생활에 주는 피해입니다.

10 지진의 세기는 규모로 나타내고, 규모의 숫자가 클수록 강한 지진입니다.

11 양손으로 우드록을 수평 방향으로 밀면 우드록이 휘어지다가 끊어지면서 소리가 나고 떨립니다.

12 우드록이 끊어질 때에는 소리가 나고 떨림이 느껴집니다.

> **채점 tip** 우드록이 끊어질 때 손에 떨림이 느껴진다는 내용을 쓰면 정답으로 합니다.

13 지진 발생 지역의 날씨에 대한 내용은 나와 있지 않으므로 알 수 없습니다.

14 건물 밖으로 나갈 때에는 승강기 대신 계단을 이용해 대피합니다.

15 머리를 보호하며 재빨리 안전한 장소로 대피합니다. 집 안에서는 가스 밸브를 잠그고 전깃불을 꺼 화재를 예방합니다.

103쪽~105쪽 **단원 평가 2회**

1 (2) ○ 2 ㉡ 3 ② 4 ㉡ 5 예 연기가 납니다. 빨간색 액체가 흘러나옵니다. 6 수영 7 현무암
8 (1) 화산재 (2) 예 화산재가 태양 빛을 가려서 생물에게 피해를 줄 수 있습니다. 9 (1) ㉠ (2) ㉡, ㉢
10 ㉠ 11 ① 12 ㉡ 13 ㉠ 14 재이 15 ②

1 땅속의 마그마가 지표 밖으로 분출하여 생긴 지형을 화산이라고 합니다.

2 화산은 땅속의 마그마가 지표 밖으로 분출하여 생긴 지형으로, 분화구가 있는 것도 있으며 분화구에 물이 고여 호수가 만들어진 것도 있습니다.

3 화산 분출물은 화산 활동으로 나오는 여러 가지 물질을 말하며, 고체인 화산재와 화산 암석 조각, 액체인 용암, 기체인 화산 가스 등이 있습니다.

4 화산 분출물 중 ㉠은 화산 가스, ㉡은 용암, ㉢은 화산 암석 조각입니다. 화산 활동 모형실험에서 마시멜로에 빨간색 식용 색소를 뿌리는 까닭은 가열했을 때 흘러나오는 마시멜로의 색깔과 실제 화산이 분출할 때 나오는 용암의 색깔을 비교하여 관찰하기 위해서입니다.

5 화산 활동 모형실험과 실제 화산 활동 모두 연기가 나고, 빨간색 액체가 흘러나오며, 시간이 지나면 밖으로 흘러나온 액체가 굳습니다.

> **채점 tip** 화산 활동 모형실험과 실제 화산 활동의 같은 점 두 가지를 모두 옳게 쓰면 정답으로 합니다.

6 ㉠ 위치에서 만들어진 암석은 화강암으로 대체로 밝은색이며, 검은색과 반짝이는 알갱이가 보입니다. 또 암석을 이루는 알갱이의 크기가 커서 맨눈으로도 구별할 수 있습니다.

7 마그마의 활동으로 만들어진 화성암 중에서 어두운색이며, 표면에 구멍이 뚫려 있기도 한 것은 현무암입니다. 돌하르방은 현무암을 사용하여 만들었습니다.

8 화산재는 태양 빛을 가려서 생물에게 피해를 주고 비행기 엔진을 망가뜨려 비행기 운항을 어렵게 하며, 생물이 숨 쉬기 어렵게 하여 호흡기 질병을 일으키는 등의 피해를 줍니다.

> **채점 tip** (1)에 화산재를 쓰고, (2)에 화산재에 의한 피해 한 가지를 옳게 쓰면 정답으로 합니다.

9 우드록을 이용한 지진 발생 모형실험에서 우드록은 짧은 시간 동안 가해진 힘에 의해 끊어지지만, 실제 지진은 오랜 시간 동안 지구 내부의 힘이 쌓여서 발생하며, 지진이 발생할 때에는 땅이 흔들리거나 갈라지고 건물이 무너질 수도 있습니다.

10 흔들림 지진판에 쌓은 블록은 실제 지진이 발생하는 과정에서 땅 위의 건물이나 도로에 해당합니다.

11 규모는 지진의 세기를 나타내며, 규모의 숫자가 클수록 강한 지진입니다.

12 우리나라에서도 규모 5.0 이상의 지진이 여러 차례 발생하고 있고, 지진에 대비하는 정도, 지진 경보 시기 등에 따라 피해 정도가 달라질 수 있으므로 지진에 대비하는 자세는 반드시 필요합니다.

13 지진이 발생하여 흔들릴 때에는 머리와 몸을 보호하고, 흔들림이 멈추었을 때 가까운 안전한 장소로 빠르게 대피하는 것이 좋습니다.

14 지진 대피 훈련은 지진 발생에 대비해 미리 훈련을 하여 대피 방법을 몸에 익히는 중요한 과정이므로, 안내 방송이 나올 때 집중하며 미리 연습을 해 두어야 합니다.

15 지진이 발생했을 때에는 상황별 대처 방법에 따라 행동해야 합니다. 지진이 발생한 후에는 다친 사람을 살피고 구조 요청을 하며, 지진 정보를 확인하고 정보에 따라 행동합니다. ⓒ 가스 밸브를 잠가 화재를 예방합니다. ⓐ 이후에 남은 지진이 발생할 수 있으므로 더 안전한 곳으로 대피합니다.

106쪽 수행 평가 ❶회

1 ⟨예⟩ 모형 윗부분에서 연기가 피어오릅니다. 녹은 마시멜로가 모형의 윗부분으로 흘러나옵니다. 흘러나온 마시멜로는 시간이 지나면서 식어서 굳습니다.
2 ㉠ 화산 가스 ㉡ 용암 ㉢ 화산 암석 조각
3 용암

1 화산 활동 모형을 가열하면 모형 윗부분에서 연기가 피어오르고, 녹은 마시멜로가 모형의 윗부분으로 흘러나오며 흘러나온 마시멜로는 시간이 지나면서 식어서 굳습니다.

> **채점 tip** 화산 활동 모형을 가열했을 때 나타나는 현상을 한 가지 옳게 쓰면 정답으로 합니다.

2 화산 활동 모형실험에서 나오는 연기는 실제 화산 활동의 화산 가스, 흘러나오는 마시멜로는 용암, 흘러나온 후 식어서 굳은 마시멜로는 화산 암석 조각에 비교할 수 있습니다.

3 화산 활동에서 볼 수 있는 화산 분출물 중 검붉은색이며 산비탈을 따라 흘러내리고, 뜨거운 열로 산불을 발생시킬 수 있는 것은 용암입니다.

107쪽 수행 평가 ❷회

1 ㉢
2 ⟨예⟩ 땅(지층)이 지구 내부에서 작용하는 힘을 오랫동안 받아 끊어지기 때문입니다.
3 (1) 칠레 (2) ⟨예⟩ 지진의 세기를 나타내는 규모의 숫자가 클수록 강한 지진이기 때문입니다.

1 땅(지층)이 끊어지면서 흔들리는 자연 현상은 지진입니다.

2 땅(지층)이 지구 내부에서 작용하는 힘을 오랫동안 받으면 휘어지거나 끊어지며, 땅(지층)이 끊어지면서 지진이 발생합니다.

> **채점 tip** '지구 내부에서 작용하는 힘'을 포함하여 옳게 쓰면 정답으로 합니다.

3 규모의 숫자가 클수록 강한 지진입니다. 칠레＞일본＞네팔＞대만의 순서로 규모의 숫자가 크므로 칠레＞일본＞네팔＞대만 순서로 강한 지진이 발생했습니다.

> **채점 tip** (1)에 칠레를 쓰고, (2)에 규모의 숫자를 비교하여 알 수 있다는 내용으로 옳게 쓰면 정답으로 합니다.

108쪽 쉬어가기

말풍선 안의 화석을 찾아 줘.

---

5. 물의 여행

① 물의 순환

112쪽~113쪽 **문제 학습**

1 수증기 **2** 순환 **3** 응결 **4** 비나 눈 **5** 물
6 ① **7** 물 **8** 서빈 **9** ㉠ 구름 ㉡ 비 ㉢ 수증기
10 (2) ○ (3) ○ **11** ⑤ **12** 예 컵 안쪽에서의 물의 순환 과정을 통해 작은 컵 안의 식물은 물을 주지 않아도 살 수 있습니다. **13** 순환

6 물이 상태가 변하면서 지구 여러 곳을 끊임없이 돌고 도는 과정을 '물의 순환'이라고 합니다.

7 식물의 뿌리를 통해 빨아들여질 수 있는 것은 액체 상태의 물입니다.

8 물은 상태가 변하면서 육지, 바다, 공기, 생물 등 여러 곳을 끊임없이 돌고 돌지만, 전체 물의 양은 항상 일정합니다.

9 구름에서 비가 내린 후 바닷물에 있던 물은 증발하여 수증기가 되어 공기 중으로 돌아갑니다.

10 물의 이동 과정을 알아보는 실험 장치에 넣은 얼음은 30분 동안 점점 녹아서 물이 됩니다.

11 실험 장치의 얼음이 녹은 물은 증발하여 수증기가 되며, 이 수증기는 컵 안쪽 벽면이나 뚜껑 밑면에 응결하여 다시 물방울로 변합니다.

12 컵 안의 얼음이 녹아 물이 되고, 물이 증발하여 컵 안쪽 공기 중의 수증기가 됩니다. 수증기는 응결하여 컵 안쪽 벽면에 다시 물방울로 맺히고 물방울이 점점 커져서 식물을 심은 컵으로 흘러내립니다. 식물의 뿌리에서 흡수된 물은 잎에서 다시 수증기로 나옵니다.

> **채점 tip** 컵 안쪽에서의 물의 순환 과정을 통해 식물에 물을 주지 않아도 살 수 있다는 내용으로 옳게 쓰면 정답으로 합니다.

13 실험 장치를 2~3일 동안 관찰하면 지퍼 백 안쪽 윗부분에 물방울이 맺히고, 물방울이 커지다가 흘러내리는 모습을 볼 수 있습니  다. 이를 통해 물의 순환 과정에 대해서 알아볼 수 있습니다.

② 물이 중요한 까닭, 물 부족 현상을 해결하기 위한 방법

116쪽~117쪽 **문제 학습**

1 물 **2** (모든) 생물 **3** 바닷물 **4** 부족 **5** 물
6 물 **7** ㉠, ㉡ **8** (3) ○ **9** 지율 **10** ② **11** ⑤
12 예 오염된 물이 하천으로 흐르면서 우리가 이용할 수 있는 깨끗한 물이 줄어듭니다. **13** ㉢

6 우리는 일상생활에서 물을 다양하게 이용합니다.

7 우리가 마신 물은 몸속을 순환하면서 필요한 영양분을 몸 곳곳에 전달하고, 노폐물을 땀이나 오줌의 형태로 내보내 줍니다.

8 (1) 물은 농작물을 키우는 데 반드시 필요합니다. (2) 물을 이용하는 모습과 상관이 없는 내용입니다.

9 한 번 이용한 물은 없어지는 것이 아니라 상태가 변하면서 돌고 돌아 다시 만날 수 있습니다.

10 강이나 호수의 물과 같이 소금 성분이 없어 사용할 수 있는 물을 민물이라고 합니다.

11 물 부족 현상을 해결하기 위해 샴푸를 적게 쓰고, 샤워 시간을 줄입니다.

12 이 밖에도 지구상의 물은 대부분 바닷물이라서 사용할 수 있는 민물의 양이 매우 적은 것, 인구가 증가하여 더 많은 양의 물을 필요로 하는 것 등이 물이 부족한 까닭입니다.

▲ 환경 오염 　　　▲ 인구 증가

> **채점 tip** 문제에서 제시한 세 가지 까닭 외에 물이 부족한 까닭을 한 가지 옳게 쓰면 정답으로 합니다.

13 식기세척기는 음식을 담는 그릇(식기)을 씻어 주는 기계로 물 부족 현상을 해결하기 위한 것이 아닌, 생활의 편리함을 위해 개발한 것입니다.

118쪽~119쪽 **교과서 통합 핵심 개념**

❶ 세(3) ❷ 물 ❸ 얼음 ❹ 수증기 ❺ 모래
❻ 생명 ❼ 민물

120쪽~122쪽 단원 평가 **1**회

1 ① **2** ④ **3** ㉠ **4** (1) ○ (2) × (3) ○ **5** (1) ㉣
(2) 예 실험 장치 안쪽의 물은 상태가 변하면서 순환
하므로 전체 물의 양이 변하지 않기 때문입니다. **6**
선영 **7** ㉠, ㉢, ㉣ **8** ㉢ **9** ② **10** ㉢ **11** 예
안개나 빗물을 모아서 사용할 수 있는 물을 얻을 수
있습니다. 바닷물에서 소금 성분을 제거하여 마실
수 있는 물을 얻을 수 있는 장치를 설치합니다. **12**
(1) ○ **13** ㉡ **14** (1) ㉠ (2) 예 빨래는 모아서 한꺼
번에 하며, 세제를 적당히 사용합니다. **15** ⑤

1 구름은 증발한 수증기가 응결하여 만들어지며, 구
름 속의 물방울이 많이 모이면 비가 되어 내립니다.

2 땅에 내린 빗물은 강이나 호수, 바다로 흘러 머물다
가 공기 중으로 증발하거나 식물의 뿌리로 흡수되
었다가 잎을 통해 공기 중으로 되돌아갑니다.

3 물은 상태가 변하면서 끊임없이 돌고 도는 순환 과
정을 거칩니다.

4 5분이 지나면 모래 위에 있는 얼음이 모두 녹고, 컵
안쪽 벽면에 뿌옇게 김이 서리기 시작합니다.

5 물의 이동 과정을 알아보는 실험 장치의 30분 후 무
게는 약 130 g일 것입니다.

> 채점 tip (1)에 ㉣을 고르고, (2)에 실험 장치의 물이 순환하므로 전
> 체 물의 양이 변하지 않기 때문이라는 내용으로 모두 옳게 쓰면
> 정답으로 합니다.

6 물의 순환 과정을 알아보는 실험 장치의 컵 안 식물
의 뿌리에서 흡수된 물은 잎에서 수증기로 나옵니다.

7 ㉡ 음식을 신선하게 보관할 때에는 고체 상태의 물
(얼음)을 이용합니다.

8 농작물을 키울 때 농작물에 준 물은 흙 속에 머물다
가 식물의 뿌리로 흡수되고, 식물의 잎에서 공기 중
으로 수증기가 되어 나옵니다.

9 물은 순환하므로 돌고 돌아 다시 만날 수 있습니다.

10 하수 처리 시설이 늘어나면 우리가 이용할 수 있는
깨끗한 물을 더 많이 만들 수 있으며, 인구가 증가
하면서 물 이용량이 늘어났기 때문에 물이 부족하
게 됩니다.

11 이밖에도 절수용 수도꼭지 등과 같이 물을 아껴 쓰
기 위한 다양한 도구를 이용할 수도 있습니다.

> 채점 tip 물 부족 현상을 해결할 수 있는 방법을 한 가지 옳게 쓰
> 면 정답으로 합니다.

12 물을 컵에 받아 양치할 때의 물 이용량이 물을 틀어
놓고 양치할 때보다 훨씬 적으므로, 물 부족을 해결
하기 위해서 (1)의 방법이 알맞습니다.

13 어두워지기 전에 집에 들어가는 것은 물 부족 현상
을 해결하기 위한 방법이 아닙니다.

14 빨래를 모아서 한꺼번에 하며, 이때 세제를 적당히
사용하면 물을 절약할 수 있습니다.

> 채점 tip (1)에 ㉠, (2)에 빨래를 모아서 한꺼번에 하며, 세제는 적
> 당히 사용한다는 내용으로 모두 옳게 쓰면 정답으로 합니다.

15 ⑤는 안개나 빗물을 모아서 사용할 수 있는 장치를
만들 때 생각할 점과 관련이 없습니다.

123쪽~125쪽 단원 평가 **2**회

1 ㉡, ㉢ **2** 증발 **3** 예 구름에서 비나 눈이 되어
바다나 육지에 내리고, 이 물이 증발하여 수증기가
된 후 응결하면 다시 구름이 됩니다. **4** ② **5** 미르
6 (1) ㉡ (2) ㉡ (3) ㉠, ㉢ **7** 예 컵 안의 물이 열 전
구의 열로 인해 증발하여 수증기가 되고, 수증기가
차가운 컵 뚜껑의 밑면이나 안쪽 면에 닿아 응결하
여 물로 변해 맺히고, 흘러내립니다. **8** ㉡ **9** ⑤
10 전기 **11** ④ **12** ㉢ **13** ② **14** (1) × (2) ○
15 예 양치질할 때는 컵을 사용합니다. 손을 씻을
때는 물을 잠그고 비누칠을 합니다. 빗물을 모아 실
외 청소를 하거나 화분에 물을 줍니다.

1 ㉡ 비, ㉢ 바닷물은 액체 상태의 물입니다. 사람 몸
속에서 물은 액체 상태의 물로 순환합니다.

2 액체 상태의 물이 표면에서 수증기로 변하는 현상을
'증발'이라고 합니다.

3 물의 상태는 끊임없이 변하면서 돌고 돕니다.

> 채점 tip 구름에서 비나 눈이 되어 내린 물이 증발하여 수증기가
> 된 후 응결하면 다시 구름이 된다고 옳게 쓰면 정답으로 합니다.

4 물의 순환은 물이 상태가 변하면서 지구 여러 곳을
끊임없이 돌고 도는 과정입니다.

5 지구에서 끊임없이 순환하는 물은 새로 생기거나 없
어지지 않고 고체, 액체, 기체로 상태만 변하므로
지구 전체에 있는 물의 양은 항상 일정합니다.

6 뚜껑에 넣은 얼음과 모래 위에 놓은 얼음은 녹아서 물이 되고, 컵 안쪽(내부)과 벽면이 뿌옇게 흐려지며, 물방울이 맺히고 흘러내리는 모습을 볼 수 있습니다.

7 컵 안의 물은 열 전구의 열로 인해 증발하여 기체 상태인 수증기가 됩니다. 컵 안 공기 중에 있던 수증기는 컵 안쪽과 벽면에 응결하여 액체 상태인 물로 변하므로 컵 내부를 뿌옇게 만들고, 흘러내립니다.

채점 tip 컵 안의 물이 증발하여 수증기가 되고, 이 수증기가 응결한다는 내용으로 옳게 쓰면 정답으로 합니다.

8 창문을 열고 닫을 때에는 물을 이용하지 않습니다.

9 땅 위를 흐르는 물은 흙을 운반하거나 지형을 변화시키기도 하지만 산 위에 있는 흙과 돌을 모두 운반하지는 않습니다.

10 물이 떨어지는 높이의 차이를 이용하여 발전기를 돌려서 전기를 만들 수 있습니다.

11 초원이었던 곳이 사막과 같은 상태로 변해 가는 곳이 많아져서 기후 변화로 인해 물이 더 부족해집니다.

12 우리 생활에서 이용한 물은 하수 처리 시설로 보내 깨끗한 물로 정화해야 다시 이용할 수 있습니다.

13 우리가 이용할 수 있는 물이 점점 부족해지고 있기 때문에 물을 절약하기 위한 노력을 해야 합니다.

14 우리나라는 2017년 5월 오랫동안 비가 오지 않아 전국에 있는 강과 저수지가 마르고, 농작물이 잘 자라지 않았던 물 부족 경험이 있습니다.

15 양치질할 때는 컵을 사용하고, 손을 씻을 때는 물을 잠그고 비누칠을 하는 등 물을 절약하는 방법을 생각해 봅니다.

채점 tip 가정이나 학교에서 실천할 수 있는 물 절약 방법을 한 가지 옳게 쓰면 정답으로 합니다.

126쪽 수행 평가 ①회

1 (1) ㉠ (2) ㉢ (3) ㉡

2 ㉠ 얼음 ㉡ 물(방울) ㉢ 수증기

---

1 얼음이 녹은 물이 증발하여 수증기로 변해 공기 중에 머물다가 차가운 컵 뚜껑의 밑면이나 벽면에 닿으면 응결하여 물방울로 맺힙니다. 이 물방울이 커져서 아래로 흘러내리고, 흘러내린 물은 다시 증발하는 순환 과정을 끊임없이 반복합니다.

---

2 물은 고체 상태인 얼음, 액체 상태인 물, 기체 상태인 수증기의 세 가지 상태로 존재합니다.

127쪽 수행 평가 ②회

1 (1) ㈐ (2) ㈏ (3) ㈎

2 ㉠ 증발 ㉡ 응결

3 (1) ◯

---

1 세계 여러 나라에서는 물 부족 현상을 해결하기 위해 많은 노력을 하고 있습니다.

2 해수 담수화 장치를 이용하여 바닷물을 끓이면 물이 증발하여 수증기가 되고, 이 수증기를 차갑게 하면 응결하여 마실 수 있는 액체 상태의 물을 얻을 수 있습니다. 지구상의 물은 대부분 바닷물이라서 사용할 수 있는 민물의 양이 매우 적으므로 해수 담수화 장치를 통해 물 부족 현상을 해결할 수 있습니다.

3 빨래를 하지 않고 오래 입어 더러워진 옷을 버리는 것은 또 다른 낭비를 하는 것이며, 물 부족 현상을 해결할 수 있는 방법이 아닙니다. 빨래는 모아서 한꺼번에 하며, 세제를 많이 사용하지 않습니다.

128쪽 쉬어가기

1. 식물의 생활

1 여러해살이 식물 **2** 풀 **3** 잣나무 **4** 개구리밥
5 공기 **6** 적응 **7** 사막 **8** 물 **9** 갯방풍
10 도꼬마리 열매

1 단풍나무 **2** 감나무 **3** 부들 **4** 연꽃
5 잎자루 **6** 검정말 **7** 잎 **8** 회전초 **9** 물
10 단풍나무 열매

1 ② **2** 민들레 **3** ⑤ **4** ㈃ **5** ⑴ 4모둠 ⑵ 한곳에 나는 잎의 개수가 여러 개인가? / ㈄ / ㈎, ㈏, ㈃ **6** ㉡, ⑩ 연꽃은 잎이 물 위로 높이 자라는 식물이고, 수련, 가래, 마름은 잎이 물에 떠 있는 식물입니다. **7** ① **8** 잎자루 **9** ⑤ **10** 적응 **11** ㉡ **12** ㉢ **13** ② **14** ⑩ 물을 필요로 하는 동물의 공격을 막을 수 있습니다. 물이 밖으로 빠져나가는 것을 막을 수 있습니다. **15** ⑶ ○ **16** ⑴ ㉡ ⑵ ㉢ ⑶ ㉠ **17** ④ **18** ㈎ **19** ⑩ 물에 젖지 않는 특징 **20** ⑩ 도꼬마리 열매 가시 끝이 갈고리처럼 굽어져 있어 동물의 털이나 사람의 옷에 잘 붙는 특징을 활용하여 찍찍이 테이프를 만들었습니다.

1 해바라기는 풀이고, 밤나무는 나무입니다. 풀과 나무는 필요한 양분을 스스로 만들고, 땅속으로 뿌리를 내립니다. ③, ④는 해바라기에 대한 설명이고, ⑤는 밤나무에 대한 설명입니다.

2 민들레는 들이나 산에서 쉽게 볼 수 있으며, 잎이 한곳에서 뭉쳐나고 톱니 모양으로 갈라져 있습니다. 노란색 꽃이 피며, 하얀 솜털처럼 생긴 열매는 바람에 잘 날아갑니다.

3 풀과 나무는 뿌리, 줄기, 잎이 있습니다. 풀은 나무보다 키가 작고, 줄기가 가늡니다. 풀은 대부분 한해살이 식물이고, 나무는 모두 여러해살이 식물입니다.

4 강아지풀 잎은 길쭉한 모양이며 끝부분은 뾰족하고 잎맥이 나란합니다. 가장자리 모양이 매끄럽고 만졌을 때 느낌은 까끌까끌합니다.

5 분류 기준을 정할 때 '크다, 예쁘다, 맛있다, 무겁다, 아름답다' 등과 같이 사람마다 다르게 분류할 수 있는 기준은 세우지 않습니다. 토끼풀 잎은 한곳에 잎이 세 개가 함께 나고, 감나무, 떡갈나무, 강아지풀 잎은 한곳에 잎이 한 개가 납니다.

6 수련, 가래, 마름은 잎과 꽃이 물 위에 떠 있고, 뿌리는 물속의 땅에 있습니다. 연꽃은 잎이 물 위로 높이 자라고 뿌리는 물속이나 물가의 땅에 있으며, 키가 크고 줄기가 단단합니다.

🔵**채점** **tip** ㉡을 쓰고, 연꽃은 잎이 물 위로 높이 자라고, 나머지는 잎이 물에 떠 있다는 내용을 쓰면 정답으로 합니다.

7 부들, 갈대, 창포, 줄은 잎이 물 위로 높이 자라는 식물입니다. 물수세미, 나사말, 물질경이는 물속에 잠겨서 사는 식물입니다. 생이가래, 개구리밥, 물상추는 물에 떠서 사는 식물입니다. 마름, 순채는 잎이 물에 떠 있는 식물입니다.

8 부레옥잠의 잎자루는 연두색이고, 가운데가 볼록하게 부풀어 있습니다. 잎자루를 눌러 보면 폭신폭신하고, 손으로 들면 크기에 비해 가볍습니다. 잎자루를 자른 단면에는 수많은 공기주머니가 보입니다.

9 검정말의 잎과 줄기는 가늘고 부드러워서 물속에서 힘을 덜 받기 때문에 물속에 넣고 흔들면 물의 흐름에 따라 부드럽게 움직입니다.

10 생물이 오랜 기간에 걸쳐 주변 환경에 적합하게 변화되어 가는 것을 적응이라고 합니다.

11 사막은 햇빛이 강하며, 비가 적게 오고 건조하여 물이 적은 환경입니다.

12 바오바브나무는 잎이 작아 물이 밖으로 빠져나가는 것을 막고, 굵은 줄기에 물을 저장합니다.

13 선인장은 굵은 줄기에 물을 저장합니다. 줄기를 잘라 보면 자른 단면이 미끄럽고 축축하며, 마른 화장지를 대면 물이 묻어 나옵니다.

14 선인장은 잎이 가시 모양이라 물을 필요로 하는 동물의 공격과 물이 빠져나가는 것을 막을 수 있습니다.

🔵**채점** **tip** 동물의 공격과 물이 빠져나가는 것을 막을 수 있다는 내용을 쓰면 정답으로 합니다.

15 북극다람쥐꼬리, 남극개미자리는 극지방에 사는 식물입니다. 극지방은 온도가 매우 낮고, 바람이 많이 부는 환경입니다.

16 갯방풍은 바닷가, 눈잣나무는 높은 산, 야자나무는 덥고 비가 많이 오는 곳에 사는 식물입니다.

17 단풍나무 열매는 바람을 타고 빙글빙글 돌며 날아가는 특징이 있습니다. 이러한 특징을 활용해 바람을 타고 회전하며 떨어지는 드론, 헬리콥터 날개, 선풍기 날개 등을 만들었습니다.

18 방수복, 자동차 코팅제는 연잎의 특징을 모방해 만들었습니다. 덩굴장미의 특징을 모방해 가시철조망을 만들었습니다.

19 연잎은 표면에 작고 둥근 돌기가 많이 나 있어, 물에 젖지 않는 특징이 있습니다. 이 특징을 모방해 물이 스며들지 않는 옷감이나 자동차 코팅제를 만들었습니다.

20 도꼬마리 열매의 가시 끝이 갈고리 모양으로 되어 있어 천에 걸리면 잘 떨어지지 않는 특징을 활용하여 찍찍이 테이프를 만들었습니다.

채점 **tip** 가시 끝이 갈고리처럼 되어 있어 옷에 잘 붙는 특징을 활용했다는 내용을 쓰면 정답으로 합니다.

8쪽~11쪽 단원 평가 실전

1 (나) **2** (다) **3** 줄기 **4** ④ **5** 예 잎의 끝 모양이 뾰족한가?, 잎의 전체적인 모양이 길쭉한가? **6** ① **7** ① **8** (나) **9** (라) **10** 예 줄기가 부드럽고 잎이 가늘어서 물의 흐름에 따라 잘 구부러져 쉽게 꺾이지 않아 물속에서 살기에 적합합니다. **11** 미정 **12** 사막 **13** ③ **14** 예 굵은 줄기에 물을 저장합니다. 잎이 작아 물이 밖으로 빠져나가는 것을 막습니다. **15** (2) × **16** ④ **17** ㉡ **18** ② **19** 회전초 **20** 예 물에 젖지 않는 연잎의 특징을 활용하여 물이 스며들지 않는 옷감을 만들었습니다.

1 민들레, 해바라기, 명아주는 풀이고, 소나무는 나무입니다.

2 해바라기는 한해살이풀로, 어른의 키와 비슷한 정도까지 자랍니다. 노란색 꽃이 늦여름에 피며, 잎은 심장 모양입니다.

3 들이나 산에 사는 식물은 잎, 줄기, 뿌리가 있고, 줄기에는 잎, 꽃, 열매가 달립니다. 대부분 땅속으로 뿌리를 내리며 땅 위로 줄기와 잎이 자랍니다.

4 대나무 잎은 잎의 전체적인 모양이 길쭉하며, 연꽃, 감나무, 해바라기 잎은 잎의 전체적인 모양이 넓적합니다.

5 강아지풀, 잣나무 잎은 잎의 끝 모양이 뾰족하고, 토끼풀, 떡갈나무 잎은 잎의 끝 모양이 뾰족하지 않습니다. 잎의 전체적인 모양으로도 분류할 수 있습니다. 강아지풀, 잣나무 잎은 잎의 전체적인 모양이 길쭉하고, 토끼풀, 떡갈나무 잎은 잎의 전체적인 모양이 길쭉하지 않습니다.

채점 **tip** 잎의 끝 모양이 뾰족한가, 잎의 전체적인 모양이 길쭉한가 중 한 가지를 쓰면 정답으로 합니다.

6 ㉠은 잎몸, ㉡은 잎맥, ㉢은 잎자루입니다.

7 부레옥잠은 물에 떠서 사는 식물입니다. 볼록하게 부풀어 있는 잎자루 속에 수많은 공기주머니가 있어 물에 떠서 살 수 있습니다. 잎몸은 동그란 모양이며 광택이 있고, 만지면 매끈매끈합니다. 잎자루를 물속에서 눌러 보면 공기 방울이 생기면서 위로 올라갑니다.

8 검정말은 물속에 잠겨서 사는 식물이고, 물상추는 물에 떠서 사는 식물입니다. 수련은 잎이 물에 떠 있는 식물이고, 연꽃은 잎이 물 위로 높이 자라는 식물입니다.

9 연꽃, 부들, 창포, 갈대, 줄은 잎이 물 위로 높이 자라는 식물입니다. 뿌리는 물속이나 물가의 땅에 있으며, 대부분 키가 크고 줄기가 단단합니다.

10 검정말은 줄기가 부드럽고 잎이 가늘어서 흐르는 물에 줄기와 잎이 잘 구부러져 쉽게 꺾이지 않아 물속에 잠겨서 살기에 적합합니다.

채점 **tip** 줄기가 물의 흐름에 따라 잘 구부러져 물속에서 살기에 적합하다는 내용을 쓰면 정답으로 합니다.

11 가래, 마름은 잎이 물에 떠 있는 식물로, 잎과 꽃이 물 위에 떠 있고, 뿌리는 물속의 땅에 있습니다.

12 용설란은 두꺼운 잎에 물을 저장하여 물이 적은 사막에 살기에 알맞습니다.

13 선인장은 잎이 가시 모양이라서 물을 필요로 하는 동물의 공격과 물이 밖으로 빠져나가는 것을 막을 수 있습니다. 굵은 줄기에 물을 저장하여 사막에서 살 수 있습니다.

14 바오바브나무는 굵은 줄기에 물을 저장하고, 잎이 작아 물이 밖으로 빠져나가는 것을 막아 사막에서 살기에 좋습니다.

> 채점 tip 굵은 줄기에 물을 저장한다거나 잎이 작아 물이 빠져나가는 것을 막는다는 내용을 쓰면 정답으로 합니다.

15 극지방은 온도가 매우 낮고, 바람이 많이 부는 환경입니다. 극지방에 사는 식물은 키가 작아서 낮은 기온과 차고 강한 바람을 견딜 수 있으며, 깊은 땅속은 일 년 내내 얼어 있기 때문에 땅속 깊이 뿌리를 내리지 않습니다.

16 메스키트나무는 사막에 사는 식물입니다.

17 도꼬마리 열매의 가시 끝이 갈고리 모양으로 되어 있어 천에 걸리면 잘 떨어지지 않는 특징을 활용하여 찍찍이 테이프를 만들었습니다.

18 단풍나무 열매가 바람에 빙글빙글 돌며 날아가는 특징을 활용하여 헬리콥터의 날개, 선풍기 날개, 바람을 타고 회전하며 떨어지는 드론 등을 만들었습니다.

19 사막을 굴러다니는 회전초의 모습을 본떠 동그란 행성 탐사 로봇을 만들었습니다.

20 연잎 속으로 물이 쉽게 스며들지 않는 특징을 활용하여 천막, 방수복, 자동차 코팅제 등을 만들었습니다.

> 채점 tip 물에 젖지 않는 연잎의 특징을 활용해 방수복, 자동차 코팅제 등 방수 관련 물체를 만들었다는 내용을 쓰면 정답으로 합니다.

12쪽 **수행 평가 1회**

1 ㈎ 예 끝부분이 둥급니다. ㈏ 예 끝부분이 뾰족합니다. ㈐ 예 끝부분이 뾰족합니다. ㈑ 예 끝부분이 뾰족합니다. ㈒ 예 끝부분이 뾰족합니다. ㈓ 예 끝부분이 둥급니다.

2 (1) ㈏, ㈐, ㈑, ㈒ (2) ㈎, ㈓

3 예 분류 기준을 정할 때에는 '크다, 무겁다, 예쁘다, 아름답다' 등과 같이 사람마다 다르게 분류할 수 있는 기준은 적당하지 않습니다.

---

1 잎의 생김새를 관찰하면 잎의 끝부분이 둥근지, 뾰족한지 알 수 있습니다.

> 채점 tip 각 잎의 끝부분이 둥근지, 뾰족한지를 옳게 쓰면 정답으로 합니다.

2 ㈎, ㈓는 잎의 끝부분이 둥글고, ㈏, ㈐, ㈑는 잎의 끝부분이 뾰족합니다.

3 잎을 분류할 때 전체적인 모양, 잎의 끝 모양, 가장자리 모양, 잎맥 모양 등 생김새에 따라 분류 기준을 다양하게 정할 수 있습니다. 하지만 '크다, 무겁다, 예쁘다, 아름답다'와 같이 사람마다 다르게 분류할 수 있는 기준은 적당하지 않습니다.

> 채점 tip 사람마다 다르게 분류할 수 있는 기준은 적당하지 않다고 쓰면 정답으로 합니다.

13쪽 **수행 평가 2회**

1 (1) ㈏, ㈐, ㈕ (2) ㈎, ㈒ (3) ㈑, ㈓, ㈖

2 예 잎자루에 공기주머니가 있으며, 공기주머니의 공기 때문에 물에 떠서 살 수 있습니다.

3 예 햇빛이 강합니다. 비가 적게 오고 건조합니다. 낮과 밤의 온도 차가 큽니다. 대부분 모래로 이루어져 있습니다. 모래바람이 많이 붑니다.

1 식물이 사는 환경에 따라 식물을 분류할 수 있습니다. 소나무, 강아지풀, 토끼풀은 들이나 산에 사는 식물입니다. 수련, 부레옥잠은 강이나 연못에 사는 식물이며, 금호선인장, 용설란, 바오바브나무는 사막에 사는 식물입니다.

2 부레옥잠은 물에 떠서 사는 식물입니다. 부레옥잠이 물에 떠서 살 수 있는 까닭은 잎자루에 있는 공기주머니의 공기 때문입니다.

> 채점 tip 잎자루에 공기주머니가 있어 물에 떠서 살 수 있다는 내용을 쓰면 정답으로 합니다.

3 바오바브나무는 사막에 사는 식물입니다. 사막의 환경은 비가 적게 오고 건조하여 물이 적으며, 낮과 밤의 온도 차가 큽니다. 햇빛이 강하고, 모래로 이루어져 있어 모래바람이 붑니다.

> 채점 tip 사막의 특징을 두 가지 쓰면 정답으로 합니다.

2. 물의 상태 변화

14쪽   묻고 답하기 ❶회

1 얼음   2 물의 상태 변화   3 늘어납니다.   4 증발
5 온도가 높을 때   6 낮아집니다.   7 물   8 응결
9 구름   10 수증기

15쪽   묻고 답하기 ❷회

1 수증기   2 변하지 않습니다.   3 수증기   4 펼쳐
놓은 물휴지   5 끓음   6 끓음   7 수증기   8 물(물
방울)   9 이슬   10 얼음

16쪽~19쪽   단원 평가 기출

1 ③   2 은희   3 ㉡   4 ㉎ 얼음의 높이는 처음 측
정한 물의 높이보다 높아지고, 무게는 변화가 없습
니다.   5 (2) ○   6 ㉎ 물이 얼면서 부피가 늘어나
기 때문입니다.   7 ④   8 ㉠ 수증기 ㉡ 증발   9 ㉢
10 ⑤   11 ㉢   12 ④   13 미나   14 (1) ○
15 ㉎ 액체인 물이 기체인 수증기로 상태가 변합니다.
16 ③   17 응결   18 ③, ④   19 (1) (나), (다)
(2) (가), (라)   20 ㉎ 집 안이 건조할 때 가습기를 이용
합니다. 스팀 청소기로 바닥을 닦습니다.

1 얼음은 고체 상태로, 모양이 일정하고 단단합니다.
손으로 만져보면 차갑고, 잡을 수 있습니다. 물은
액체 상태로, 모양이 일정하지 않고 흐르며 손으로
잡을 수 없습니다. 수증기는 기체 상태로, 우리 눈
에 보이지 않습니다.

2 겨울에 내리는 눈은 고체 상태의 얼음입니다. 목이
마를 때 마시는 물은 액체 상태의 물입니다. 얼음은
물이 되고, 물은 얼음이 되기도 합니다.

3 물이 얼기 전의 높이와 얼고 난 후의 높이를 비교하
여 부피 변화를 알 수 있습니다.

4 물이 얼어 얼음이 되면 부피는 늘어나지만 무게는
변하지 않습니다.

   채점 tip 얼음의 높이는 높아지고, 무게는 변화가 없다고 쓰면 정
   답으로 합니다.

5 얼음이 녹아 물이 되면 부피는 줄어들지만 무게는
변하지 않습니다.

6 물이 얼어 얼음이 되면 부피가 늘어납니다.

   채점 tip 물이 얼면서 부피가 늘어나기 때문이라는 내용을 쓰면
   정답으로 합니다.

7 얼린 생수병을 녹이면 볼록했던 생수병이 줄어드는
것은 얼음이 녹아 부피가 줄어들기 때문에 나타나
는 현상입니다.

8 비커의 물이 줄어든 것은 물이 수증기로 변해 공기
중으로 날아갔기 때문입니다. 이처럼 물이 표면에서
수증기로 상태가 변하는 현상을 증발이라고 합니다.

9 고드름이 녹는 것은 얼음이 녹아 물이 되는 경우이고,
강물이 어는 것은 물이 얼어 얼음이 되는 경우입니다.

10 빨래를 햇볕에 널어 말리는 것, 오징어를 햇볕에 널
어 말리는 것 등은 액체인 물이 기체인 수증기로 상
태가 변하는 증발 현상을 이용한 예입니다.

11 공기와의 접촉면이 넓을수록 증발이 잘 일어나기
때문에 펼쳐서 놓아둔 물휴지가 작게 접어 둔 물휴
지보다 빨리 마릅니다.

12 물을 계속 가열하면 물속에서 기포가 생깁니다. 이
기포는 물이 수증기로 변한 것입니다.

13 물을 가열하여 끓이면 물이 수증기로 상태가 변해 공
기 중으로 날아가기 때문에 물의 양이 줄어듭니다.

14 증발은 물의 양이 매우 천천히 줄어들지만, 끓음은
물의 양이 빠르게 줄어듭니다.

15 증발과 끓음은 액체인 물이 기체인 수증기로 상태
가 변하는 현상입니다.

   채점 tip 액체인 물이 기체인 수증기로 상태가 변한다는 내용을
   쓰면 정답으로 합니다.

16 컵 표면에 맺힌 물방울은 공기 중의 수증기가 차가운
컵 표면에 닿아 액체인 물로 상태가 변한 것이기 때문
에 색깔과 맛이 없고, 처음보다 무게가 늘어납니다.

17 기체인 수증기가 차가운 물체의 표면에 닿으면 액체
인 물로 상태가 변하는 현상을 응결이라고 합니다.

18 응결과 관련된 현상은 맑은 날 아침 풀잎에 맺힌 이
슬과 추운 날 유리창 안쪽에 맺힌 물방울입니다.

19 음식을 찌거나 스팀다리미로 옷의 주름을 펼 때는
물이 수증기로 상태가 변하는 것을 이용합니다. 이
글루를 만들거나 스키장에서 인공 눈을 만들 때는
물이 얼음으로 상태가 변하는 것을 이용합니다.

20 가습기를 이용하거나 스팀 청소기로 바닥을 닦는 것
은 물이 수증기로 변하는 현상을 이용한 경우입니다.

   채점 tip 가습기, 스팀 청소기 등 물이 수증기로 변하는 현상을 이
   용한 경우를 쓰면 정답으로 합니다.

1 재준 2 예 손에 묻은 물은 수증기가 되어 공기 중으로 날아갑니다. 3 ① 4 부피 5 ㉠ 줄어들고 ㉡ 변하지 않는다 6 ②, ④ 7 기준 8 ㉢

9 예 화장지의 물이 수증기로 변해 공기 중으로 날아갔기 때문입니다. 10 (1) × (2) × (3) ○

11 ㉡ 12 ② 13 예 찌개를 끓입니다. 국수를 삶습니다. 보리차를 끓입니다. 달걀을 삶습니다.

14 ① 15 (1) 구름 (2) 이슬 (3) 안개 16 ㉠

17 ④ 18 예 국이 끓으면서 액체인 물이 기체인 수증기로 상태가 변합니다. 이때 만들어진 수증기가 냄비 뚜껑 안쪽에 닿아 응결하여 물방울로 맺힙니다.

19 ② 20 ④

1 물은 액체 상태로, 모양이 일정하지 않고 흐르며 손으로 잡을 수 없습니다.

2 손에 묻은 물은 시간이 지나면서 눈에 보이지 않습니다. 이것은 물이 수증기로 변해 공기 중으로 날아갔기 때문입니다.

채점 tip 수증기가 되어 공기 중으로 날아간다고 쓰면 정답으로 합니다.

3 물이 얼어 얼음이 되면 무게는 변하지 않지만, 부피는 커집니다. ㉠과 ㉡의 무게는 같고, ㉠보다 ㉡의 부피가 더 큽니다.

4 액체인 물이 얼어 고체인 얼음으로 상태가 변할 때 부피가 늘어나기 때문에 물이 가득 담긴 유리병을 냉동실에 넣으면 유리병이 깨질 수 있습니다.

5 얼음이 녹아 물이 되면 부피는 줄어들지만 무게는 변하지 않습니다.

6 물이 얼면 부피가 늘어나기 때문에 시험관에 같은 높이로 들어 있는 물과 얼음의 무게를 비교하면 물이 얼음보다 무겁습니다. ㉡의 얼음이 녹아 물이 되면 부피가 줄어들기 때문에 물의 높이가 낮아집니다.

7 얼음이 녹아 물이 되면 무게는 변하지 않습니다.

8 물에 젖은 화장지는 시간이 지나면서 물기가 거의 없어지고, 바짝 마르게 됩니다.

9 화장지의 물이 마르는 것은 화장지의 물이 수증기로 변해 공기 중으로 날아갔기 때문입니다.

채점 tip 물이 수증기가 되어 공기 중으로 날아갔기 때문이라고 쓰면 정답으로 합니다.

10 증발은 액체인 물이 기체인 수증기로 상태가 변하는 현상이며, 겨울에 수도 계량기가 터지는 것은 물이 얼어 얼음이 되면 부피가 늘어나기 때문에 나타나는 현상입니다. 공기 중에 있는 수증기의 양이 적을수록(건조할수록) 증발이 잘 일어납니다.

11 물을 가열하여 끓이면 물의 양이 줄어들기 때문에 물의 높이가 낮아집니다.

12 물이 끓을 때 물속에서 큰 기포가 계속 생겨나고, 기포가 물 표면으로 올라와 터지면서 물 표면이 울퉁불퉁해집니다. 이 기포는 액체인 물이 기체인 수증기로 변한 것입니다.

13 찌개를 끓일 때, 국수를 삶을 때, 보리차를 끓일 때, 달걀을 삶을 때 등은 끓음과 관련된 예입니다.

채점 tip 일상생활에서 물을 가열하여 끓음을 이용하는 경우를 쓰면 정답으로 합니다.

14 증발은 물의 표면에서 물이 수증기로 변하고, 끓음은 물의 표면과 물속에서 물이 수증기로 변합니다. 증발은 물의 양이 매우 천천히 줄어들지만, 끓음은 물의 양이 빠르게 줄어듭니다.

15 이슬, 안개, 구름은 모두 수증기가 응결해 만들어집니다.

16 시간이 지나면서 컵 표면에 물방울이 맺힙니다. 이것은 공기 중의 수증기가 차가운 컵 표면에 닿아 응결한 것입니다.

17 공기 중의 수증기가 차가운 컵 표면에 닿아 응결하여 물방울로 맺히기 때문에 처음 무게보다 나중 무게가 표면에 맺힌 물방울 무게만큼 늘어납니다. 응결 실험을 할 때 0.1g 단위까지 측정할 수 있는 전자저울을 사용해야 무게 변화를 확인할 수 있을 정도로 무게가 조금 늘어납니다.

18 국이 끓을 때 만들어진 수증기가 냄비 뚜껑 안쪽에서 응결한 것입니다.

채점 tip 물이 끓어 수증기로 변한 것과 수증기가 응결하여 물방울로 맺힌 것을 모두 쓰면 정답으로 합니다.

19 ①, ③, ④는 액체인 물이 기체인 수증기로 변하는 현상을 이용한 경우이고, ②는 액체인 물이 고체인 얼음으로 변하는 현상을 이용한 경우입니다.

20 스팀다리미에 물을 넣으면 다리미의 열판이 뜨거워지면서 물이 수증기로 변합니다. 이때 수증기가 옷감 사이에 스며들면서 구겨진 옷이 펴집니다.

24쪽 수행 평가 ①회

1 예 얼음이 녹아 물이 되면 부피는 줄어들고, 무게는 변화가 없습니다.
2 예 얼린 생수병을 녹이면 볼록했던 생수병이 줄어듭니다. 튜브형 얼음과자가 녹으면 튜브 안에 빈 공간이 생깁니다. 얼음 틀 위로 튀어나와 있던 얼음이 녹아 물이 되면 높이가 낮아집니다.

1 얼음이 녹아 물이 될 때 물의 높이가 낮아진 것으로 보아 부피가 줄어든 것을 알 수 있습니다. 얼음이 녹기 전과 녹은 후의 무게는 변화가 없습니다.

채점 tip 얼음이 녹아 물이 되면 부피는 줄어들고, 무게는 변화가 없다는 내용을 쓰면 정답으로 합니다.

2 얼음이 녹아 물이 되면 부피가 줄어듭니다. 얼린 생수병을 녹이면 볼록했던 생수병이 줄어들고, 튜브형 얼음과자가 녹으면 빈 공간이 생기는 것 등은 얼음이 녹아 부피가 줄어드는 예입니다.

채점 tip 얼음이 녹아 부피가 줄어드는 예를 쓰면 정답으로 합니다.

25쪽 수행 평가 ②회

1 (가) 액체인 물이 고체인 얼음으로 변하는 상태 변화
(나) 액체인 물이 기체인 수증기로 변하는 상태 변화
(다) 액체인 물이 기체인 수증기로 변하는 상태 변화
(라) 액체인 물이 고체인 얼음으로 변하는 상태 변화
2 예 얼음 조각과 얼음 조각 사이에 물을 뿌리면 물이 얼면서 얼음 조각이 붙습니다. 이것은 액체인 물이 고체인 얼음으로 상태가 변하는 현상을 이용한 것입니다.

1 스키장에서 인공 눈을 만들거나 얼음 스케이트장을 만들 때는 액체인 물이 고체인 얼음으로 변하는 상태 변화를 이용합니다. 스팀다리미로 옷을 다리거나 가습기를 이용할 때는 액체인 물이 기체인 수증기로 변하는 상태 변화를 이용합니다.

2 얼음 작품을 만들 때 얼음 조각과 얼음 조각 사이에 물을 뿌리면 물이 얼면서 얼음 조각이 붙는 현상을 이용합니다.

채점 tip 얼음 조각과 얼음 조각 사이에 물을 뿌리면 물이 얼어 얼음 조각이 붙는다는 내용을 쓰면 정답으로 합니다.

3. 그림자와 거울

26쪽 묻고 답하기 ①회

1 그림자 2 종이컵 그림자 3 빛의 직진 4 커집니다. 5 멀리 합니다. 6 좌우 7 8 8 빛의 반사 9 거울 10 좌우

27쪽 묻고 답하기 ②회

1 빛, 물체 2 유리컵 3 도자기 컵 4 커집니다. 5 작아집니다. 6 같습니다. 7 산 8 방향 9 거울 10 잠망경

28쪽~31쪽 단원 평가 기출

1 ④ 2 ㄴ 3 예 빛이 비치는 곳에 물체가 있으면 물체가 빛을 가려 물체 뒤쪽에 어두운 부분이 생기는데, 이것이 그림자입니다. 4 (2) ○ (3) ○ 5 가희 6 (1) 예 유리온실은 빛이 잘 들어와서 식물이 자라는데 도움을 줍니다. (2) 예 그늘막을 설치하여 햇빛을 피할 수 있도록 그늘을 만듭니다. 7 ② 8 (2) ○ 9 ④ 10 (1) ㄷ (2) ㄱ (3) ㄴ 11 ㄷ 12 ㈎ 13 ㉠ 가까이(가깝게) ㉡ 멀리(멀게) 14 ③ 15 (1) 석훈, 보영 (2) 예 거울에 비친 물체는 상하는 바뀌어 보이지 않고, 좌우만 바뀌어 보이기 때문입니다. 16 ㄷ 17 ④ 18 ① 19 잠망경 20 예 운전자가 뒤쪽에서 오는 자동차를 거울을 통해 확인할 수 있습니다.

1 물체의 그림자가 생기려면 물체를 바라보는 방향으로 빛을 비추어야 합니다.

2 손전등의 빛이 지나가는 경로에 물체가 있을 때 물체가 빛을 가려 물체의 뒤쪽에 그림자가 생깁니다.

3 빛이 닿은 부분은 밝게 보이고, 빛이 닿지 않은 부분은 어둡게 보입니다. 빛이 비치는 곳에 물체가 있으면 물체 뒤쪽에는 빛이 닿지 않아 어두운 부분이 생기는데, 이 어두운 부분이 그림자입니다.

채점 tip [보기]의 용어를 모두 사용하여 그림자가 생기는 원리를 설명하였으면 정답으로 합니다.

4 유리컵에 빛을 비추면 연한 그림자가 생기고, 도자기 컵에 빛을 비추면 진한 그림자가 생깁니다.

5 유리컵은 투명한 물체이고, 도자기 컵은 불투명한 물체입니다.

6 투명한 물체를 이용하는 경우에는 유리온실, 유리창 등이 있습니다. 불투명한 물체를 이용하는 경우에는 그늘막, 커튼, 색안경 등이 있습니다.

채점 tip 투명한 물체를 이용하는 경우와 불투명한 물체를 이용하는 경우를 한 가지씩 모두 옳게 쓰면 정답으로 합니다.

7 빛이 곧게 나아가다가 물체를 만나면 빛이 통과하지 못하는 부분에 그림자가 생기기 때문에 물체의 모양과 비슷한 모양의 그림자가 생깁니다.

8 같은 물체라도 빛을 비추는 방향이 달라지면 그림자의 모양이 달라지는 것을 알아보는 실험입니다.

9 ② 그림자는 둥근 기둥 모양 블록을 스크린 쪽이나 손전등 쪽으로 약간 기울이면 만들 수 있습니다.

10 컵이 놓인 방향이 달라지면 컵이 빛을 가리는 모양도 달라져 그림자의 모양이 달라집니다.

11 스크린과 종이 인형은 그대로 두고 손전등의 위치를 이동시키며 그림자의 크기 변화를 알아봅니다.

12 스크린과 종이 인형은 그대로 두고 손전등을 종이 인형에 가까이 하면 그림자의 크기가 커집니다.

13 물체와 스크린은 그대로 두고 손전등을 물체에 가까이 하면 물체의 그림자 크기가 커지고, 손전등을 물체에서 멀리 하면 물체의 그림자 크기가 작아집니다.

14 손전등과 스크린은 그대로 두고 종이 인형을 손전등에 가까이 하면 그림자의 크기가 커집니다.

15 거울에 비친 물체의 색깔은 실제 물체의 색깔과 같고, 좌우는 바뀌어 보입니다.

채점 tip 석훈, 보영 이름을 쓰고, 거울에 비친 물체는 상하는 바뀌어 보이지 않고, 좌우만 바뀌어 보인다고 쓰면 정답으로 합니다.

16 글자를 거울에 비춰 보면 좌우가 바뀌어 보이기 때문에 거울에 비친 글자가 바르게 보이려면 좌우가 바뀐 글자 카드여야 합니다.

17 거울을 향한 주사위의 점의 개수와 거울에 비친 점의 개수가 같습니다.

18 거울은 빛을 반사하기 때문에 치과에서 거울을 이용해 잘 보이지 않는 치아의 안쪽면을 볼 수 있습니다.

19 잠망경은 두 개의 거울을 이용해 눈으로 직접 볼 수 없는 곳의 물체를 볼 수 있게 해 주는 도구입니다.

20 자동차의 뒷거울과 옆 거울을 통해 운전자가 뒤쪽에서 오는 자동차를 볼 수 있습니다.

채점 tip 운전자가 뒤쪽에서 오는 자동차를 볼 수 있다는 내용을 쓰면 정답으로 합니다.

32쪽 ~ 35쪽 단원 평가 실전

1 ② 2 ⑵ ○ 3 ③ 4 예 ㈎ 그림자는 진하고, ㈏ 그림자는 연합니다. 5 ㉢ 6 예 불투명한 물체로 빛을 가려 그림자가 생기는 것을 이용한 것입니다. 7 ③ 8 ● 9 ② 10 유라 11 ㉣ 12 예 ㈎ 종이 인형을 손전등에 가까이 합니다. 13 물체, 손전등, 스크린 14 ③, ④ 15 왼손 16 ② 17 빛의 반사 18 소유주 19 예 복도의 굽은 곳에 거울을 사용하여 ㉠에서 온 빛의 방향을 바꾸어 ㉡으로 보냅니다. 20 ②

1 빛이 비치는 곳에 물체가 있으면 물체 뒤쪽에는 빛이 닿지 않아 어두운 부분이 생기는데, 이 어두운 부분이 그림자입니다. 빛이 없으면 그림자가 생기지 않습니다.

2 손전등 – 공 – 스크린 순서로 놓았을 때 공의 그림자가 생깁니다.

3 안경알 부분은 투명해서 빛이 대부분 통과하므로 연한 그림자가 생기고, 안경테 부분은 불투명해서 빛이 통과하지 못하므로 진한 그림자가 생깁니다.

4 손전등 빛이 두꺼운 종이는 통과하지 못하고, 투명 필름은 대부분 통과하므로 투명 필름의 그림자가 두꺼운 종이의 그림자보다 더 연합니다.

채점 tip ㈎ 그림자는 진하고, ㈏ 그림자는 연하다는 내용을 쓰면 정답으로 합니다.

5 종이컵, 도자기 컵, 금속컵은 불투명한 물체로, 진한 그림자가 생깁니다. 유리컵은 투명한 물체로, 연한 그림자가 생깁니다.

6 커튼, 모자, 색안경은 불투명한 물체가 빛을 통과시키지 못해 그림자가 생기는 것을 이용한 예입니다.

채점 tip 불투명하기 때문에 빛을 가린다는 내용을 쓰면 정답으로 합니다.

7 햇빛이 유리컵을 대부분 통과해 연한 그림자가 생겼다가 우유를 부으면 우유가 채워진 부분을 햇빛이 통과하지 못해 아래쪽부터 진한 그림자가 생깁니다.

8 공의 방향을 바꾸어도 공에 빛이 닿은 모양이 변하지 않기 때문에 그림자의 모양은 원 모양입니다.

9 같은 물체라도 물체를 놓는 방향에 따라 그림자의 모양이 달라지기도 합니다. ② 꼬깔모자는 물체의 방향을 바꾸어도 사각형 그림자는 만들 수 없습니다.

10 물체에 빛을 비추었을 때 물체의 모양과 비슷한 모양의 그림자가 생기는 까닭은 직진하는 빛이 물체를 통과하지 못하기 때문입니다. 같은 물체라도 물체를 놓는 방향이나 빛을 비추는 방향에 따라 그림자의 모양이 달라지기도 합니다.

11 스크린과 손전등을 그대로 두었을 때 그림자의 크기를 작게 하려면 종이 인형을 손전등에서 멀게 합니다. 스크린과 종이 인형을 그대로 두었을 때 그림자의 크기를 작게 하려면 손전등을 종이 인형에서 멀게 합니다.

12 ㈎ 종이 인형의 그림자 크기만 커지게 해야 하기 때문에 손전등이나 스크린은 그대로 두고, ㈎ 종이 인형만 움직여서 그림자 크기를 조절해야 합니다. ㈎ 종이 인형을 손전등에 가까이 하면 ㈎ 종이 인형의 그림자 크기만 커집니다.

채점 tip ㈎ 종이 인형을 손전등에 가까이 한다는 내용을 쓰면 정답으로 합니다.

13 그림자 크기를 변화시키려면 물체의 위치 또는 손전등의 위치 또는 스크린의 위치를 조절합니다.

14 빛이 나아가다가 거울에 부딪치면 거울에서 빛의 방향이 바뀌어 다시 나아갑니다. 거울은 빛의 반사를 이용해 물체의 모습을 비추는 도구입니다.

15 물체를 거울에 비추어 보면 물체의 좌우가 바뀌어 보이기 때문에 오른손을 비추어 보면 왼손처럼 보입니다.

16 글자의 좌우를 바꾸어 쓴 글자 카드의 앞에 거울을 세워 비춰 보면 글자 카드를 쉽게 읽을 수 있습니다.

17 빛이 나아가다가 거울에 부딪치면 거울에서 빛의 방향이 바뀌어 나오는데, 이러한 빛의 성질을 빛의 반사라고 합니다.

18 글자 카드를 거울에 비추어 보면 실제 글자의 좌우가 바뀌어 보입니다.

19 빛이 직진하다가 거울에 부딪치면 거울에서 빛의 방향이 바뀌어 다시 직진하는 성질이 있기 때문에 복도의 굽은 곳에 거울을 놓아 빛의 방향을 바꾸면 친구에게 빛을 보낼 수 있습니다.

채점 tip 굽은 곳에서 거울에서의 빛의 반사를 이용한다는 내용을 쓰면 정답으로 합니다.

20 거울은 우리 생활에서 흔히 사용하는 생활용품입니다. 작은 개미의 모습을 자세히 관찰할 때는 돋보기 등을 사용합니다.

36쪽 **수행 평가 ①회**

1 ㈐

2 ㈎ 빛은 직진하기 때문에 물체 뒤쪽에 생기는 그림자의 모양은 물체와 비슷한 모양이 됩니다.

3 ㈎ 컵을 돌려 방향을 바꾸면서 빛을 비추면 여러 가지 모양의 그림자를 만들 수 있습니다.

1 삼각형 모양의 그림자를 만들 수 있는 물체는 꼬깔모자입니다.

2 물체에 빛을 비추면 물체가 빛 일부를 가려서 빛이 도달하지 못하는 곳에 그림자가 생깁니다. 빛은 직진하기 때문에 물체 뒤쪽에 생기는 그림자의 모양은 물체와 비슷한 모양이 됩니다.

채점 tip 빛이 직진하기 때문이라는 내용을 쓰면 정답으로 합니다.

3 같은 물체라도 물체를 놓는 방향이나 빛을 비추는 방향에 따라 그림자의 모양이 달라지기도 합니다.

채점 tip 컵의 방향을 바꾸거나 빛을 비추는 방향을 바꾸어 그림자를 만든다고 쓰면 정답으로 합니다.

37쪽 **수행 평가 ②회**

1 2

2

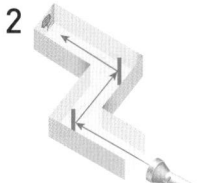

3 ㈎ 빛은 나아가다가 거울에 부딪치면 거울에서 빛의 방향이 바뀌기 때문에 거울을 이용해 빛을 꽃에 보낼 수 있습니다. 이러한 성질을 빛의 반사라고 합니다.

1 손전등 빛이 종이 상자 입구에서 꽃까지 가려면 빛의 방향이 두 번 바뀌어야 하기 때문에 거울은 최소한 2개가 필요합니다.

2 빛의 방향이 바뀌어야 하는 위치에 거울을 놓아야 하고, 빛은 거울에 부딪쳐서 빛이 나아가는 방향이 바뀝니다.

3 빛이 거울에 부딪치면 거울에서 빛의 방향이 바뀌는 것을 이용해 빛을 원하는 곳으로 보낼 수 있습니다.

채점 tip 빛은 거울에 부딪치면 거울에서 빛의 방향이 바뀐다는 내용을 쓰면 정답으로 합니다.

BOOK ❷ 평가북

3 단원

4. 화산과 지진

묻고 답하기 ①회

1 화산　2 화산 분출물　3 용암　4 화강암　5 화산재　6 지진　7 지진　8 강한 지진　9 머리(와 몸)　10 계단

묻고 답하기 ②회

1 다양합니다.　2 기체 상태　3 화성암　4 현무암　5 예 온천, 지열 발전　6 지구 내부의 힘　7 예 우드록이 휘어지다 끊어집니다.　8 규모 3.2 지진　9 예 비상용품, 구급약품, 라디오, 손전등 등　10 높은 곳

단원 평가 기출

1 ④　2 (1) ㉢ (2) 예 마그마가 분출하지 않았기 때문입니다. 분화구가 없기 때문입니다.　3 ㉠ 용암 ㉡ 분화구　4 ㉢, 용암　5 ⑤　6 예 화산 암석 조각은 화산이 분출할 때 나오는 크고 작은 돌덩이로 크기가 다양하며, 고체 상태의 화산 분출물입니다.　7 ㉢ → ㉠ → ㉡　8 ㉠　9 (1) ㉡ (2) ㉢ (3) ㉠　10 ①　11 (1) ㉠ (2) 현무암　12 (1) ㉡ (2) 예 암석의 색깔이 대체로 밝으며 검은색 알갱이와 반짝이는 알갱이 등 여러 가지 색깔의 알갱이가 섞여 있는 것으로 보아, 화강암이기 때문입니다.　13 ②　14 ④　15 ㉢　16 ㉠ 짧은 ㉡ 오랜　17 ④　18 예 규모는 지진의 세기를 나타내며, 규모의 숫자가 클수록 강한 지진을 의미합니다.　19 ③　20 (1) ◯ (2) ◯ (3) ✕

1 화산은 마그마가 분출하여 생긴 지형으로, 용암이나 화산재가 쌓여 주변 지형보다 높으며 꼭대기에 분화구가 있는 것도 있습니다. 화산이 아닌 산은 마그마가 분출하지 않았으며 분화구가 없습니다.

2 화산이 아닌 산은 마그마가 분출하지 않았으며 분화구가 없습니다. ㉠ 후지산과 ㉡ 킬라우에아산은 화산이고, ㉢ 설악산은 화산이 아닙니다.

　채점 tip (1)에 ㉢을 옳게 고르고, (2)에 마그마가 분출하지 않았다고 쓰거나 분화구가 없다는 내용을 썼으면 정답으로 합니다.

3 화산에는 용암이 분출한 분화구가 있는 것이 있으며, 이 분화구에 물이 고여 호수가 만들어진 것도 있습니다.

4 ㉠과 ㉡은 각각 고체 상태인 화산재와 화산 암석 조각, ㉢은 액체 상태인 용암을 나타낸 것입니다.

5 ㉠은 화산재로, 지름이 2 mm 이하로 매우 작은 고체 상태의 화산 분출물입니다.

6 ㉡ 화산 암석 조각은 크기가 매우 다양한 고체 상태의 화산 분출물입니다.

　채점 tip 크기가 다양하다는 내용을 포함하여 화산 암석 조각의 특징을 옳게 쓰면 정답으로 합니다.

7 화산 활동 모형을 꾸민 뒤 가열 장치로 가열하면 화산 모형 윗부분에서 연기가 피어오르고, 녹은 마시멜로가 화산 모형의 윗부분으로 흘러나오며 흘러나온 마시멜로는 시간이 지나면서 식어서 굳습니다.

8 녹은 마시멜로가 흘러나오는 모습은 실제 화산 활동에서 용암이 흐르는 모습과 비슷합니다.

9 화산 활동 모형실험에서 나오는 연기는 실제 화산 활동의 화산 가스, 굳은 마시멜로는 화산 암석 조각, 흘러나오는 마시멜로는 용암과 비교할 수 있습니다.

10 현무암은 마그마가 지표 가까이에서 빨리 식어서 만들어졌고, 색깔이 어두우며 암석을 이루는 알갱이의 크기가 매우 작습니다. 화강암은 마그마가 땅속 깊은 곳에서 천천히 식어서 만들어졌고 대체로 색깔이 밝으며, 암석을 이루는 알갱이의 크기가 큽니다.

11 지표 가까이에서 빨리 식어 만들어지는 현무암은 색깔이 어둡고 표면에 구멍이 있는 것도 있습니다.

12 화강암은 마그마가 땅속 깊은 곳에서 천천히 식어 만들어지는 암석으로, 대체로 색깔이 밝으며 검은색 알갱이와 반짝이는 알갱이 등 여러 가지 색깔의 알갱이가 섞여 있습니다.

　채점 tip (1)에 ㉡을 쓰고, (2)에 암석의 겉모습으로 보아 화강암임을 알 수 있기 때문이라는 내용을 포함하여 모두 옳게 쓰면 정답으로 합니다.

13 용암이 흘러 산불을 발생시키고, 마을을 덮어 피해를 줄 수 있습니다.

14 화산 활동이 주는 이로움에는 온천이나 화산 지형을 활용한 관광 자원, 화산 주변 땅속의 높은 열을 이용한 지열 발전 등이 있습니다. 꽃놀이는 화산 활동과 관련이 없습니다.

15 우드록이 끊어질 때의 떨림은 땅(지층)이 끊어지면서 흔들리는 실제 지진에 비교할 수 있습니다.

16 지진 발생 모형실험에서는 작은 힘이 짧은 시간 동안 작용하여도 우드록이 끊어지지만, 실제 지진은 지구 내부에서 작용하는 힘이 오랜 시간 동안 작용하여 발생한다는 차이점이 있습니다.

17 지진의 피해 사례에 대해 조사할 내용에는 지진의 규모, 지진 발생 위치, 지진 발생 날짜, 지진으로 인한 피해 정도 등이 있습니다.

18 규모는 지진의 세기를 숫자로 나타내며, 규모의 숫자가 클수록 강한 지진입니다.

> **채점 tip** 규모는 지진의 세기를 나타내며 규모의 숫자가 클수록 강한 지진이라는 내용으로 옳게 쓰면 정답으로 합니다.

19 학교에 있을 때 지진이 발생하면 넘어지기 쉬운 책장 옆을 피하고, 책상 아래로 들어가 머리와 몸을 보호합니다. 집 안에서는 밖으로 나갈 수 있게 문을 열어 두고 전기와 가스를 차단하여 화재를 예방합니다. 지진으로 흔들리는 동안에는 머리와 몸을 보호하고 흔들림이 멈출 때까지 기다리며, 흔들림이 멈추면 계단을 이용하여 신속하게 대피합니다.

20 지진이 발생한 후에는 다친 사람을 살피고 구조 요청을 합니다. 지진 정보를 확인하고 정보에 따라 행동하며, 주변에 위험한 곳이 있는지 확인해 두는 것이 좋습니다. 지진으로 인해 화재가 발생한 곳을 발견하면 화재 신고를 합니다.

44쪽~47쪽 **단원 평가** 실전

1 마그마 **2** ⑤ **3** ② **4** ㉠ **5** (1) ㉢ (2) 기체
6 현무암 **7** 예 마그마가 지표 가까이에서 빨리 식어서 만들어지기 때문입니다. **8** ㉠ 천천히 ㉡ 크다 **9** ㉡ **10** (1) ㉠, ㉡ (2) ㉢, ㉣ **11** 예 화산 활동으로 만들어진 온천과 화산 지형을 관광 자원으로 활용한 것입니다. **12** 땅(지층) **13** 규연 **14** ①
15 ⑤ **16** ①, ④ **17** ㉢ **18** (3) ○ **19** 예 책상 아래로 들어가 머리와 몸을 보호합니다. **20** ㉣

---

1 땅속 깊은 곳에서 암석이 녹은 것을 마그마라고 하며, 마그마가 지표 밖으로 분출하여 생긴 지형을 화산이라고 합니다.

2 ㉠과 ㉡은 모두 꼭대기 부분에 마그마가 분출한 분화구가 있는 화산입니다.

3 모형 윗부분에서 피어오르는 연기 ㉠은 화산 가스, 흘러나오는 마시멜로 ㉡은 용암, 식어서 굳은 마시멜로 ㉢은 화산 암석 조각에 해당합니다.

4 용암은 마그마에서 화산 가스 등의 기체가 빠져나간 것으로, 액체 상태의 화산 분출물입니다. ㉡ 화산재와 ㉣ 화산 암석 조각은 고체 상태, ㉢ 화산 가스는 기체 상태의 화산 분출물입니다.

5 화산 가스는 대부분 수증기이며, 여러 가지 기체가 포함되어 있는 기체 상태의 화산 분출물입니다.

6 현무암은 암석을 이루는 알갱이의 크기가 매우 작고 색깔이 어둡습니다. 현무암 표면의 구멍은 마그마가 식을 때 화산 가스가 빠져나가면서 생긴 것입니다.

7 현무암은 마그마가 지표 가까운 곳에서 빨리 식어 굳어져서 알갱이의 크기가 작습니다.

> **채점 tip** 마그마가 지표 가까이에서 빨리 식어서 만들어져 알갱이의 크기가 작다는 내용을 쓰면 정답으로 합니다.

8 화강암은 마그마가 땅속 깊은 곳에서 천천히 식어 굳어져서 만들어지기 때문에 암석을 이루는 알갱이의 크기가 큽니다.

9 화강암은 비석, 컬링 스톤 등을 만들 때 쓰이며 석굴암과 불국사 돌계단을 만드는 데에도 이용되었습니다. ㉠ 맷돌과 ㉣ 돌하르방은 현무암을 이용했습니다.

▲ 컬링 스톤　　　▲ 불국사 돌계단

10 화산 활동은 우리 생활에 피해를 주기도 하지만 이로움도 줍니다.

11 화산 활동으로 만들어진 온천과 화산 지형을 관광 자원으로 활용할 수 있습니다.

> **채점 tip** 화산 활동이 주는 이로움, 관광 자원 등의 단어를 포함하여 옳게 썼으면 정답으로 합니다.

12 지진 발생 모형실험과 실제 지진을 비교했을 때 우드록은 땅(지층), 양손으로 미는 힘은 지구 내부에서 작용하는 힘, 우드록이 끊어질 때의 떨림은 지진에 해당합니다.

13 ㉠은 땅에 지구 내부의 힘이 작용하여 휘어진 모습을 나타내고, ㉡은 땅이 끊어져 흔들리는 지진이 발생한 모습을 나타냅니다.

14 지진 발생 모형실험에서 우드록이 끊어질 때 느껴지는 떨림은 땅이 끊어지면서 흔들리는 떨림과 비교할 수 있습니다. 즉, 실험을 통해 지진이 발생할 때 땅이 흔들린다는 것을 알 수 있습니다.

15 우리나라에서도 규모 5.0 이상의 강한 지진이 발생하고 있으므로, 지진에 안전한 지역이라고 할 수 없습니다.

▲ 경상북도 포항의 지진 피해　　▲ 경상북도 경주의 지진 피해

16 지진은 땅(지층)이 끊어지면서 흔들리는 것으로 지표의 약한 부분이나 지하 동굴이 무너질 때, 화산 활동이 일어날 때 발생하기도 합니다. 지진의 세기를 나타내는 규모의 숫자가 클수록 강한 지진이며, 같은 규모의 지진이 발생해도 지진에 대비한 정도, 지진 경보 시기, 도시화 정도 등에 따라 피해 정도가 달라집니다.

17 지진이 발생하기 전에는 비상용품, 구급약품 등을 준비하고, 주변의 안전을 미리 점검하여 흔들리기 쉬운 물건을 고정합니다.

18 지진이 발생했을 때에는 전기와 가스를 차단하여 화재를 예방합니다.

19 지진이 발생했을 때에는 몸과 머리를 가장 먼저 보호하도록 합니다.

채점 tip '책상 아래로 들어가 머리와 몸을 보호한다.', '선생님의 지시에 따라서 행동한다.' 등 대처 방법을 한 가지 옳게 쓰면 정답으로 합니다.

20 마트에 있을 때 지진이 발생할 경우에는 넘어지거나 떨어질 것으로부터 멀리 떨어져서 머리와 몸을 보호하며 이동해야 합니다.

48쪽 **수행 평가 ①회**

1 (1) ㉡ (2) 화강암 (3) ㉠ (4) 현무암
2 (1) ＞ (2) 예 화강암은 마그마가 땅속 깊은 곳(㉡)에서 천천히 식어 굳어져서 알갱이의 크기가 크고, 현무암은 마그마가 지표 가까운 곳(㉠)에서 빨리 식어 굳어져서 알갱이의 크기가 작습니다.
3 (2) ○

1 땅속 깊은 곳(㉡)에서는 화강암이 만들어지고 지표 가까이(㉠)에서는 현무암이 만들어집니다.

2 화강암을 이루는 알갱이의 크기가 현무암을 이루는 알갱이의 크기보다 더 큽니다.

채점 tip (1)에 ＞를 쓰고, (2)에 화강암은 마그마가 땅속 깊은 곳(㉡)에서 천천히 식어 굳어져서 알갱이의 크기가 크고, 현무암은 마그마가 지표 가까운 곳(㉠)에서 빨리 식어 굳어져서 알갱이의 크기가 작다는 내용으로 모두 옳게 쓰면 정답으로 합니다.

3 석굴암은 경주시 토함산에 있는 석굴로, 우리나라의 보물로 지정되어 있으며 화강암으로 만들어졌습니다.

49쪽 **수행 평가 ②회**

1 규모 9.0
2 (1) ㉠ (2) 예 바닷가에서는 지진 해일이 일어날 수 있으므로 주변의 가장 높은 곳으로 대피해야 합니다.
3 예 지진이 발생했을 때 승강기 안에 있으면, 승강기의 모든 층의 버튼을 눌러 가장 먼저 열리는 층에서 내린 뒤 계단으로 대피합니다.

1 지진의 세기는 규모로 나타냅니다. 영화 설명에서 규모 9.0이라고 말하고 있습니다.

2 바닷가에 있을 때 지진이 발생하면 해일이 일어날 수 있으므로 높은 곳으로 대피해야 합니다.

채점 tip (1)에 ㉠을 고르고, (2)에 지진 해일이 일어날 수 있으므로 이에 대비하여 주변의 가장 높은 곳으로 대피한다는 내용을 포함하여 쓰면 정답으로 합니다.

3 승강기에 있을 때 지진이 발생하면 빠르게 승강기에서 내린 후 계단을 이용해서 대피합니다.

채점 tip 승강기의 모든 층을 눌러 가장 먼저 열리는 층에서 내려 계단으로 대피해야 한다는 내용을 포함하여 옳게 쓰면 정답으로 합니다.

5. 물의 여행

50쪽 묻고 답하기

1 ⓔ 비, 눈, 바닷물, 강물, 구름, 빙하 2 물의 순환 3 세(3) 가지 4 응결 5 수증기 6 일정합니다.(변하지 않습니다.) 7 물 8 모든 생물 9 증가했기 때문입니다. 10 줄여야 합니다.

51쪽~52쪽 단원 평가 기출

1 (2) ◯ 2 ② 3 ⓔ 물이 상태가 변하면서 육지와 바다, 공기, 생명체 등 지구 여러 곳을 끊임없이 돌고 도는 과정을 말합니다. 4 ④ 5 = 6 ④ 7 ㉢ 8 ⑤ 9 윤호 10 ①

1 지구에 있는 물은 상태가 변하면서 끊임없이 순환하지만, 지구 전체 물의 양은 변하지 않습니다.

2 땅에 내린 빗물이 증발하여 수증기로 변하고, 수증기가 하늘 높이 올라가 응결하여 구름이 됩니다.

3 물은 상태가 변하면서 끊임없이 순환합니다.
채점 tip 물의 상태가 변하면서 여러 곳을 끊임없이 돌고 도는 과정이라는 내용으로 쓰면 정답으로 합니다.

4 얼음이 모두 녹았고, 컵 안쪽 뚜껑 밑면과 컵 안쪽 벽면에 작은 물방울들이 맺혀 있습니다.

5 물의 이동 과정을 알아보는 실험 장치에서 열 전구를 켜기 전 처음 물의 양과 열 전구를 켜고 30분 후 물의 양은 같습니다.

6 물은 세수할 때, 요리할 때, 청소할 때, 음식을 신선하게 보관하기 위해 얼음을 사용할 때 등 우리 생활 곳곳에서 이용합니다.

7 우리가 입으로 마신 물은 몸속을 순환하면서 필요한 영양분을 몸 곳곳에 전달하여 생명을 유지시켜 줍니다. 또한 노폐물을 땀이나 오줌의 형태로 몸 밖으로 내보냅니다.

8 고체 상태의 물(얼음)과 액체 상태의 물, 기체 상태의 물(수증기)은 물의 상태와 상관없이 우리에게 모두 중요합니다.

9 물 부족 현상을 해결하기 위해 양치할 때 컵 사용하기, 세제를 많이 사용하지 않기, 샤워할 때 물을 계속 틀어 놓지 않으며 샤워 시간 줄이기 등을 실천할 수 있습니다.

10 와카워터는 공기 중의 수증기를 물로 모으는 장치로, 밤에 기온이 내려가면 공기 중의 수증기가 그물망에 응결하여 물방울로 맺히는 원리를 이용하였습니다.

53쪽~54쪽 단원 평가 실전

1 아민 2 ㉠ 구름 ㉡ 비 ㉢ 수증기 ㉣ 바닷물 3 ㉢ 4 ② 5 비나 눈 6 ⓔ 지퍼 백 안쪽 윗부분에 물방울이 맺히고, 물방울의 크기도 점점 커집니다. 커진 물방울이 흘러내리는 모습을 볼 수 있습니다. 7 (1) ◯ (3) ◯ 8 ③ 9 ㉢ 10 루민

1 물은 땅 위, 공기, 바다, 강이나 호수, 땅속 등 지구 곳곳에서 볼 수 있습니다.

2 물은 상태를 바꾸면서 끊임없이 이동합니다.

3 물의 상태가 변하면서 여러 곳을 끊임없이 돌고 도는 과정을 물의 순환이라고 합니다. 물이 머무르는 곳에 따라 물의 상태가 변합니다.

4 물이 증발하면 기체 상태인 수증기가 됩니다.

5 물의 순환 실험 장치에서 컵 안의 얼음이 녹아 물이 되고, 물의 일부는 증발하여 공기 중의 수증기가 됩니다. 또 식물의 뿌리에서 흡수된 물은 잎에서 수증기로 나옵니다. 컵 안의 수증기는 다시 응결하여 컵 안쪽 벽면에 작은 물방울로 맺히고, 작은 물방울이 점점 커져서 벽면을 타고 아래로 떨어지는 것을 볼 수 있습니다. 응결하여 맺힌 작은 물방울은 구름, 작은 물방울이 점점 커져서 흘러내리는 것은 비나 눈으로 생각할 수 있습니다.

6 지퍼 백에 넣은 물이 증발하여 수증기가 되고 수증기가 지퍼 백 안쪽 벽면에 응결하여 물방울로 맺힙니다. 이 물방울이 점점 커지면서 커진 물방울이 흘러내리는 것을 볼 수 있습니다.

> 채점 tip 지퍼 백 안쪽에 물방울이 맺힌다. 물방울이 흘러내린다. 등 지퍼 백을 이용한 물의 순환 과정 실험 장치에서 볼 수 있는 관찰 결과를 옳게 쓰면 정답으로 합니다.

7 흐르는 물은 지표면의 모양을 변화시킵니다. 이렇게 만들어진 다양한 지형을 관광 자원으로 이용할 수도 있습니다.

8 ① 물은 공장에서 물건을 만들 때뿐만 아니라 생활 속에서 다양하게 이용됩니다. ② 기체, 액체, 고체 상태의 물을 모두 이용할 수 있습니다. ④ 인구가 증가함에 따라 필요로 하는 물의 양이 많아져서 이용할 수 있는 물이 점점 줄어들고 있습니다. ⑤ 식물의 뿌리에서 흡수된 물은 식물의 잎을 통해 수증기로 나옵니다.

9 물 부족 현상을 해결하기 위해서 빨래는 모아서 한꺼번에 합니다. 바닷물은 그대로 마실 수 없으므로, 바닷물에서 소금 성분을 제거하여 마실 수 있는 물을 얻는 장치(해수 담수화 장치)를 설치하여 이용할 수 있게 합니다.

10 안개가 발생하는 곳에 그물을 설치하면 공기 중의 작은 물방울을 모아, 사용할 수 있는 물을 얻을 수 있습니다.

1 식물을 심은 작은 컵을 넣은 물의 순환 과정 실험 장치에서는 실험 장치 안에 있는 얼음이 햇빛의 열로 인해 녹아서 물이 됩니다. 식물의 뿌리에서 흡수된 물은 잎에서 수증기로 나와 공기 중에 머무르다가 차가운 컵 안쪽 벽면에서 응결하여 물방울로 맺히고, 이 물방울이 점점 커져서 흘러내리는 모습을 볼 수 있습니다. 흘러내려 모인 물은 다시 증발하여 공기 중의 수증기가 됩니다. 이렇게 돌고 도는 물의 순환 과정을 통해 실험 장치의 식물에는 물을 주지 않아도 됩니다.

2 물은 한곳에 머무르지 않고 상태를 바꾸면서 끊임없이 순환하고 있습니다.

> 채점 tip 〈보기〉의 단어를 모두 포함하여 지구에서의 물의 순환 과정을 옳게 쓰면 정답으로 합니다.

56쪽	수행 평가 **2**회

1 ㉡
2 (1) ㉢ (2) ㉠ (3) ㉂
3 (1) ○ (2) ✕ (3) ○

1 생물은 생명을 유지하기 위해서 물을 마십니다.

2 우리는 일상생활에서 물을 다양하게 이용하고 물을 이용해 생활에 필요한 것을 얻기도 합니다.

3 지구의 물은 새로 생기거나 없어지지 않고 고체, 액체, 기체로 상태만 변하며 지구에서 끊임없이 순환하기 때문에, 지구 전체 물의 양이 항상 일정합니다.

55쪽	수행 평가 **1**회

1 ㈎ ㉠ ㈏ ㉢ ㈐ ㉡
2 ㉖ 바다나 강에 있는 물이 증발하여 수증기가 됩니다. 공기 중에 있는 수증기가 하늘 높이 올라가면 응결하여 구름이 되고, 구름에서 비나 눈이 되어 땅에 내립니다. 땅속에 스며들어 식물의 뿌리로 흡수된 물은 잎에서 수증기가 되어 나오고, 공기 중의 수증기는 응결하여 다시 구름이 됩니다. 물은 한곳에 머무르지 않고 상태를 바꾸면서 끊임없이 순환합니다.

백점 과학을 끝까지 공부한 넌 정말 대단해. 이미 넌 최고야!

탄탄한 개념의 시작
큐브수학!

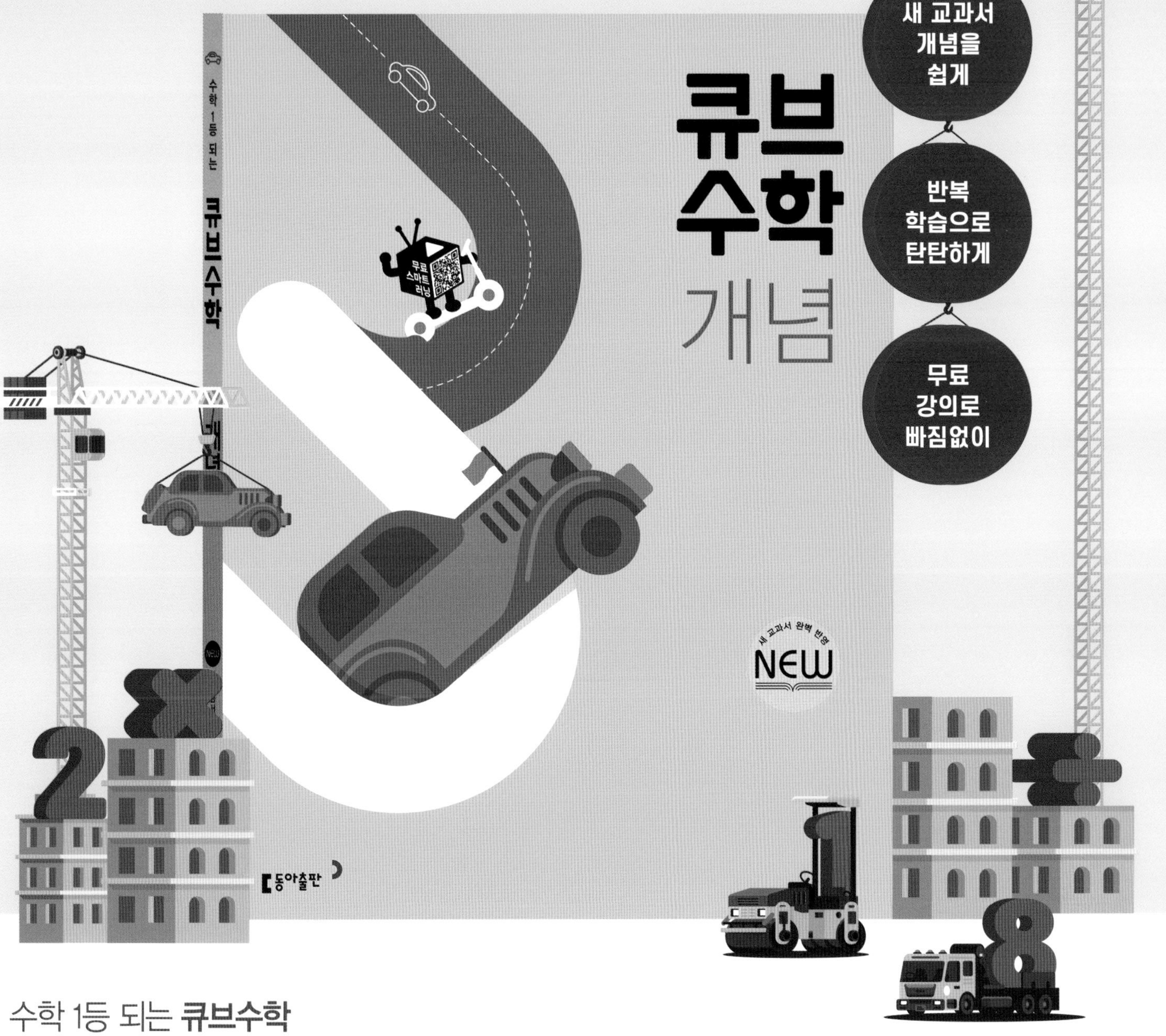

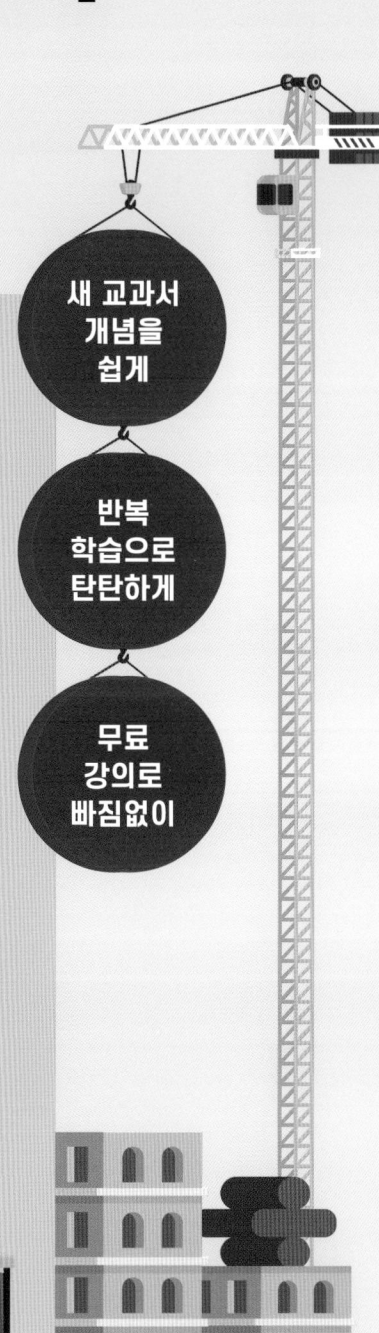

큐브
수학
개념
새 교과서
개념을
쉽게
반복
학습으로
탄탄하게
무료
강의로
빠짐없이
새 교과서 완벽 반영
NEW
동아출판

수학 1등 되는 **큐브수학**

NEW
큐브수학 연산
큐브수학 개념
큐브수학 개념응용
큐브수학 실력
큐브수학 심화

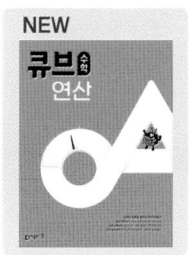

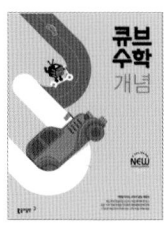

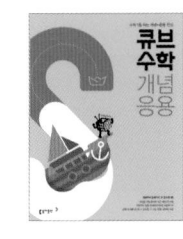

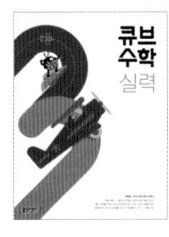

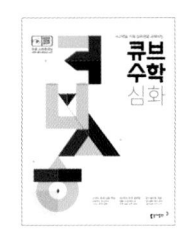

연산
1~6학년 1, 2학기

개념
1~6학년 1, 2학기

개념응용
3~6학년 1, 2학기

실력
1~6학년 1, 2학기

심화
3~6학년 1, 2학기

동아출판

친절한 해설북

백점 과학 **4·2**

초등학교   학년   반   번   이름